网络学习工具及应用

WANGLUOXUEXI
GONGJUJIYINGYONG

编 著 杨绪辉 王永辉
主 审 沈书生

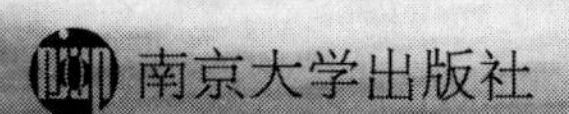

南京大学出版社

图书在版编目(CIP)数据

网络学习工具及应用 / 杨绪辉,王永辉编著. — 南京：南京大学出版社，2015.3(2021.3 重印)

ISBN 978-7-305-14729-6

Ⅰ. ①网… Ⅱ. ①杨… ②王… Ⅲ. ①计算机网络—学习方法 Ⅳ. ①TP393

中国版本图书馆 CIP 数据核字(2015)第 029756 号

出版发行 南京大学出版社
社　　址 南京市汉口路 22 号　　邮　　编 210093
出 版 人 金鑫荣

书　　名 网络学习工具及应用
编　　著 杨绪辉　王永辉
责任编辑 王秉华　吴　汀　　编辑热线 025-83592123

照　　排 南京开卷文化传媒有限公司
印　　刷 盐城市华光印刷厂
开　　本 787×1092　1/16　印张 13.75　字数 336 千
版　　次 2015 年 3 月第 1 版　2021 年 3 月第 6 次印刷
ISBN 978-7-305-14729-6
定　　价 34.00 元

网　　址:http://www.njupco.com
官方微博:http://weibo.com/njupco
官方微信号:njupress
销售咨询热线:(025)83594756

前　言

网络学习是现代信息社会发展的产物。在网络教育日益盛行的今天，我们已经无法回避以网络技术为代表的现代信息技术对教与学产生的影响，它为教学过程提供了前所未有的支持，丰富了师生的教授方式、学习方式，改变了学习资源的形态和教学的组织形式，颠覆了传统教育留给我们的最后印象。有人如此形容，“此刻，我们正置身于这场伟大的变革之中”。①这场变革不光是人类学习方式的变革，也会是人类教育制度的变革——当前以人为核心的终身学习、社区学习理念已经受到世界各国的广泛认同，成为现代教育的发展趋势。

网络学习已经成为人类最重要的学习方式。作为一种特殊形态的学习，网络学习是网络学习者生活的一部分，一方面它和其他形式的学习在学习质量和学习效果上别无区别，并无高下，所不同的只是我们在学习过程中的体验。适应网络学习，相较于传统的学习，需要更多的技术、心理、社会上多方面的支持，这是每个网络教育者努力服务的方向，也是每个网络学习者必须经历的过程；另一方面网络学习中各种软件工具的使用又为网络学习者的学习提供了多种可能：在网络的茫茫大海中，我们不会轻易地落入资源的“陷阱”而失去自信，也不会因网络无限的诱惑而迷路，或者我们因此变得高效而又有创造力，同时我们变得更加自由——无处不在的学习因为无处不在的网络而时时发生……20 年前，美国的嘉格伦(Glenn R. Jones)就曾经有个一个很好的比喻，他说：教育就像一架织布机，能把千头万绪的信息最终编织成价值体系、自我尊严、自我价值、自由乃至人类文明。他强调了教育在信息社会的作用，认为只有教育才能赋予信息以意义和内涵。在当今工具理性思维充斥的时代，这句话依旧能能够让我们保持清醒。网络学习工具就如这织布机上的润滑剂，有了它，“金梭银梭”才能更加欢畅地翻飞，教育才能织出更多五颜六色的“布”。

毛主席曾经说过：生产力有两项，一项是人，一项是工具，工具是由人创造的。这句话不仅道出了工具的价值意义，同时还指出人与工具的主次关系。工具和人同样重要，它是生产力的一部分，但它离不开人的创造。我们的网络学习工具也如此，它是我们网络学习最为重要的助推力，但它离不开使用者。它武装了学习者，其价值在学习者的使用中得到体现，但它的产生、发展，又离不开学习者不断变化的需求和创造。因此网络学习者与网络学习工具之间是彼此互动共同构建的关系。工具的进步永远不会停止，求新求异的学习者应不停地学习，才能跟上学习工具更新换代的脚步。

本教材是目前国内少见的一本以网络学习工具为教学内容编写的教材。在编写过程

---

① ［美］嘉格伦：《网络教育——21 世纪的教育革命》，北京：高等教育出版社，2000 年，第 7 页。

中，课程组通过课程讲义形式在网络教学中试运行了三个学期，有近千名网络学习者选学了该课程，为课程组编写该教材积累了一定的课程教学经验。教材主要有以下几个特点：

一、探求网络学习工具之魅

"技术是一种解蔽手段；为了获得技术之本质，或至少达到技术本质的近处，我们必须通过正确的东西来寻找真实的东西。"这是德国哲学家海德格尔对技术的诊断和追问，他认为技术的过程不但是一种改造世界的过程，更是对世界理解的过程。在这本教材里，也或多或少折射出了这种思想：不是简单对工具使用的描述，而是致力于寻求那隐藏在工具背后推动网络学习发展的"双手"。这背后隐藏的"双手"是什么？是网络教育自身发展的规律；是不同类型工具内在品性的作用；是在工具影响下，教法和学法的变化……我们相信只有拨开工具外层的云雾，才能窥看到下面最本真的东西，才能解开网络学习工具之魅的谜团，才能为学习者提供真正有价值的服务。这也是我们在编写本书时所持的理想和信念，也是本书最具特色的地方之一。

二、适于网络学习者学习

教材在编写中充分考虑成人网络学习者在网络学习中遇到的实际困难，分析他们对技术工具的学习需求，同时也兼顾考虑了不同层次学习者的需要，精心选择学习内容。同时根据已经使用的学习者的使用情况，不断修订学习内容，力求选择有代表性、易于掌握的软件工具，帮助他们举一反三。教材在编写体例上，严格按照远程学习学材的编写体例，每一单元内容具有明确的学习导图、目标导引、任务设计、学习总结、练习巩固，力求做到重点内容突出，导学清晰，一定程度上达到虚拟教学的目的。建议学习者学习时同时配合课程网上其他视频、文本资源进行学习，会取得事半功倍的效果。

三、教材设计上，主要按照三个逻辑

一是以一个学习者的三年学习经历及心路历程为主线，以其平时学习生活中的片段为案例，融汇其中，贯穿始末，既增添了书本的趣味性，又使得每个学习工具的使用都有的放矢，增强了实用性。二是按照知识管理的逻辑，系统地介绍学习者在网络学习情境中使用各种辅助学习的软件工具，在个人知识管理的理论指导下，综合使用各种工具进行知识的获取、保存、加工、利用、分享。三是根据学习者对各种网络学习的工具掌握、使用，由易到难的逻辑顺序，前后做到兼顾。全书共七个单元，以网络学习工具为线索，分别介绍了学习的本质与网络学习工具分类、知识的组织与呈现工具、知识的收集与获取工具、知识的加工与处理工具、知识的交流与分享工具、知识的管理与体验工具、网络学习工具的发展趋势等内容。力求从理论到实践，为网络学习者勾勒出一个完整的内容体系。

教材在编写过程中曾两易其稿，经历了纠结和困顿。但课程小组克服了困难，完成了任务。南京师范大学教育技术系黄春银、张建群、李默等同学参与了部分章节的撰写，杨绪辉、王永辉同志对书稿做最后统稿，课程主讲专家、南京师范大学教育科学研究院副院长、博士生导师沈书生教授对书稿做最后审定，并主讲了课程的部分视频，在此谨致以诚挚的谢意！感谢课程教学团队高丽、韩庆年、杜俊、陈加皓等几位老师对教材编写的支持

和帮助!

本教材是江苏开放大学开放教育本专科专业素质课程——《网络学习工具及应用》课程建设的重要内容。在出版过程中,得到江苏开放大学教务处、资源中心、文法学院领导的关心和支持,在此表示感谢!

最后特别感谢南京大学出版社的编辑对本书的出版所付出的努力!由于编著者水平和时间所限,书中难免有疏漏和不当之处,期盼广大学习者和同行专家批评指正!

编者:杨绪辉 王永辉

二〇一四年十一月十五日

目 录

单元一 走进网络学习工具 …… 1
任务 1 什么是学习 …… 2
任务 2 什么是网络学习 …… 9
任务 3 网络学习工具概述 …… 15
单元二 网络学习中的交流与分享工具 …… 24
任务 1 交流与分享工具 …… 25
任务 2 即时通讯工具 …… 27
任务 3 博客 …… 47
任务 4 播客 …… 56
任务 5 BBS …… 64
单元三 网络学习中的收集与获取工具 …… 68
任务 1 收集与获取工具 …… 69
任务 2 综合性门户网站 …… 72
任务 3 搜索引擎 …… 79
任务 4 专业或专题资源网站 …… 84
任务 5 专业数据库 …… 90
单元四 网络学习中的加工与处理工具 …… 99
任务 1 加工与处理工具 …… 100
任务 2 云笔记工具 …… 102
任务 3 在线翻译工具 …… 109
任务 4 截图工具 …… 115
任务 5 电子订阅 RSS 工具 …… 123

单元五　网络学习中的组织与呈现工具 …… 129

任务 1　组织与呈现工具 …… 130

任务 2　网络学习平台 …… 132

任务 3　Wiki …… 140

任务 4　思维导图 …… 148

任务 5　概念图 …… 158

单元六　网络学习中的管理与体验工具 …… 169

任务 1　管理与体验工具 …… 170

任务 2　时间管理工具 …… 172

任务 3　云存储工具 …… 180

任务 4　教育游戏 …… 190

单元七　网络学习工具的发展趋势 …… 203

任务 1　网络学习的发展趋势 …… 204

任务 2　网络学习工具的发展趋势及反思 …… 208

单元一　走进网络学习工具

学习导图

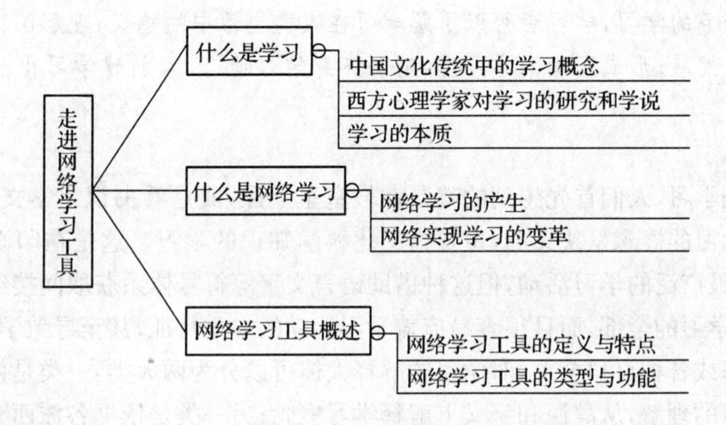

单元目标

通过这一单元的学习，我们希望你能够：

1. 了解“学习”、“网络学习”和“网络学习工具”等相关概念；
2. 了解网络学习的起源、发展及其对教育实现的变革作用；
3. 掌握网络学习的基本方法，学会选择适合自己的学习方式；
4. 理解网络学习工具的相关概念，认识网络学习工具对个人自我学习的作用。

学习指南

本单元包含“什么是学习”、“网络学习分析”以及“网络学习工具概述”三个任务。我们期望与你一起，在深刻理解学习概念的基础上，感受网络学习对于传统学习的变革作用以及如何进行网络学习。了解网络学习工具的分类，并能够体会到其在网络学习中发挥的作用。

关键词

学习　网络学习　网络学习工具

任务1　什么是学习

任务引擎

《史记·秦始皇本纪》记载："士则学习法令辟禁"，这里的"学习"引申为效法。《美国传统辞典》(第四版)对"学习"的解释为获取知识或技能的行为、过程或经历；通过上学或学习得来的知识或技能；行为的改变，尤指通过经历或调整而获得的改变。

通过本任务的学习，学习者可以了解学习在人类生活中的意义；理解国内外关于学习概念的由来与发展；形成正确的学习观，确立终身学习理念，为创建学习化社会贡献自己的力量。

当今谈到学习，人们首先想到的就是在教室里上课，或是看书识字学文化。很显然，日常生活中学习的概念是狭义的，主要指文化科学知识的学习。这是在印刷时代学校教育中最普遍、最广泛的学习活动，但这种借助语言文字等符号体系获取间接经验的学习方式，并不等于学习的全部，而且很容易掩盖学习活动的本质特征，甚至导致学习的异化。

翻开辞海或各种百科全书，对学习的解释大体可以分为两大类，一类是依据中国文化传统中对学习的理解，从辞源和字义上解释学习概念；另一类是依据各派西方心理学家对学习的研究和界说来定义学习概念。我们也从这两个角度出发来认识下什么是学习。

一、中国文化传统中的学习概念

我们首先通过古语中的"学"和"习"两个字形来了解我国对于学习本义的理解。"学"字在古语中的书写为"𦥯"，字上面中间部分有两个××，而且旁边有两个手抓着它，字的下半部分是一个小孩子。在古代造字里，××通常表示一些学理性的东西，是前人经验的归纳和总结，两个手表示参加学习的人会建立起相互关联，有合作的意思在里面。说到这里，学在古语中的意思大家就会理解了，即一群学习者手把手地坐在一起，来对学理性的东西进行理解。

"习"字在古语中的书写为"習"，字的上半部分是象形字"羽"，代表的是两只幼鸟，字的下半部分代表的是鸟窝。这个字说的是两个小鸟站在鸟窝上，将会学习飞翔，这表明它关注的是一种技能的获得。这在《礼记·月令》篇中有记载，"[季夏之月]鹰乃学习"，学，效；习，鸟频频飞起。

总而言之，在古语学习中学的本义有一些学理性的东西、精英的归纳在其中，是一种对前人经验和方法获得的描述；而"习"字的本义更多强调的是一种实践，一种应用。

最早将"学"与"习"联系起来，并探讨二者关系的是先贤孔子。《论语·学而》有云："学而时习之，不亦说乎？有朋自远方来，不亦乐乎？人不知而不愠，不亦君子乎？"我们对句子理解为:学习知识和技能,并按时巩固和熟练它,不很高兴吗?有志同道合朋友从远方来交流(或有弟子从远方来求学),不很快乐吗?别人不理解自己却不埋怨他,不很有君子的气度吗?

这里的“学”和“习”尚未直接连在一起组成一个复合词,但孔子揭示了“学”与“习”之内在联系:“学”是“习”的基础与前提,“习”是“学”的巩固与深化。这里需要特别强调的是,早在两千多年以前,孔夫子就强调了学习过程中的知行统一,以及由此所获得喜悦的情感体验,而这恰恰是学习本质之所在。

此外,中国古代还有很多关于学习的思想。比如孟子提出的“专心致志”、“博学详说”、“深造自得”和“思则得之”,韩愈提出的“业精于勤,荒于嬉,行成于思,毁于随”以及“贪多务得,细大不捐”等学习思想。朱熹所提倡的“循序渐进”、“熟读精思”、“虚心涵泳”、“切忌体察”、“着紧用力”、“居敬持志”等学习思想。此外,中国古代也有很多脍炙人口的关于学习的著作,如《论语》、《孟子》、《大学》、《中庸》、《学记》、《劝学篇》等。

从以上分析我们可以得出,中国传统文化中的学习包含学与习两个环节,学是指人的认识活动,习则是指人的实践活动,这正是中国传统文化中长期探讨的重大理论问题:知与行的关系,把二者统一起来才构成完整的学习概念。实际上,学习是学、思、习、行的总称,而且中国古代更强调“习”,这一方面反映了当时人类文化科学知识尚不发达,人们的学习活动主要表现为在生产和生活中获取直接经验;另一方面也反映了中国文化传统中将知行关系的立足点放在行而不是放在知的务实精神。

二、西方心理学家对学习的研究和学说

学习是如何发生的,有哪些规律,学习是以怎样的方式进行的?近百年来,教育学家和教育心理学家围绕着这些问题,从不同角度、运用不同的方式进行了各种研究,试图回答这些问题,也由此形成了各派学习理论。

1. 行为主义学习理论

行为主义学习理论是20世纪20年代在美国产生的,在20世纪60年代以前一直作为占统治和主导地位的心理学派而存在。其主要代表人物是巴甫洛夫、华生、桑代克和斯金纳。

行为主义理论的主要观点:学习是刺激和反应(S—R)的联结,如果给个体一个刺激,个体能提供预期的反应,那么学习就发生了。行为主义学习理论重视环境在个体学习中的重要性,重视客观行为与强化。

拓展阅读

桑代克的尝试——错误学说

爱德华·李·桑代克(Edward Lee Thorndike,1874—1949),美国心理学家,心理学联结主义的建立者和教育心理学体系的创始人。他提出了一系列学习的定律,包括练习律和效果律等。他用科学实验的方式来研究学习的规律,提出了著名的联结学说。

桑代克的实验对象是一只可以自由活动的饿猫。他把猫放入笼子,然后在笼子外面

放上猫可以看见的鱼、肉等食物，笼子中有一个特殊的装置，猫只要一踏笼中的踏板，就可以打开笼子的门闩出来吃到食物。一开始猫放进去以后，在笼子里上蹿下跳，无意中触动了机关，于是它就非常自然地出来吃到了食物。桑代克记录下猫逃出笼子所花的时间，然后又把它放进去，进行又一次尝试。桑代克认真地记下猫每一次从笼子里逃出来所花的时间，他发现随着实验次数的增多，猫从笼子里逃出来所花的时间在不断减少。到最后，猫几乎是一被放进笼子就去启动机关，即猫学会了开门闩这个动作。

巴普洛夫的狗

巴甫洛夫，俄罗斯生理学家、心理学家，在神经生理学方面，提出了著名的条件反射和信号学说，获得 1904 年诺贝尔生理或医学奖。

巴甫洛夫利用狗做了一个相当著名的实验，他利用狗看到食物或吃东西之前会流口水的现象，在每次喂食前都先发出一些信号（一开始是摇铃，后来还包括吹口哨、使用节拍器、敲击音叉、开灯……），连续了几次之后，他试了一次摇铃但不喂食，发现狗虽然没有东西可以吃，却照样流口水，而在重复训练之前，狗对于"铃声响"是不会有反应的。他从这一点推知，狗经过了连续几次的经验后，将"铃声响"视作"进食"的信号，因此引发了"进食"会产生的流口水现象。这种现象称为条件反射，这证明动物的行为是因为受到环境的刺激，将刺激的讯号传到神经和大脑，神经和大脑做出反应而来的。

巴甫洛夫的发现开辟了一条通往认知学的道路，让研究人员研究动物如何学习时有一个最基本的认识。

2. 认知主义学习理论

认知主义学习理论源于德国的格式塔（完形）心理学，它强调学习并非是盲目的，而是有意识的、通过主体的主观作用来实现的。它偏重知觉与经验完形性的研究，用综合的方法，注重整体的特性，认为个人是个有组织的整体，而不是各部分的简单之和。同时主张学习是顿悟，重视创造性，重视理解。经过一段时期的发展，到 20 世纪 60 年代该理论在心理学学派中逐步占据了主导地位。

认知主义学习理论认为认知是一种内部心理活动，它包括知识的获得、贮存、转化和作用。学习是内在心理结构的形成、丰富或改组的过程，而不是刺激—反应联结的形成或行为习惯的加强或改变。认知主义学习理论主要观点：

（1）人是学习的主体；

（2）人类获取信息的过程是感知、注意、记忆、理解、问题解决的信息交换过程；

（3）人们对外界信息的感知、注意、理解是有选择性的；

（4）学习的质量取决于效果。

认知主义学习理论主要包括皮亚杰的认知结构理论、布鲁纳的认知结构学说、奥苏贝尔的认知同化理论以及建构主义学习理论。从格式塔学派到认知学派，再到当代建构主义，这是西方学习心理学发展中的另一条重要线索。

拓展阅读

两张图片揭示的学习理论

右图是比利时罗汉大学的校园雕塑（学生一手捧书，另一手将智慧的泉浆灌入脑壳），以形象而幽默的方式揭示了客观主义的学习理念。

客观主义认为世界是实在的、有结构的，而这种结构是可以被认识的，因此存在着关于客观世界的可靠知识。人们思维的目的是去反映客观实体及其结构，由此过程产生的意义取决于现实世界的结构。由于客体的结构是相对不变的，因此知识是相对稳定的，并且存在着判别知识真伪的客观标准。教学的作用便是将这种知识准确无误地转递给学生，学生最终应从所转递的知识中获得相同的理解。教师是知识标准的掌握着，因而教师应该处于中心地位。

以客观主义者看来，知识是不依赖于人脑而独立存在的具体实体，只有在知识完全“迁移”到人的“大脑内部”后，并进入人的内心世界时，人们才能获得对知识的真正理解。因而客观主义的学习理论强调“知识灌输”。

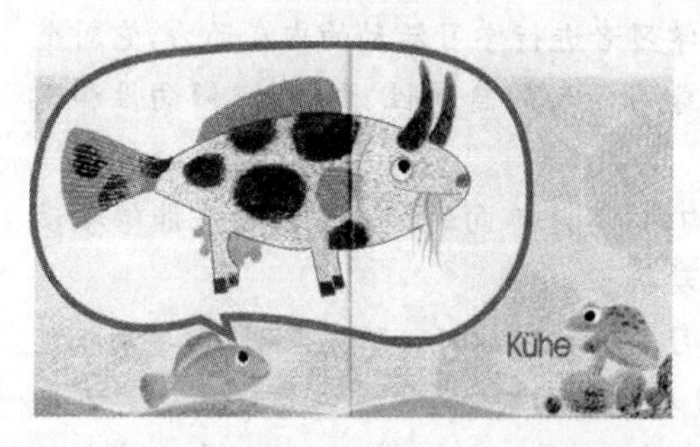

左图是德国的一则关于“鱼牛”的童话：在一个小池塘里住着鱼和青蛙，它们是一对好朋友。它们听说外面的世界好精彩，都想出去看看。鱼由于自己不能离开水而生活，只好让青蛙自己走了。这天，青蛙回来了，鱼迫不及待地向它询问外面的情况。青蛙告诉鱼，外面有很多新奇有趣的东西。“比如说牛吧，”青蛙说，“这真是一种奇怪的动物，它的身体很大，头上长着两个犄角，吃草为生，身上有着黑白相间的斑点，长着四只粗壮的腿，还有大大的乳房。”鱼惊叫道：“哇，好怪哟！”同时脑海里即刻勾画出它心目中的“牛”的形象：一个大大的鱼身子，头上长着两个犄角，嘴里吃着青草……

鱼脑中的牛形象在客观上当然是错误的，但对于鱼来说却是合理的，因为它根据从青蛙那里得到的关于牛的部分信息。从本体出发，将新信息与自己头脑中已有的知识相结合，构建出了“鱼牛”形象。这体现了建构主义的一个重要结论：理解依赖于个人经验，即由于人们对于世界的经验各不相同，人们对于世界的看法也必然会各不相同。知识是个体与外部环境交互作用的结果，人们对事物的理解与个体的先前经验有关，因而对知识正误的判断只能是相对的；知识不是通过教师传授得到，而是学习者在与情景的交互作用过程中自行建构的，因而是主观相对的。

3. 人本主义学习理论

人本主义学习理论创始于20世纪50年代,60年代后开始盛行。主要代表人物有马斯洛(A. Maslow,1908—1970)、罗杰斯(C. R. Rogers,1902—1987)、凯利等。这派心理学家反对把对白鼠、鸽子、猫和猴子的研究结果应用于人类学习,主张采用个案研究方法。人本主义心理学的主要观点是:

(1) 心理学研究的对象是"健康的人";

(2) 生长与发展是人的本能;

(3) 人具有主动地、创造性地做出选择的权利;

(4) 人的本性中情感体验是非常重要的内容。

人本主义学习理论认为,人的行为可以分成三个主要方面:动作(技能)、认知(智力和思维)和情感(情绪、价值观、态度),这三者是不可分割的整体,教学的各个环节必须考虑学习者的情感、态度等人格因素。人本主义学习理论强调人的潜能发展和自我实现,主张教育是为了培养心理健康、具有创造性的人,并使每个学习者达到自己力所能及的最佳状态。

拓展阅读

学习动机

学习动机对学习有着积极的影响,它是推动学习者进行学习活动的内在动力,它对个体的学习活动有着极为重要的影响,决定着个体学习活动的自觉性、积极性、倾向性和选择性。

学习动机和学习活动之间的关系是双向建构的,不是单向的。一方面动机能够推动学习活动,另一方面学习活动又能够增强学习的动机。

学习动机是学习活动的推动力,并不是说学习动机越强越好。研究表明,学习动机过弱或过强,都会对学习活动产生消极作用。学习动机过弱时,就常常会导致注意力不集中、精神涣散、不想做出努力等种种不良的精神状态;而学习动机过强,则会导致过分紧张,带来焦虑的情绪,不利于学习。一般而言,学习动机的强度以适中为宜。

学习风格

学习风格一般可以理解为,它是学习者带有个性特征的学习倾向与策略。每一个学习者在学习过程中都会表现出不同的学习倾向与策略,这种学习倾向与策略是与学习者的个性特征联系在一起的,它体现出个人的独特性和时间上的稳定性,在某种意义上说是个人的一种偏好,这就是学习风格。每个人都有自己独特的学习风格,学习风格对学习活动有重要的影响。特别需要注意的是,学习风格本身并没有好坏之分,事实上,每一种学习风格都具有自己的优势和局限。

下面我们介绍学习风格的两种类型:场独立型与场依存型。

场独立型是指个体根据自己所处的生活空间的内在参照去学习,从自己的感知觉出发去获得知识、信息；场依存型是指个体依赖自己所处的周围环境的外在参照，在环境的刺激影响下去定义知识、信息。场独立型的学习者在内在动机作用下学习，而不受或很少受外界环境因素的影响，习惯于单独学习、个人研究、独立思考。他们在与人的交往中，不易被个人感情所左右，也不易受群体压力的影响。他们一般都有很强的个人定向，且比较自信。他们似乎对数学与自然科学更感兴趣。而场依存型的学习者较易受别人的暗示，如往往受教师的鼓励或别的暗示所决定，他们学习的努力程度往往受外来因素的影响。他们乐意于在集体环境中学习，在集体中又比较顺从，与别人相处充满情意。他们喜欢交往，似乎对人文学科和社会学科更感兴趣。真正属于典型的场独立型学习风格或场依存型学习风格的学习者只有少数，而大多数学习者都是介于两者之间。

三、学习的本质

学习是一个非常复杂的现象，其涉及的范围广泛，形式多样，而又层次不一；加之各领域、各派别的学者对学习的解释历来众说纷纭，莫衷一是。因此，如何科学地理解和界定学习概念，这在理论界可以算是一个“永恒话题”。综合国内外对学习本质的理解，我们可以把握以下几点：

1. 学习是人的社会性活动

虽然动物和人都会有学习的行为，但是它们之间是有着本质区别的。人的学习是一种社会性的活动：首先，知识的来源具有社会性，我们学到的知识不是自己创造的，是社会文明发展的成果；其次，学习的环境具有社会性，我们所处的学习环境是一个小的社会，一个班级，一个年级等等；再次，学习到的知识最终是服务于社会的，只有经过在社会中的应用，才能够体现价值；最后，学习的知识只有通过与实践结合，才能知道其是否正确。

2. 学习是人的个体性活动

个体指处在一定社会关系中，在社会地位、能力、作用上有区别的有生命的人。在学习过程中，人们会获取知识和技能从而使自己的个体行为更有效。人类个体的学习，与带有明显反应特性的动物学习不同，具有分析的特征，并且可能依靠一些十分抽象和精细观念的帮助，对几种反应进行选择。抽象概念和分析能力只出现在人的高级学习形式中，它们为人类提供了理解和运用微妙关系的能力。

3. 学习是正式性和非正式性的统一

如果说把通过课堂学习知识的方式称为正式性学习的话，那么在课下通过其他手段学习知识的方式可以称为非正式学习。网络学习中，非正式学习包括交谈、看电视、游戏以及通过 Web2.0 应用（微博、博客、视频等）进行的学习。知识的来源包括直接经验的和间接经验的，在生活和实践中进行间接经验的学习可能更为重要，可以让我们在自己和他人的经验教训中进行学习，真正实现“做中学，学中做，做中求进步”。

4. 学习是一个动态的过程

学习不是固定不变的，而是一个从点到线，从线到网，从网到面的过程。而且中外诸多学者都有关于学习过程的研究。例如，加涅就把学习过程分为八个有机联系的阶段，并认为学习过程阶段其相应的心理状态不是自发的，而是在教学环境影响下出现的。这八个阶段分别是：动机阶段（期待）；领会阶段（注意选择性知觉）；获得阶段（编码）；保持阶段

（储存）；回忆阶段（检索）；概括阶段（迁移）；动作阶段（反应）；反馈阶段（强化）。

5. 学习应注重人的整体发展

学习的内容不仅包括知识和经验的获取，还包括能力、常态、方法、道德品质和行为习惯的学习。在日常生活中，人们常片面的把学习理解为科学文化知识和技能的学习，这是导致人们在教育、教学中，仅偏重知识、能力的掌握，而忽视态度、方法、品德的养成，导致培养出的人片面发展。学习应注重人的整体性发展，可以说，学习是知识性和发展性的统一。

拓展阅读

理解学习的发生

在日常生活中，哪些行为是我们在进行着学习，哪些行为不是在学习，通过下面的讲解我们就会理解。先看几个日常生活中的现象：

新生婴儿会吃奶；

看到同学的美食，流口水了；

小明发现有的起跑方式跑得更快；

小明发现喝某种饮料后会跑得更快；

…………

第一种现象是新生婴儿的本能，是一种仅仅依赖生理和先天因素的行为，不属于学习行为；第二种现象虽然是一种后天的现象，但是流口水只是食物的刺激，没有引起新的行为变化；第三种现象，小明通过分析不同的起跑方式，关注不同方式对于速度影响的不同，从而认识了哪种起跑方式更好，带来了能力和行为的变化，因此在这个过程中，发生了学习；在第四个现象中，小明发现某种饮料能导致跑步更快，也是经过自己的分析之后得出的，所以这一阶段，小明是在学习的，但是之后喝饮料让自己跑得更快，这是饮料发挥的作用导致小明行为的变化，而不是一种持久性的行为变化，所以这个阶段没有发生变化。

从上面的分析我们可以了解到什么条件下学习发生了，具体条件如下：

来自自己或他人的经验；

引起了行为的变化；

变化能够持续保持；

非仅仅依赖生理或先天因素；

非药物刺激作用。

活动 1

请先阅读有关学习材料，从整体上了解什么是学习，再通过查找资料和自己的生活体验，组织并参与“什么是学习”的专题讨论。

任务2　什么是网络学习

任务引擎

迄今为止人类经历了五次信息技术的重大变革，分别为：语言的产生和应用；文字的发明和使用；造纸术和印刷术；电报、电话、电视及其他通讯技术的发明和应用；电子计算机和现代通信技术的应用。

通过本任务的学习，了解网络学习是如何产生的；了解网络学习的特征；体会网络学习给学习带来的变革；结合本单元内容，并通过自己的思考和实践，理解如何进行网络学习。

网络学习是基于网络及数字化资源进行的，以学生为主体，以教师为主导，以形成良好认知结构，培养创新意识、创新能力为目标的一种学习方式。对网络学习的理解通常有广义和狭义之分，从广义上讲，凡是基于网络及其数字化资源进行的学习活动都可称之为网络学习。从狭义上讲，网络学习是指利用网络及其数字化资源，为学习某一特定课程而进行的有目的、有计划、有组织的学习活动，是指在网络教育机构注册选课后而进行的学习活动。本书中一般使用的是网络学习的广义概念，如果使用到狭义概念会特别指出。

一、网络学习的产生

信息技术的高速发展是网络学习产生的前提。信息技术的快速发展开始于19世纪末，在这一时期贝尔发明了电话，马可尼发明了无线电，福雷斯特发明了电子真空管等。20世纪70年代之后，随着微电子学、电脑与电信技术的进步，以及它们之间的交叉发展，新的信息技术得到了广泛传播和应用，成为了网络学习的技术基础。

万维网的出现是网络学习发展的基础。计算机网络起源于20世纪60年代的美国，主要用于军事通讯，第一代计算机网络是以单个计算机为中心的远程联机系统。典型应用是由一台计算机和全美范围内2 000多个终端组成的飞机订票系统。终端是一台计算机的外部设备包括显示器和键盘，无CPU和内存。随着远程终端的增多，在主机前增加了前端机（FEP）。当时，人们把计算机网络定义为“以传输信息为目的而连接起来，实现远程信息处理或进一步达到资源共享的系统”，但这样的通信系统已具备了网络的雏形。伯纳斯·李在1993年发明万维网之后，随着费用的下降、计算机的广泛使用和微软操作系统的推动，万维网很快就进入到家庭。随后，计算机通信网络以及Internet已成为社会的一个基本组成部分。网络被应用于工商业的各个方面，包括电子银行、电子商务、现代化的企业管理、信息服务业等都以计算机网络系统为基础。万维网应用的增多不仅推动了网络商业化的发展趋势，而且为师生远程利用教育资源库进行学习开辟了一个新的途径，为网络学习发展奠定了基础。

在20世纪80年代，随着个人计算机和操作系统的出现，人们无论在家中还是在工作场所都能够方便应用鼠标进行操作，使得网络应用迅速增长起来。在网络教育中，出现了E-mail(电子邮件)、BBS(电子公告板)、Newsgroups(新闻组)、FTP(文件传输协议)和Telnet(远程登录)等技术应用，并在教育中起着关键作用。网页浏览器不仅用于已有文件中，而且几乎可以用于整个Internet。教育和研究机构很快就把网络作为在线文档出版的简单方法来使用，页面不仅可以进行基本的文件传输，还可以进行文件的使用，如文字处理、数据库和其他应用。随后，高级网页技术如ASP、JSP的出现让使用者进行更多的交互，师生可以通过共享文件和实时聊天系统进行交流。新近加入的音频、视频技术，从而形成了一个比较全面、开放、完善的网络系统，这就为人们进行网络学习提供了较好支持。因此，进入20世纪90年代后，人们综合微电子技术、通讯技术、计算机技术、网络技术等成果，尤其是出现的光纤及高速网络技术、多媒体网络、智能网络，整个网络就像一个对用户透明的大的计算机系统，这些技术的应用使网络学习迅速发展起来。

拓展阅读

伯纳斯·李

与伯纳斯·李不同的是，比尔·盖茨不放弃任何一个商机。人们形容他像一只青蛙，瞪着双眼，紧盯着浮在水面上的所有昆虫，看准时机，迅即下手。这位技术的追星族，是在合适的时间和地点露面的天才。

盖茨可能觉得自己很委屈，他也能捐出善款，与他人分享财富，为什么自己总是官司与麻烦不断？其实，他应该明白他首先满足的是自己。财富，让他有吃不完的汉堡和如花美眷；也让他能在被红颜知己诉诸法庭时，支付得起80亿美元的巨款。

人心是杆秤。如今，伯纳斯与盖茨的境遇有所不同，伯纳斯虽然没有获得巨额财富，却被尊为"互联网之父"，人们称誉他的贡献时说："与其他所有推动人类进程的发明不同，这是一件纯粹个人的劳动成果，万维网只属于伯纳斯·李一个人。"2004年4月，芬兰技术奖基金会将全球最大的科技类奖"千禧年技术奖"授予他。

相对于伯纳斯，盖茨虽然富可敌国，但在欧美，人们把更多的麻烦给了他，并且处处提防他，让他焦头烂额，疲于奔命。他甚至不知道，未来岁月里究竟还有多少说不清道不明的官司等着他。因为对于他的财富，人们有个疑问，这家伙是不是把我们口袋里的钱掏得太多？

在IT精英不断涌现的今天，比尔·盖茨，或许有可能被人取代，但有谁能相信，还有谁比伯纳斯走得更远？

伯纳斯和盖茨的差别，是科学家和商人在人生境界上的差别。境界犹如撑杆跳，要想跳得高，必须克服更多引力，要克服"自我"和"欲望"的吸引力，必须呼啸而起，在极限的高度将自己甩出去，才能获得超越平庸的高度，高于几倍世俗的自我。从这个意义上说，盖茨玩的是跳高，而伯纳斯玩的则是撑杆跳。

（本案例选自“搜搜百科：蒂姆·伯纳斯·李”）

二、网络实现学习的变革

文字和印刷术的出现被认为是人类文明历史演进中的两个里程碑，并且引发了教育模式的两次变革。文字的出现让以往借助口头语言和体态语言的文化教育活动能够利用书面记录下来，不仅突破了教育的时空障碍，也扩展了教育的内容和形式，并成为了学校产生的关键因素；印刷术的出现突破了书写速度慢、效率低的弊端，使课本和书籍成为了文化的主要载体，加速了文化传播和近代教育的普及。而网络的出现成为了工业化时代向信息时代转化的巨大杠杆，改变了我们的工作方式、学习方式、生活方式以及思维方式，成为了教育发展中的第三个里程碑。

1. 网络学习的特点

(1) 自主性。传统的课堂教学是在固定的时间、固定的地点，以教师为中心进行的教学，而学习者是学习的接受者，教学媒体是教师进行教学的辅助工具，教材和教师所讲解的内容是学习者接受知识的主要来源。在这种教学模式下，学习者的积极性和主动性受到了制约。如今，网络提供了一个巨大的多媒体信息库，我们可以根据个人的特点和意愿，采用适合自己的学习方法，主动地选择学习内容、学习时间和学习地点，进行积极主动的网络学习，在整个学习过程中都是以自己为中心的，通过网络进行知识的主动意义建构。

(2) 交互性。在传统课堂中，师生之间的相互交流是通过面对面或者以书面的形式进行的，且主要是一种单向的、一对多的交流方式，学习者很难能够将自己的想法反馈给教师，产生的学习疑问也很难获得他人的有效帮助。而通过网络进行的学习，不仅可以下载教师所组织的学习资源、作业，还可以通过实时交流工具和异步交流工具与教师进行沟通，并且可以和他人进行交流，以解决学习中存在的问题，这种交流方式是多向的，是多对多的。

(3) 个性化。在传统课堂的学习中，由于学生数量众多，教师只能照顾到小部分人，很难针对每个学生来进行教学设计和因材施教，实现个性化学习。通过网络进行学习的方式，使个性化学习成为可能。在这种学习方式下，我们就能够根据学习需求，自行安排学习进度，从网络上选择适合的学习资源，按照自己的学习方式进行学习。

(4) 合作性。在传统的课堂教学中，教学双方的学习与交流仅局限于固定的时间与空间，并且学习者之间缺少合作学习的机会。而且对于单个学习者来说，其对问题认识的广度、深度及对事物的理解能力都受到自身条件和认识水平的局限。网络学习不但保证了教学双方随时随地地学习与交流，而且还实现了生生之间的交互协作。每个人在网络中都以平等的身份与他人合作，平等的地位大大增强了协作的有效性，有利于互相帮助、取长补短、共同进步。

(5) 创造性。Internet 网络是采用超文本(hypertext)链接的形式进行服务的，非线性、跳跃性是其重要特征。而且其信息资源来源于本地计算机和网络上世界各地的信息资源，我们可以通过网络迅速得到世界上最新、最全的第一手资料，聆听世界一流教师的讲座。这种方式有利于人的发散思维的发展，丰富想象力的培养和创新意识的发展。网络结构的开放性、多元性提供了多种选择的可能，使人的思维得到激活，从中演化出创造性的欲望和能力。

拓展阅读

我是如何参加广播电视大学的网络学习的

我2005年春在"北京广播电视大学开放教育"会计学本科学习，通过近两年辛勤的学习，如今已基本学完教学计划规定的课程。回首这两年的学习历程，收获颇丰，感受至深。

2005年，我经过多方了解，选择了电大会计本科段的学习，因为电大有非常好的网络学习资源，非常适合我们在职职工学习，既避免了长时间集中上课与繁忙工作的矛盾，又学到了要掌握的专业知识。两年来，电大网络教育方式学习会计专业，给我的学习带来了很大的帮助，深感电大网络教学优点颇多。

1. 学习资源不受时间限制，随时可以查找学习。我获得的所有资源大部分是从中央电大在线、北京电大和顺义电大的网上得到的，其中14门课的学习资源在电大在线上获取。这些资源对我这个利用业余时间参加学习的学员来说非常重要。因为每门课程的教学大纲和实施细则都在每学期开学时得以公布，使我得以在学习之前做到心中有数，便于有针对性地进行预习和安排，可以用零星的时间进行学习。只要平时有空无论是在家里还是在单位，都可以随时打开电脑进行观看，也可以重复学习看资料，大大方便了我们的学习，节约了时间，提高了效率。

2. 教与学方式灵活多样，非常适合在职职工学习。将自己在自学和复习中遇到的问题向老师请教，从而做到足不出户，也可以将有关问题下载下来，实现了教师与学生的互动，师生双方通过电大在线平台、E-mail、QQ、MSN、电话、手机短信等方式交流学习中的问题、体会和经验。教师利用网络课程主页上的课程教学大纲、实施细则、教学进程、单元辅导、期末复习指导等指导性教学资源进行自学指导，并利用电大在线平台解答学生的提问。学生在教师的指导下，浏览网络学习资源，参与网络自测练习，通过电大在线提出问题和交流学习体会等。师生互动，尤其是在线互动是开放教育的特色和优势。

3. 实现了学生与学生的互动，获取了更多的学习资源。双方通过电大在线平台、E-mail、QQ或学习小组等方式交流学习中的问题、体会和经验。通过小组协作学习的方式互相鼓励，增强学习信心，交流学习信息，共享学习成果。

4. 会计科目的实践和作业，是检验我们知识掌握和理解的深浅程度，保证我们学习质量的关键环节。参加会计模拟实验，是会计事务的实战演练学习。经过多次上机学习演练，感觉该程序软件非常好，对熟悉会计业务、进入会计角色速度很快。通过这个模拟实验考试，可以当一名合格的企业会计，也达到我们学习的预期目的。

5. 必要的面授辅导保证了学员学习的进度及疑点知识的掌握。市电大对每门课程都安排了足够的面授辅导，辅导老师一般都只讲难点和重点知识。一是可以节约我有限的学习时间，跟上学习进度；二是非常有针对性地解答问题，因为只要你的学习态度端正，预先做到对教材的预习和通读，教材上的大部分知识都可以通过自学来完成和掌握，真正无法理解和掌握的只是其中的一小部分，老师只讲这些重点和难点使你不感到重复，学起来也有针对性。

通过这两年的网络学习，最大的收获是掌握了网络学习方法，感受到网上学习的方便和快捷。需要哪一类会计专业资料，搜索就可获取；不懂的问题，随时可以上网向老师请教，与学员进行讨论，知道什么资料、哪类问题如何上网获取；同时，上网查会计学以外的资料也是同样的方法，由此收获很大，我认为这才是我学到的最重要的知识。以上是我这些年网络学习的一些心得体会，愿意与广大同学一同分享，共同进步，争取早日成为一名合格的电大毕业生。

2. 网络学习的变革作用

首先，网络实现了学习理念的变革。网络让我们不仅仅依赖学校进行知识的获取，同样可以在生活中进行学习，并且在学习过程中强调自身的努力和进取，强调学习者的主体地位，让人们体会到学习的乐趣，体验学习对于一个人的生活是一个升华的过程，是人们日常生活中不可分割的一部分；另外，网络可以实现学习的“反哺文化”，让我们不再拘泥于学习的条条框框，不再迷信权威，敢于创新，敢于诉说自己的奇思妙想，这些正是现代教育所倡导的。就像媒体专家塔斯格特在《网上一代的兴起》一书中指出：“孩子们在人类历史上第一次面对社会至关重要的问题上成为权威。”

其次，网络实现了学习方式的变革。在阅读方式方面：自从印刷技术产生以来，人们习惯于阅读文本和图书资料来查找信息，这种知识和信息的线性排列方式导致了阅读速度和效率的下降，而网络中的学习资源可以通过网络的、立体的组合方式和检索方式来提高阅读的质量。此外，网络也让我们从单纯阅读文字发展到多媒体电子读物，将抽象的文字扩展为图像、视音频以及动画等多媒体，提高了人们的阅读兴趣。在写作方式方面：利用网络进行写作，可以方便地对成果进行修改，并且可以将成果通过网络进行分享，与他人进行交流和讨论。

再次，网络学习是实现素质教育的有效措施。在网络学习中，学习者可以通过教师、同学或者自己探索等途径进行知识的获取。一方面，教师可以根据学习者的特点，利用网络环境因材施教，为他们提供合适的发展空间；另一方面，学习者通过自主探究或与同伴之间的协作交流，进行知识的主动建构，从而培养自主学习能力和良好的学习习惯，有利于发展创造性思维，形成科学的学习方式，从而促进自己整体素质的提高。

最后，网络学习是实现终身教育的捷径。由于知识更新的速度不断加快，人们需要不断地在工作和生活中学习各种知识和技能，终身学习的现象打破了以学校为依托的传统学习观念。目前诸多国家把终身教育作为本国的教育改革的总目标，也在努力寻求一个有效的终身学习方式。网络学习的出现给终身教育的实践带来了机遇，一方面，网络将全球的各个学校、研究机构和图书馆等信息资源联结起来，方便人们进行访问；另一方面，人们可以在任何时间、任何地点通过网络进行学习，并能够及时得到他人指导和帮助，打破了传统学习的弊端。

拓展阅读

自主式的非正式学习和社会化学习

在我的老家有一个熟人名叫凯莱，是我在Facebook上认识的。凯莱是一个退休的小学美术老师，她将在2011年11月接受手部的外科手术。她需要在术后自行恢复手部力量和灵活性。她觉得自己应该在术后找一件有趣的事情来帮助术后恢复。她决定尝试自己设计制作一款精美的烘烤式甜点（**学习者自行决定学习需要，主动学习，自行选择学习方案**）。

凯莱先从YouTube上的视频学起，许多内容都是她关注的粉丝发布的（**自主式学习**）。在学习的过程中，她需要通过不断的练习和反复试验（**经验学习**）。一旦获得一些学习成果，她就会和Facebook上的朋友分享（手机上的摄像头实在是一个非常好的工具，Facebook让许多事情可以非常轻松的传递，她可以很轻松地得到反馈，能够分享自己的成果，令她感到非常愉快。当然，她也从别人分享的东西那里学到了很多）。许多包含注释的图片是帮助她学习的好材料（**分享她的成果**）。

实践社团（Cop）

在之后的过程中，凯莱逐渐熟悉了视频和博客的操作，她发起了一个网络社团，在社团中有相同兴趣的人可以相互交流，这使得社团的内容和知识不断地增长和积累。每个人都在社团里积极地交流问题，分享经验。凯莱的女儿马洛和朋友们看到她在Facebook上的内容之后，也加入到学习的行列当中。不久他们也开始分享学习成果，所有的分享内容都是关于他们在制作新型甜点时得到的经验。

在虚拟社团里，每个人的贡献、才能都显露无遗。他们制作艺术甜点（烹饪方法、实物、照片）所有的制作工序（如模子的制作技术、各种卡通形象设计等）都被毫无保留地分享到社团当中。在他们工作的时候，其他的人可以随时关注、鼓励，并提出建议和新的点子。最终凯莱成为了一名全职的社团管理员，并开始教授其他成员。

应用到现实的工作场景中

凯莱继续钻研虚拟社团技术，烹制甜点仅成为了她的一个爱好。与母亲不同的是，她的女儿马洛在进入社团学习后，便对设计甜点不能自拔。不久便在弗吉尼亚的Midlothian.开设了并运营了Coastline甜点店。而她的朋友惠特尼也在维珍尼亚海滩有了属于自己的Beach House甜点店。

讲到这你有点不可思议了吧？这些都是社会化学习的案例。我想你是不是想让马洛马洛和惠特尼写一本书来介绍他们的经验？别忘了在此之前他们从来没有做过生意，而且他们在这个行业里也才刚刚做了几个月（详细过程请阅读学习材料：滴水穿石：社会化学习的力量）。

在组织中学习的关键

这个案例教给了我们很多的东西，包括社会层面的学习、从朋友那里得到反馈和鼓励，帮助其他朋友一起学习。每个人都在积极地分享，而不是把经验都据为己有。网络的有机发展是建立在大家对信息和知识的共享上的。

我们还可以从案例中学到：普通的学习经常会拓展出其他方面的学习欲望(就像马洛在开了甜点店后学习了网页设计)，社会化学习激发了人们对知识索取的本能，每个人都希望通过新的技术发觉和实现自我价值，这就是社会化学习真正的价值所在。

以上这些就是社会化学习，非正式学习改变我们共组和生活的例子。对于凯莱来说，制作甜点只是兴趣，但对于她的女儿和朋友，这成为了他们的全职工作。我们怎么能鼓励他人在工作中积极交流？我们可以用什么工具和方法来实现？

在信息更新传递速度如此之快的今天，我们又错过了哪些机会？

(本案例选自“在线教育资讯”：http://www.online-edu.org/)

活动 2

请先阅读有关学习材料，从感性上了解什么是网络学习，如何进行网络学习，同时在点播收看有关视频资源的基础上，了解网络学习的方式、方法及特征等。

任务 3　网络学习工具概述

任务引擎

在提到网络学习时，出现在你的脑海里的是不是仅仅是数字教材以及一些支持网络学习的硬件设备？你是否忽略了网络上不断出现的新学习工具？自从网络普及以来，每年都会出现一些新的网络工具，都是简单易用的好工具。如果你不了解这些工具的特性与应用时机，就谈不上如何将这些工具运用到学习上了，更不用说如何深度应用这些工具了。

通过本任务的学习，应该了解网络学习工具有哪些类型，认识每种类型中典型的工具有哪些，了解各种工具的特点。从而对网络学习工具有一个初步的了解，形成对网络学习工具的整体观念。

一、网络学习工具的定义与特点

网络学习的开放性和复杂性，使得学习工具的掌握和运用一直贯穿在整个网络学习过程中，这些学习工具会影响和决定网络学习中的其他要素。如果你能够有效使用网络学习工具，这将有助于提高学习效率，培养创造性思维。首先让我们了解一下什么是网络学习工具、网络学习工具有哪些特点。

1. 网络学习工具的定义

学习是个人(或组织)依靠工具获取知识、增长技能(能力)、改造品格的活动，学习工具则是学习者在学习过程中使用的促进学习的任何东西，是学习的媒介，或称学习媒体，它能传递和处理学习信息，是学习者和学习对象相互作用的纽带(马宪春，2005)。那么，网络学习工具则是在网络学习环境中的学习工具，是指在一定的学习理论指导下，用于支持学习者完成学习目标、提高学习效率、能够在计算机等设备上运行的虚拟工具。

网络学习工具主要体现的是社会性软件在教育学习中的应用。社会性软件又译为社会软件、社交软件，被认为是近年来网络技术与文化的一种新表现形态。其中以 Blog、Wiki 为代表的社会性软件在社会各领域表现出强大影响力和生命力，其教育应用也备受教育技术领域的关注。国外教育主要将 Blog、Wiki、BBS 等社会性软件应用于以下几个方面：

(1) 建立学生的学习档案袋；

(2) 教师的职业培训；

(3) 课堂教学的辅助工具；

(4) 知识管理；

(5) 教师反思性日志的记录；

(6) 交流工具；

(7) 文档创建与维护；

(8) 团队沟通协调；

(9) 文档的共享、备份等等方面。

国内的 Blog、Wiki、BBS 等社会性软件在教育应用多以以下形式：

(1) 教师做为网络日志；

(2) 反思性日志；

(3) 教学研究；

(4) 个人知识管理工具。

而在课程教学中使用这些社会性软件的除在远程教育中有广泛应用外，学校的课堂教学也有尝试引入这些工具支持学生的学习的案例。

2. 网络学习工具的特点

(1) 数字化

网络学习是在数字化的环境中进行的，获取的也是数字化的学习资源。而网络学习工具也是数字化的学习工具，对数据的搜索、获取、分析、储存和传送都是基于数字化实现的，实现了学习的便捷性。

(2) 网络化

网络学习工具可以有效地实现学生、助学者(教师或者权威专家)和学习资源的互联，例如 Wiki、Blog 等学习工具，具有直接方便、费用低廉、信息量大、传播速度快、互动性强、形式多样化和实际效果强的优势。

(3) 协作化

在网络学习中，协作学习起着重要的作用。网络学习工具可以使学生优势互补，学生可根据自身的特点和学习方法来选择学习工具，扬长避短，分工合作，使每位学习者都可以得到成功的乐趣，获得最大限度的发展。

(4) 易用性

同很多相对复杂的专业软件工具相比，网络学习工具软件的使用更加直观和简单，常常不需要花太多时间进行专门学习和培训，我们在学习使用时，只需要通过较短时间的使用，就能够掌握学习工具的基本操作，并能够将其运用到学习当中来。

(5) 易获得性

大多数网络学习工具在网络上能够下载，而且它们大都是我们日常经常使用的，例如：百度搜索、QQ、微博等。只要我们上网或安装了这些常用软件，就可以在学习中使用它们。

(6) 高效性

我们还可以随时运用网络学习工具进行学习或对学习内容进行加工，具有较高的时效性，并且这些工具节省了操作时间。例如，学习资料可以通过搜索引擎获取，文字可以通过 Office 软件进行编辑等，这些都大大减少了传统的知识获取和手写文字的时间，使得我们的学习过程更为高效。

(7) 低成本

网络学习工具大多数都是免费使用的或者费用较低，我们可以有选择地运用一个或者综合运用多个软件进行学习，这样将大大降低网络学习的成本。比如我们可以选择能够免费使用的谷歌翻译、维基百科、QQ 等工具。

拓展阅读

社会性软件的特征及分类

美国社会性软件的研究者 Stowe Boyd 认为：社会性软件首先是基于个人的，其次是基于群体的。这个群体产生于个体间的交流，个体以社会交往展示自我的个性：兴趣、偏好、社会关系等；而群体又是由交往而形成的。社会性软件是以社会关系与人际交往为基础的，重视人的本质，传统软件具有预先规划好的结构与关系，但社会性软件从个人有与他人发生社会联系的需要出发，通过软件工具构建"人网"，这也使得知识的分享从"人—机"对话的显性知识交流到达了"人—人"交流的隐性知识交流。因此社会性软件有这样一些特征：

(1) 以网络群体的形态反映了现实社会中的社会网络；

(2) 是一个群体的逐渐形成和信任的逐渐发展过程；

(3) 以自我为中心，轻量级，松散耦合，网络连接；

(4) 使用者的身份和信任在软件中体现；

(5) 软件本身不断更新和自我发展；

(6) 个体主动参与到群体中。

根据社会性软件所体现和显现的促进社会关系网络形成的程度不同，可以分为显性社会性软件和隐性社会性软件。显性社会性软件在某种程度上直接促进人际互联关系的构建和发展，而隐性社会性软件则是在完成某种作业任务的过程中促进了人际关系的生成。另外社会性软件按照任务指向性，可以将其分为即时通讯类和协同作业任务应用的社会性软件。

第一类：显性的社交网络服务型社会性软件——社交网络服务(SNS，Social Network

Service)。

第二类:协作和通信工具,包括了各种支持 CoP(Community of Practice)。例如 Groove 和 Instant Message。IM(Instant Message 即为即时通信软件,最基本的功能就是提供点对点的通信服务,而且这种通信是即时的,不像电子邮件存在延时。目前世界上主流的 IM 软件已达数十款,如 ICQ、MSN、YAHOO 通、AOL、QQ、UC、POPO、E 话通、SKYPE。

第三类:个人出版和聚合,例如 Blog 和 Wiki。

第四类:智能社会软件,计算机协同工作。

从这个分类出发,目前比较流行和成功的社会性软件有:Email(电子邮件);Usenet(新闻组);Mailing Lists(邮件列表);MUDs and MOOs(多用户网络游戏);Wilds and Wiki-like Systems(维客系统);Personal Weblogs(个人博客);Soeial Network Systems(社会网络系统)。

二、网络学习工具的类型与功能

田志刚先生在其个人知识管理著作《你的知识需要管理》一书中,把涉及个人知识管理的网络学习工具归为:学习知识工具、保存知识工具、共享知识工具、创造知识工具四大类。据此,我们可以把网络学习工具分类如下表:

阶段	工具名称	功能简介	备 注
学习知识	搜索引擎:Google、百度、必应(Bing)、有道、Yahoo 等	快捷获取信息和知识。	搜索引擎是最常用的信息和知识获取工具,有效地利用这些工具需要:了解不同搜索引擎的特长;掌握搜索引擎的技巧。
	维基百科型网站:推荐维基百科(Wikipeidia)、互动百科、百度百科	互联网在线知识库。	维基百科型网站是知识学习和共享的一个渠道,使用中需要注意的问题是对内容进行评估,保证准确性。
	问答型网站:百度知道、Yahoo 知识堂、新浪爱问、知乎、百度新知等	获取问题的信息和知识。	以百度知道为代表的老一代问答网站主要解决有明确答案的问题;以知乎为代表的新一代问答网站则将内容聚焦于较复杂的问题。
	微博:新浪微博、腾讯微博、Twitter 等	提供信息和知识的线索,方便的发现内容和专家交流。	不同的微博人群和关注点不同。微博学习对于知识体系较完善的人更有效。
	论文库、中国知网、万方、Google 学术、微软学术等	论文获取,需收费。	即便不写论文的朋友在研究某个主题时仍建议看看论文上怎么说。
	链接、书籍评估、豆瓣网、美味书签等	评估书籍、网页质量。	信息评价工具。使用其中的功能需要注册,亦可作为搜索引擎使用。
	信息内容订阅:Google Reader、有道阅读、QQ 阅读	信息订阅。	从"人找信息"到"信息找人"。

（续表）

阶段	工具名称	功能简介	备　注
保存知识	个人电脑保存、Total Commander	更好保存个人电脑里的文件和内容。	根据个人习惯和文件数量确定是否使用该类软件。
	本地搜索、Everything、Google桌面、百度硬盘等	对个人电脑内容进行索引、检索。	Google桌面、百度硬盘很少更新，又有新工具出现。
	搜藏类工具：百度搜藏、美味书签、QQ书签等	保存互联网上感兴趣的连接和感兴趣的内容。	类似功能有美味书签网站、QQ书签。
	笔记类软件：EverNote、为知笔记、麦库记事、有道云笔记、华为天天记事	摘录互联网上感兴趣的内容并记录阅读中产生的想法和创意。	有空间大小限制，支持多终端应用（电脑、PAD、手机）、多系统应用（iOS、安卓）。
	联系人、人脉管理、Outlook、印象笔记	对联系人的管理，包括基本情况、联系过程等。	该功能指Outlook而非Outlook Express，在智能手机上有众多人脉管理的应用亦可选择。
	网络硬盘、云存储	在线保存文件，替代移动硬盘和U盘	该功能需注册，不同服务商所提供存储空间和功能不同。
	保存工具：电脑硬盘、U盘、移动硬盘	移动保存，方便使用；分散保存，保证安全。	本部分涉及的硬件需要购买。可以将硬件与云存储结合使用。
共享知识	组织的交流、分享活动（会议、研讨的发言等）；组织信息化平台（内部的交流、分享平台）	组织的工作平台，不同机构有所不同。	对大多人而言，在自己所在机构内部共享知识是共享知识的基础，所以在自身机构中应积极主动地共享知识。
	正式出版物（报纸、杂志、期刊等）	根据不同出版物的出版规则审核确定可出版内容。	正式出版物有自己的门槛，提升个人知识的独特性是利用该类工具的基础。你需要建立属于你专业和行业的出版物列表。
	互联网个人出版和交流（论坛、博客、维基、微博）	论坛围绕问题；博客、微博围绕个人；维基围绕知识互动。	建议个人先从自己行业开始，选择行业内的主要共享渠道。有条件的可搭建独立博客，推荐Wordpress。
创造知识	奥斯本检核表法	创新辅助工具，通过9大类75个问题可以辅助创新思考，促进知识创新。	本方法集成多种创新技法，被广泛使用。
	思维导图软件：MindManager、IMindMap、FreeMind等	协助左右脑共同思考，用可视化方式促进学习和创新。	图形化思考方法充分利用右脑，相应工具也很多，最简单的可以用白纸加彩色笔来画。
	TRIZ、发明式的问题解决理论	由阿利赫舒列尔及同事最早提出的基于知识的、面向人的发明问题解决系统化方法学。	一种方法，也有相应的软件和工具提供。

由上表我们可以看出，网络工具的种类繁多，其作用也各不相同。南京师范大学沈书生教授从学习内容的观察维度把学习分为学习内容的交流与分享、学习内容的收集与获取、学习内容的加工与处理、学习内容的组织与呈现、学习内容的管理与体验的层面。据于此，我们可以把网络学习工具分为五大类，即：交流与分享工具、收集与获取工具、加工与处理工具、组织与呈现工具和管理与体验工具。详细的分类请看下表：

类型	工具名称	工具举例	功能
交流与分享工具	即时通讯工具	QQ MSN 飞信	便于学生之间、师生之间的交流，增强了网络学习的交互性。
	BBS	日月光华 水木清华	它提供一块公共电子白板，每个用户都可以在上面书写，可发布信息或提出看法。
	博客	新浪博客 博客中国	博客可以提供一种日记式的记录功能，学习者迅速便捷地发布自己的心得，及时有效地与他人进行交流，是蕴含丰富多彩的个性化展示的综合性平台。
	播客	土豆 优酷	学生可以选择性观看学习的视频资源，可以订阅视频、收看内容，还可以自己制作音视频资源，上传让其他人观看，可以用于学习，促进学习效果。
收集与获取工具	综合性门户网站	网易 新浪	提供大量的即时信息，为用户分版块、分类别呈现信息，便于使用者查阅。
	搜索引擎	百度 谷歌	通过用户输入关键字，帮助快速查找所需要的知识，促使用户主动查阅信息。
	专业或专题资源网站	中国基础教育网 沪江英语学习网站	提供丰富的专业知识和资源。
	专业数据库	中国知网 超星数字图书馆	提供大量的数字化资源，主要是提供专业性较强的文献资源。
加工与处理工具	截图工具	SnagIt 红蜻蜓	帮助学生在网络学习时对图片进行处理，提高学习效率。
	云笔记	Evernote 有道云笔记	学生能够随时随地保存并获取笔记，并且不用担心丢失的风险，且省去了反复拷贝的麻烦。
	电子订阅(RSS)	鲜果 九点	可以用于学生订阅自己感兴趣的东西或知识，避免了一个一个去找的麻烦，而且可以及时得到最新内容。
	在线翻译工具	谷歌翻译 百度翻译	帮助学生免去了查字典的繁琐过程，提高了学习效率，还能提供句段翻译和单词发音，便于学习。
组织与呈现工具	思维导图工具	MindManager	用于构建思维导图，生成结构化的知识框架，促进知识的记忆和思维发散。
	Wiki	维基百科	为教师和学生的知识共享提供了高效的平台，实现了快速广泛的信息整合。
	网络学习平台	网易云课堂 Coursera MOOCs	提供一个多模块学习平台，学生能够进行远程学习，具有良好的交互性。学生能够对学习进行管理，制订学习计划，让学习具有系统性，能有效地提高学习效率，优化学习效果。

（续表）

类型	工具名称	工具举例	功　能
管理与体验工具	时间管理工具	Getting Things Done Google 日历	学生以记录的方式把头脑中的各种任务移出来。通过这样的方式，头脑可以不用塞满各种需要完成的事情，而集中精力在正在完成的事情。
	云存储工具	金山快盘 百度云 腾讯微云	云存储具有大量的存储空间可以让学生存储大量的学习资源，还可以让学生随时随地获取已存储的资料。
	教育游戏	蜡笔物理学 Second Life	能够培养学习者认知风格、认知策略、情感道德的具有意义的计算机模拟程序，促进学习者学习科学文化知识，从而最终达到教育目的。
	协同学习工具	Skype Google Docs	可以帮助团队为了实现某一目标而由相互协作的个体组成团体，它可以调动团队成员的所有资源和才智，促进团队协作，提高学习效率并节省学习时间。

在这里，需要注意的是：由于许多网络学习工具拥有多种功能，所以无论哪种分类方法都不可能完全覆盖其全部功能，它们是可以从多方面来服务于我们的。例如，现在的即时通讯工具不仅仅能够进行实时聊天，还可以充当管理工具、加工工具等。以上的分类主要依据的是网络学习工具的主要功能，目的是突出其特点，在实际学习时可以依据具体情况，灵活运用。

本书的主人公是某省城开放大学主修经济管理专业的陈昕怡同学，她是班级里的学习委员，学习成绩优异，并在班级里起到了模范带头作用，多次获得“学习标兵”的荣誉称号。她在谈到学习经验时表示：“在开放大学进行学习，除了需要较强的自主学习能力之外，还需要掌握好的学习方法，通过网络学习工具可以让学习变得轻松且更有效率，能够更好对知识进行建构，真的很感谢它们。”究竟网络学习工具在她的学习过程中起到了怎样的作用呢？本书就从网络学习工具学习观察角度的分类（即交流与分享工具、收集与获取工具、加工与处理工具、组织与呈现工具和管理与体验工具）为模块，让我们跟随着陈昕怡的学习脚步来解开这个谜题吧。

拓展阅读

信息技术作为学习工具

“Learn from IT”与“Learn with IT”：两种技术应用观“Learn from IT”（从技术中学习）与“Learn with IT”（用技术学习）代表两种不同的技术应用观。前者为客观主义倾向的技术应用观，后者为建构主义倾向的技术应用观。

“Learn from IT”的基本假设是：技术在某些方面可以替代教师对学生教学。知识镶嵌在技术化的课程中，技术能把知识传递给学生。学生只是学习技术呈现的知识，就像跟教师学习一样。技术的作用就是给学生传递知识，就像卡车把食品运送到超市一样（Clark，1983）。

"Learn with IT"的基本假设是：技术的真正作用在于充当学生的学习工具，而不是通过预先设定的程序内容来教学生学习。在教学生学习方面，技术并不比教师更有效。但当技术作为学习工具时（学生用技术学习或和技术一起学习），学习的本质将发生根本性的变化。学生不能直接从教师或技术中学习什么，只能从思维中学习，思维的发展需要相应的技术支持，技术应当作为学生思维发展的参与者和帮助者。客观主义的技术应用观，一是过分强调了学习是知识外部输入的过程；二是没有正确认识到技术与人之间的和谐关系，让技术和人各自发挥独特的作用。我们认为，如同建构主义是对客观主义的一种制衡一样，"用技术学习"也是对"从技术中学习"的一种制衡。客观主义偏重于教的方面，建构主义则强调学的方面。从教学设计的角度来看，客观主义注重外部刺激的设计和知识结构的建立，建构主义则特别关心学习环境的设计。因此，尽管"Learn with IT"正在成为技术应用的主流趋势，但"Learn from IT"和"Learn with IT"是一种连续统一的技术应用观。

技术作为学习工具，是建构主义技术应用观的具体反映，有多种角色和功能。如表1所示。

表1 技术作为学习工具的种类、功能和例证

种 类	功 能	例 证
效能工具	提高学习效率，支持知识建构	文字处理软件、作图工具、数据处理工具等
信息工具	获取资源、探究知识，支持在建构中学习	各种搜索引擎、搜索工具和搜索策略、方法等
情境工具	创设情境，支持"做中学"	各种学习情境，如CBL、PBL、微世界等
交流工具	支持协作学习	各种同步和异步通讯技术
认知工具	支持高阶学习，发展高阶思维	数据库、电子报表、语义网络工具、专家系统等
评价工具	记录学习过程，展示学习作品，促进反思	EPSS和电子学档（ELP）等

"用技术学习"的效果取决于学生与技术的关系性质，而对学生与技术关系的认识与实践又直接取决于技术应用观。学生与技术的关系，不是技术控制学生（技术决定论），也不是学生恐惧技术（后现代主义），而是学生控制技术，与技术形成一种智能伙伴关系。这种关系是生态化的人机关系，它使学生与技术分布式地承担认知责任，形成学生与技术最优化的智能整合。

（节选自钟志贤的《信息技术作为学习工具的应用框架研究》）

活动3

从五类网络学习工具中挑选出几种自己感兴趣学习工具，根据其功能，试用于本任务的学习中，体验一下学习效果。

学习小结

1. 中国传统文化中的学习包含学与习两个环节，学是指人的认识活动，习则是指人的实践活动，这正是中国传统文化中长期探讨的重大理论问题：知与行的关系，把二者统一起来才构成完整的学习概念。

2. 行为主义理论关于学习的主要观点：学习是刺激和反应（S—R）的联结，如果给个体一个刺激，个体能提供预期的反应，那么学习就发生了。行为主义学习理论重视环境在个体学习中的重要性，重视客观行为与强化。

3. 认知主义学习理论：(1) 人是学习的主体；(2) 人类获取信息的过程是感知、注意、记忆、理解、问题解决的信息交换过程；(3) 人们对外界信息的感知、注意、理解是有选择性的；(4) 学习的质量取决于效果。

4. 人本主义学习理论强调人的潜能的发展和自我实现，主张教育是为了培养心理健康、具有创造性的人，并使每个学生达到自己力所能及的最佳状态。

5. 网络学习具有自主性、交互性、个性化、合作性以及创造性的特点。

6. 网络学习对传统学习具有变革作用。首先，网络实现了学习理念的变革。其次，网络实现了学习方式的变革。再次，网络学习是实现素质教育的有效措施。最后，网络学习是实现终身教育的捷径。

7. 网络学习工具即在网络学习环境中的学习工具，是指在一定的学习理论指导下，用于支持学习者完成学习目标、提高学习效率、能够在计算机等设备上运行的虚拟工具。

8. 网络学习工具分为五大类，即组织与呈现工具、收集与获取工具、加工与处理工具、交流与分享工具和管理与体验工具。

思考与练习

1. 什么是学习和网络学习，你最初是怎么理解的？在阅读有关材料后，请你给学习和网络学习下个定义。

2. 网络学习工具可以分为五类。请你根据你在网络学习中已经使用的学习工具的主要功能归类填写在下表中。

类型	工具名称	功能简介	获取方法	备注
交流与分享工具				
收集与获取工具				
加工与处理工具				
组织与呈现工具				
管理与体验工具				

单元二　网络学习中的交流与分享工具

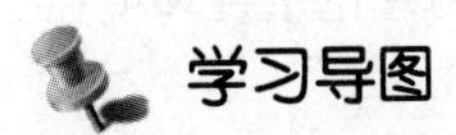

学习导图

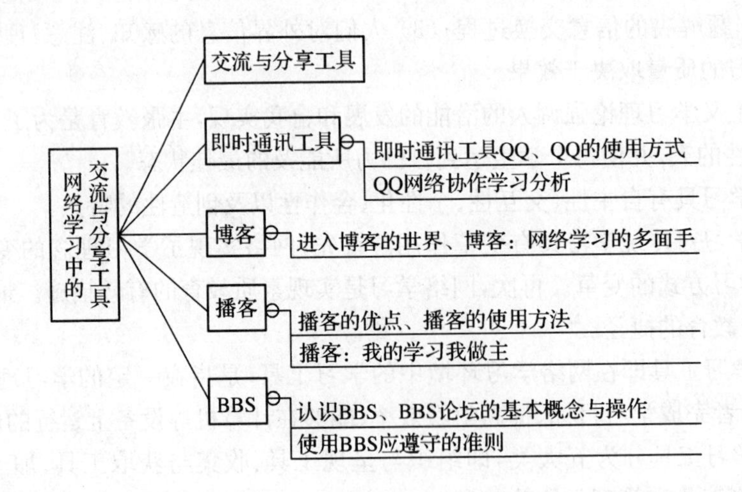

单元目标

通过这一单元的学习，我们希望你能够：

1. 了解网络学习中交流与分享工具的相关概念；
2. 了解常用的即时通讯工具，重点掌握 QQ 的使用，并能够运用它来开展协作学习；
3. 了解常用博客的使用方法，理解博客在自主学习、合作学习和探究学习中发挥的作用；
4. 了解播客的优点，掌握在网络学习中如何使用播客技术；
5. 了解 BBS 的特点、操作以及使用时应注意的问题。

学习指南

本单元共包含“交流与分享工具简介”、“即时通讯工具”、“博客”、“播客”以及“BBS”五个任务，需要了解什么是交流与分享工具，掌握即时通讯工具、博客、播客、BBS 的基本用法，能够在网络学习中与同伴进行有效地交流与分享，提高网络学习的效率。

关键词

交流与分享工具　即时通讯工具　博客　播客　BBS

任务1　交流与分享工具

任务引擎

古人用竹简来交流与分享自己的思想，但竹简承载的内容少，并且非常不便于携带。后来纸的发明极大地促进了思想的交流，纸张对比竹简优势明显，但它也只是缓解竹简所具有的缺点。现代数字载体的出现是对上述缺点的进一步改善，出现了更多交流与分享思想的工具。

通过本任务的学习，了解什么是网络学习中的交流与分享工具，以及这些工具所具有的特征，能够列举几个常用的交流与分享工具。

陈昕怡参加了一门关于创造力的网络学习课程。课程有一个官方的网易博客账号，每周一会发布新的知识内容和相应的课程作业。陈昕怡每周会抽出时间来阅读博客内容进行学习。开始几周是单独的个人作业，每个学生要开通一个网易博客账号，并且要把自己的作业发布在上面，然后要去阅读其他学生的作业并给出评价。

几周之后，作业变为小组作业。教师将学生分组，学生要分组讨论完成作业。陈昕怡学习完课程后，和其他小组成员约定好了交流时间，然后在约定的时间和其他小组成员在QQ群里进行讨论，向小组成员展示自己完成的部分，在其他时间则利用BBS平台进行非实时的讨论，最后合作完成了作业。

网络课程的最后一个作业是做一个视频展示。陈昕怡和本组成员通过QQ群商量好了本组要展示的主题，然后进行了分工，最后进行了组合，完成了作品的最终制作。接下来小组开通了一个优酷的播客账号，然后将本组的作品上传。教师汇总每组作品，然后发布到博客上进行展示，学生们需要对每组的最终作品进行评价。

课程结束了，陈昕怡收获颇多，不仅学到了许多知识，而且学会了多种网络学习工具的使用。她觉得这种学习方式充分调动了自己的学习热情，发挥了自己的创造性，在愉快的学习体验中掌握了多种工具的使用。

在上述案例中陈昕怡使用了QQ、博客、播客等多种网络学习工具，在学习中运用这些工具进行交流。人是一种群居动物，在现实生活中我们每个人必不可少的就是沟通。通过交流我们能够了解身边的朋友亲人，随着科技的发展以及计算机网络的普及，现在的沟通手段不仅限于书信电话等形式，网络不仅价格实惠时效性高，还非常的方便，所以受到了很多人的青睐。人们的要求越来越高，网络沟通工具的类型也变得越来越多样。

从某种意义上说，学习过程就是一个参与人际交往的过程，在网络学习中这一特点变得更为突出。学习者在进行网络学习时需要和教师以及其他学习者进行交流，解决问题；学习者也需要一个平台来展示自己的学习成果以及和其他学习者分享自己的学习资源、学习心得等。由于学习者在学习过程中与教师和其他学习者在地理上的分离，需要借助一定的工具进行交互，因此支持人际交往的互联网服务理所当然地受到了教育界的关注。

网络学习中交流与分享的工具和方法几乎难以计数，我们在网上进行社交活动时会用到各种工具，根据这些工具的特点，都可以把它们合理地运用到网络学习中来。在网络学习中，我们使用的交流与分享工具主要分为即时交流分享工具和异步交流分享工具。即时交流分享工具主要包括 QQ、MSN、Skype、飞信等交流工具，学习者可以利用这些工具实时的和他人进行交流，分享资源等；异步交流分享工具主要包括电子邮件、论坛、贴吧、博客、播客等网络工具。在网络学习时，利用异步交流工具发表观点、分享资料，他人可以在任何时间来进行回复和接收所分享的资源。我们将在下一节具体且系统地介绍常用交流与分享工具的使用方法和适用情况。

拓展阅读

常用网络交流方式及其特点

计算机网络技术的发展为人们提供了越来越方便快捷的网络交流方式，其中最具代表性的有 E-mail、QQ(含 QQ 群)、MSN、BBS、Blog 等。这些网络交流方式利用网络即时通讯工具的对话、共享、下载、发帖、交流等功能，既可以实现一对一的个体间的信息交流，又能实现个体对群体的交流，支持多人在线交换信息，达到相互交流的目的。MSN 全称应为 Microsoft Network，是“微软网络服务”的意思。狭义的 MSN 指的是 MSN Messenger，即微软聊天软件(和 QQ 一样是聊天软件，只不过公司不同，登陆方式也不同)，广义的 MSN 则包括了 MSN 门户网站、MSN Messenger、MSN Spaces、MSN Hotmail 和 MSN Mobile 等多个产品。BBS 的英文全称是 Bulletin Board System，翻译为中文就是“电子公告板”(或电子论坛)，具有用户管理、讨论管理、实时讨论、用户留言、电子信件等诸多功能。博客(Blog)是一种新兴的网络交流方式，Blog 是 Weblog 的缩写，意为网络日志，也可以解释为使用特定的软件在网络上出版、发表和张贴文章的形式。一般一个 Blog 就是一个网页，它通常是由按照年份和日期进行排列的简短且经常更新的帖子构成。这些网络工具的出现，为网上信息快速便捷的交流提供了非常有益的平台。

网络交流最大的特点在于资源共享和即时交流。网络是一个庞大而开放的系统，其中有极其丰富的信息资源可供开发享用。上述网络交流工具为信息的共享与交流提供了一个个非常有用的平台，一方面能实现各种文字、声音、图片、视频等信息的共享，另一方面，上述交流平台具有很强的开放性与互动性，使得个体之间或群体成员相互进行讨论、发表个人意见、实现即时交流成为轻而易举的事情，因而使用起来非常方便快捷，且成本较低。上述平台基本上是以参与者兴趣为核心的、开放的、多元化的、一对一的、一对多的、多对多的、双向思想交流的交流网络。在交流过程中，参与交流的多方都是受益者，从而达到一个螺旋上升、共同提高的目标。由于网络交流工具的上述特点，它们在现代网络教学，尤其是写作教学中已经得到了初步的应用，取得了良好的效果，有着巨大的潜力与广阔的发展前景。

活动 1

什么是交流与分享工具，它们大体可以分为哪几类？通过上文的学习，请大体在课程论坛里分享一下交流与分享工具的特点。

任务 2　即时通讯工具

任务引擎

人际关系是人与人之间的沟通，是用现代方式表达出圣经中“欲人施于己者，必先施于人”的金科玉律——卡耐基。在网络学习的沟通中，正确利用各种即时工具可以极大地促进学习效率，提升学习效果。

通过本任务的学习，了解即时通讯工具的概念，掌握QQ、微信、飞信的使用，并重点掌握QQ在网络学习中的应用，领悟如何将其运用到协作学习中，以提高学习效率。

即时通讯(Instant Messenger)是指能够即时发送和接收互联网消息等业务，是一个终端服务，允许两人或多人使用网路即时传递文字讯息、档案、语音与视频交流。即时通讯与E-mail的不同之处在于它的交谈是即时的。大部分的即时通讯服务提供了Presence Awareness的特性：显示联络人名单、联络人是否在线与能否和联络人交谈。即时通讯最早是三个以色列青年在1996年开发出来的，取名叫ICQ。

从针对的用户群体看，即时通讯工具可以分为两类：面向个人的和面向企业的。前者有腾讯的QQ、网易的泡泡、移动的飞信等，后者有E话通、EC企业即时通信软件等。从客户端软件的形式看，有桌面版（如PC版的腾讯QQ），Web版（如Web版的MSN、Gmail中内嵌的聊天功能），移动版本（如手机版的QQ、微信、飞信等）。个人即时通讯工具应具备的功能：

(1) 基于文本和图像的一对一交谈；

(2) 基于文本和图像的多对多交谈(会议系统)；

(3) 文件传输和好友管理；

(4) 音频和视频聊天；

(5) 群功能，群可以共享文本消息、文件、群发邮件等；

(6) 离线留言功能：类似于手机短信功能。

其中一些通讯工具可以很好的运用到网络学习中来，例如QQ、MSN、Skype等，这些即时通讯软件功能强大，可以满足学习者的多种交互需求。目前在国内，QQ是应用最为广泛的即时通讯工具，几乎每位师生都有QQ账号，并能够熟练使用，因此，无形中它成为师生、学生间学习交流的理想平台，因此下面以QQ为例来讲解即时通讯工具在网络学习中的应用。

一、功能强大的即时通讯工具——QQ

QQ在网络通讯方面功能强大，应用到网络学习当中，大体来说，QQ的主要应用有：

(1) 应用QQ与教师进行课外交流。只要学生有一台电脑和良好的网络环境，便能随时随地接受教师的课外辅导。可以利用"一对一"交互实现个别化辅导，利用群内交互实现课外集体学习。

(2) 应用QQ开展网络探究学习。网络探究学习是在网络环境下，利用互联网资源，由教师引导，以一定的目标任务驱动学习者对某个问题或某类课题自主地进行建构、探索和研究的学习过程。由于QQ可为教师和学生提供交流信息、共享资源的空间，学生可以通过QQ进行讨论交流、评价总结和成果展示，因此QQ能为学生开展网络探究学习提供很好的平台。

此外，由于QQ具有实时及非实时交流的功能，所以易于实现异步式和同步式网络协作学习方式。对于异步式网络协作学习，由于进行协作学习的学习者是在不同时间、不同地点的条件下完成同一教学内容的学习，所以可通过QQ提供的群共享空间、群论坛及QQ邮箱等异步交流功能来实现。而对于同步式网络协作学习，由于处在不同地域的学习者需在同一时间进行实时交流与协作，因此可通过QQ提供的个体间交流、群组交流等实时交流功能来实现。

在学习中应用QQ时也有许多需要注意的地方：

(1) 要注意加强网络安全和网络交往礼仪的教育。QQ的开放性，除了要求学生能够利用技术手段保护个人隐私之外，还需要具有自我安全意识和安全防范能力，提高判断信息真伪的能力。

(2) 明确使用QQ的目的。QQ适合答疑、讨论、小组合作交流。

(3) 具备较快的文字输入速度。即时通讯工具和论坛等异步交流方式不同，对信息回复的时间要求严格，要求文字输入较快。

(4) QQ交流过程中，需要学生具有自我监控和引导能力。

(5) QQ中可设置好友的备注名，由于QQ号是学生的"私有财产"，不是专门为教学申请的，因此通常很难做到实名，这时可以利用QQ好友的"备注名称"，将其设置为学生真实姓名，否则很难分辨学生身份。

下面我们就来分析一下陈昕怡同学在网络课程中到底是如何使用QQ来进行学习的。

二、QQ的使用方式

陈昕怡在创造力的网络课程中会频繁地使用QQ和小组成员进行交流，在和他人交流的时候，陈昕怡主要运用了QQ的以下功能：

1. 信息交流

陈昕怡首先做的就是和组员进行最基本的交流，因为几乎每个人都已经拥有了至少一个 QQ 账号。因此添加对方为好友后就可以直接进行交流了。陈昕怡登录 QQ 双击一个好友的图标，弹出一个对话窗口，如图 2-1 所示。

图 2-1

陈昕怡在下面的文本框中输入文字，然后点击“发送”，就可以将信息发送给好友了，如图 2-2 所示。

图 2-2

2. 传输文件

在学习过程中陈昕怡需要和同组成员之间传递一些文件，这就需要用到 QQ 的文件传输功能。

陈昕怡使用 QQ 传输文件的具体操作步骤见下表。

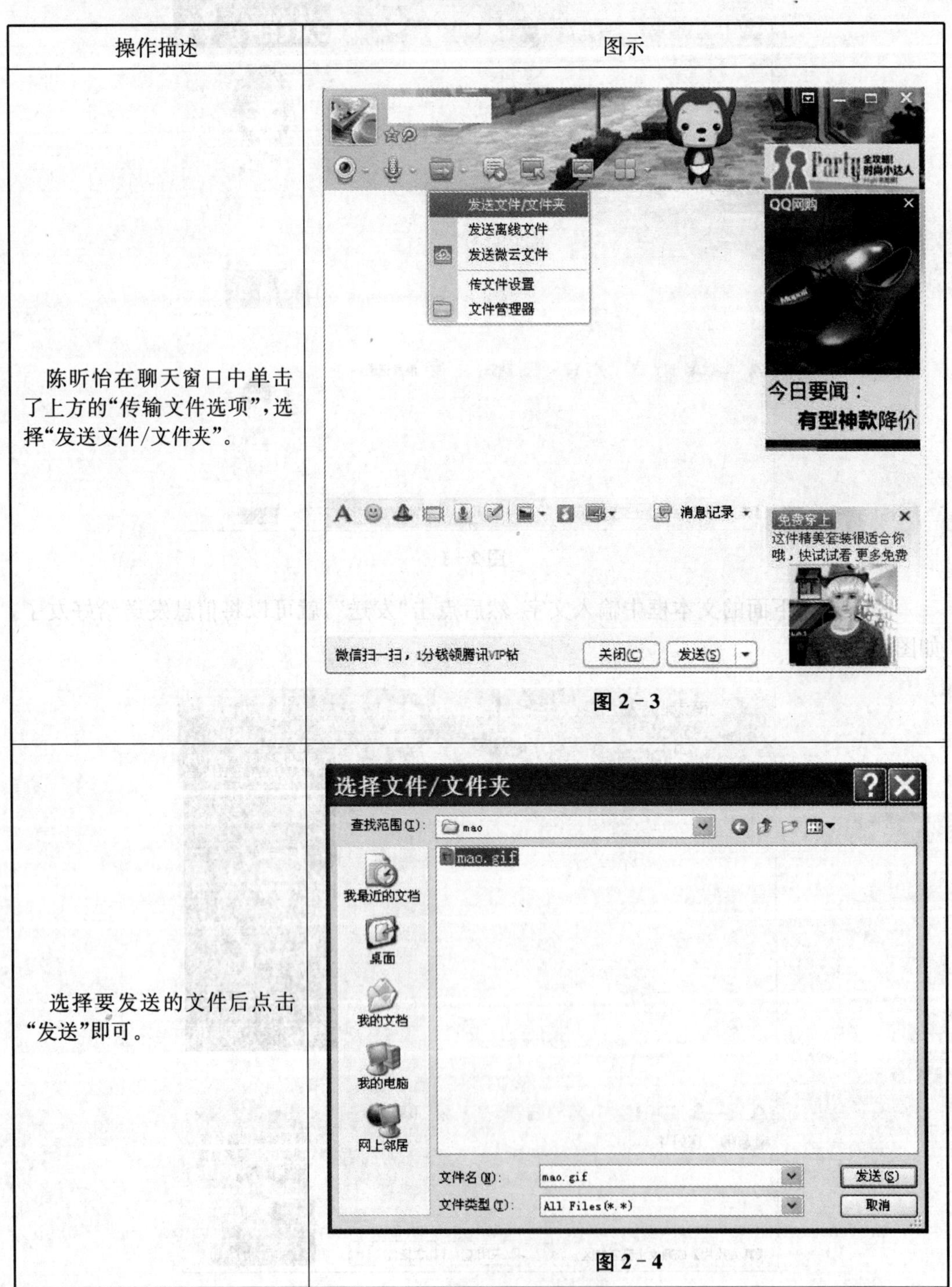

操作描述	图示
陈昕怡在聊天窗口中单击了上方的“传输文件选项”，选择“发送文件/文件夹”。	图 2-3
选择要发送的文件后点击“发送”即可。	图 2-4

（续表）

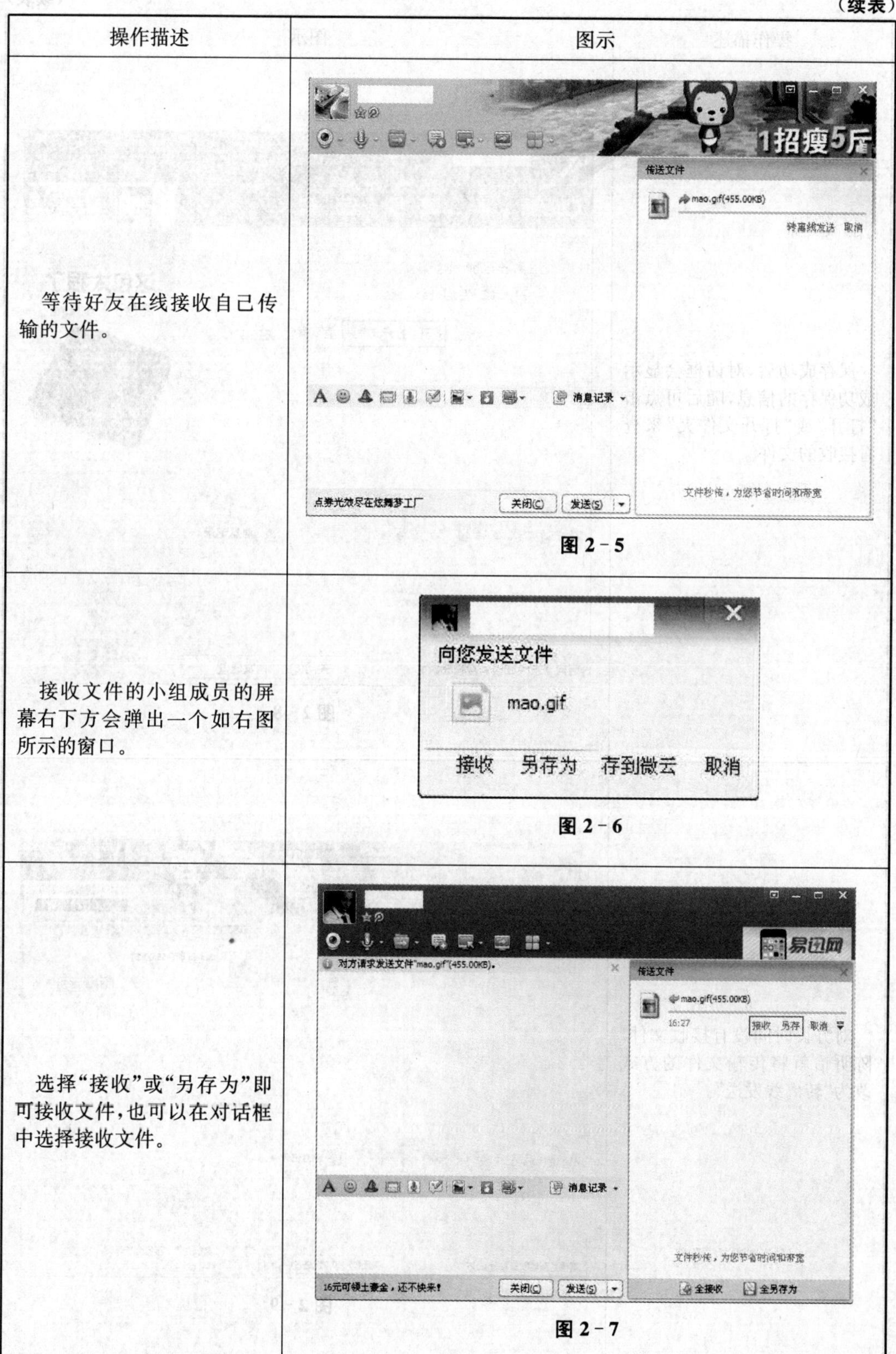

操作描述	图示
等待好友在线接收自己传输的文件。	图 2－5
接收文件的小组成员的屏幕右下方会弹出一个如右图所示的窗口。	图 2－6
选择“接收”或“另存为”即可接收文件，也可以在对话框中选择接收文件。	图 2－7

（续表）

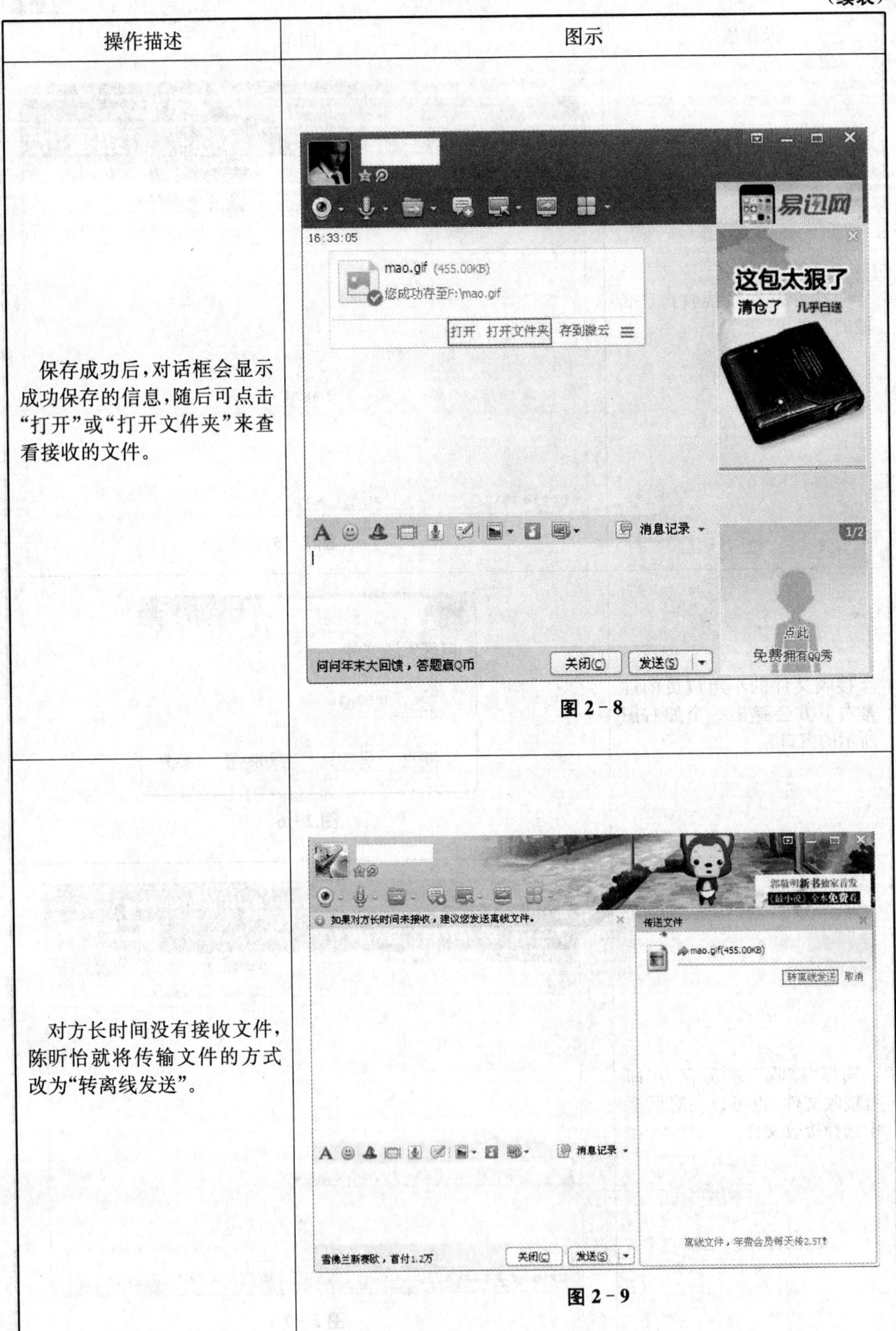

操作描述	图示
保存成功后，对话框会显示成功保存的信息，随后可点击“打开”或“打开文件夹”来查看接收的文件。	图 2-8
对方长时间没有接收文件，陈昕怡就将传输文件的方式改为“转离线发送”。	图 2-9

（续表）

操作描述	图示
也可以在开始的时候直接选择“发送离线文件”。	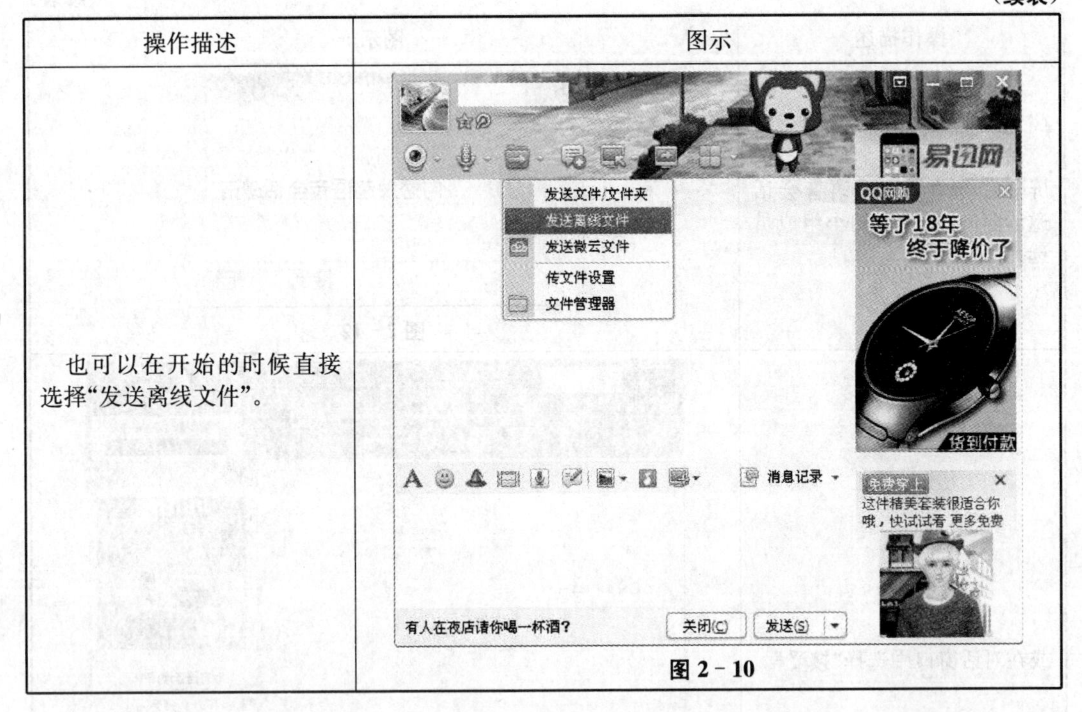 图 2-10

3. 语音对话

陈昕怡在和对方交流的时候有时会觉得打字速度慢，或者觉得文字不能很好地表达自己的意思，于是她选择了和对方进行语音对话。她进行语音对话的具体操作步骤如下表所示（要求安装好话筒、耳麦等设备）。

操作描述	图示
陈昕怡点击了对话窗口上面的“开始语音对话”，向对方发起了语音对话。也可以点击旁边的小三角在下拉菜单中选择“开始语音对话”。	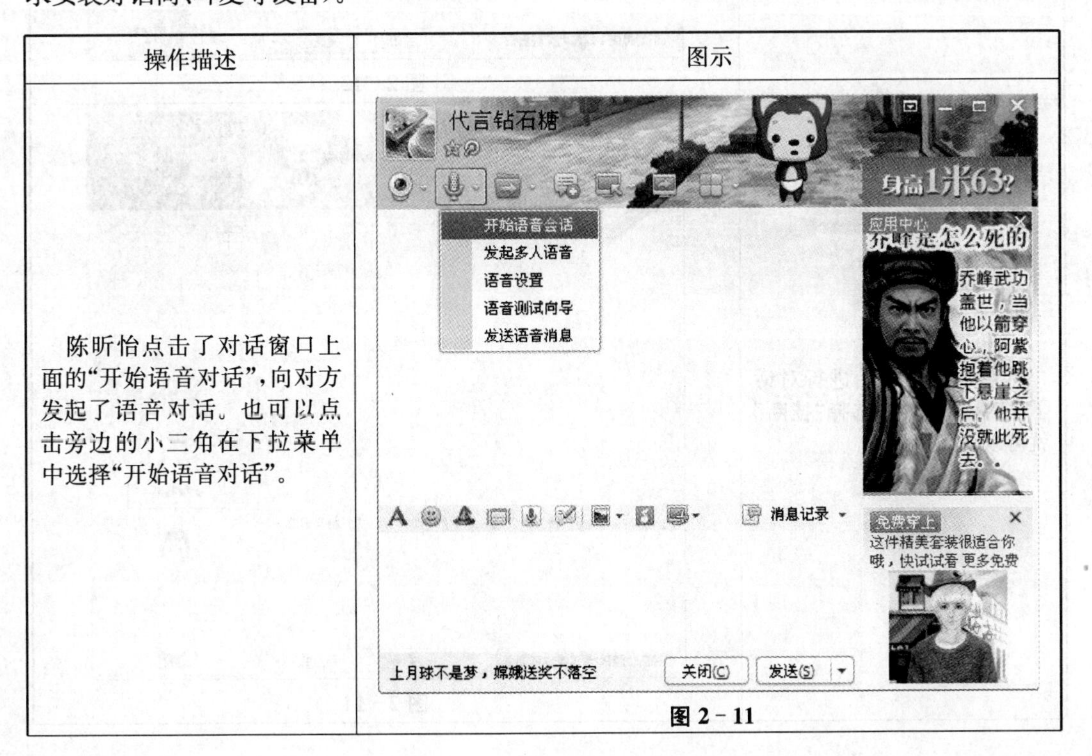 图 2-11

（续表）

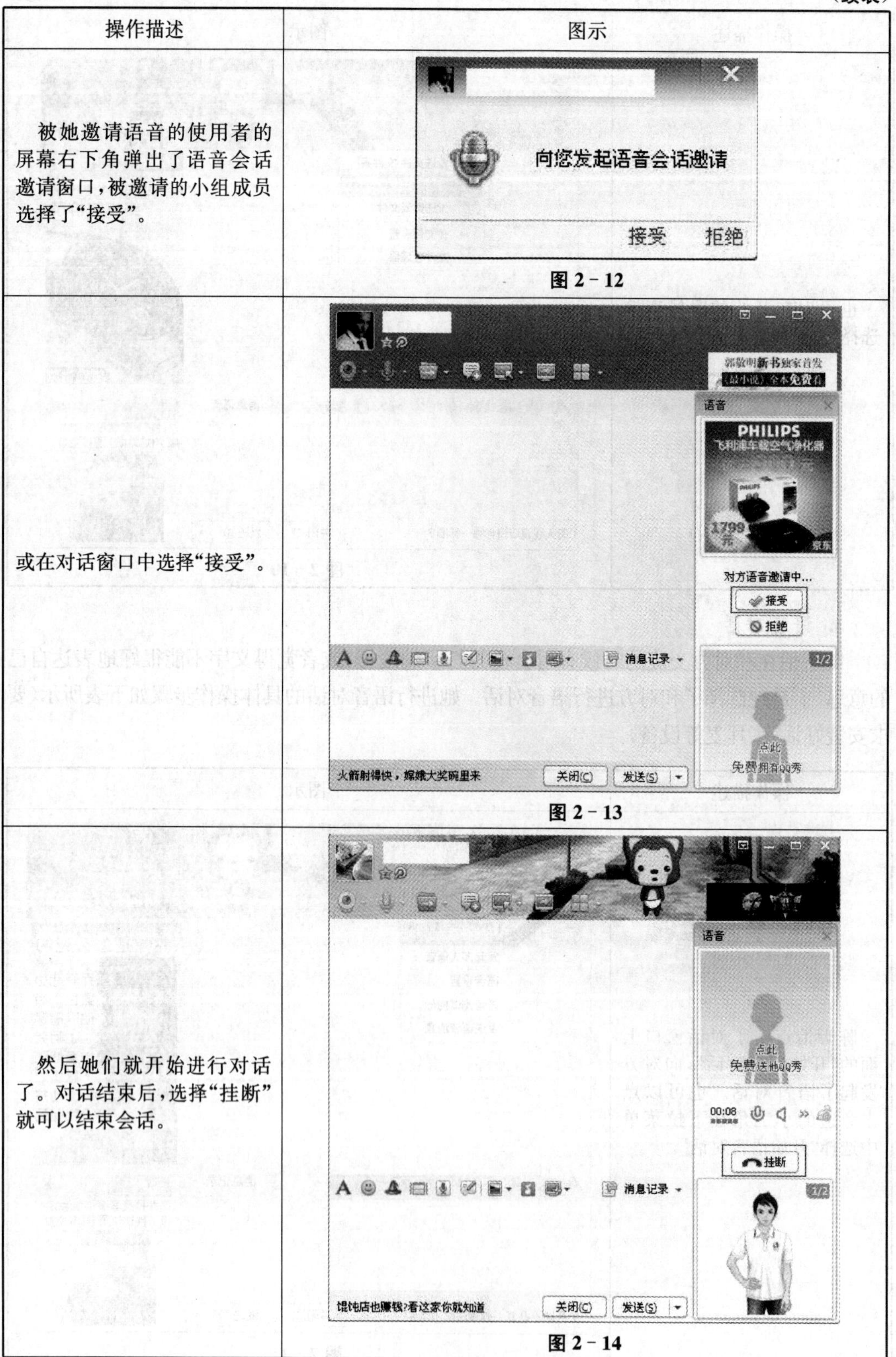

操作描述	图示
被她邀请语音的使用者的屏幕右下角弹出了语音会话邀请窗口，被邀请的小组成员选择了“接受”。	向您发起语音会话邀请 接受 拒绝 图 2－12
或在对话窗口中选择“接受”。	对方语音邀请中… 接受 拒绝 图 2－13
然后她们就开始进行对话了。对话结束后，选择“挂断”就可以结束会话。	00:08 挂断 图 2－14

（续表）

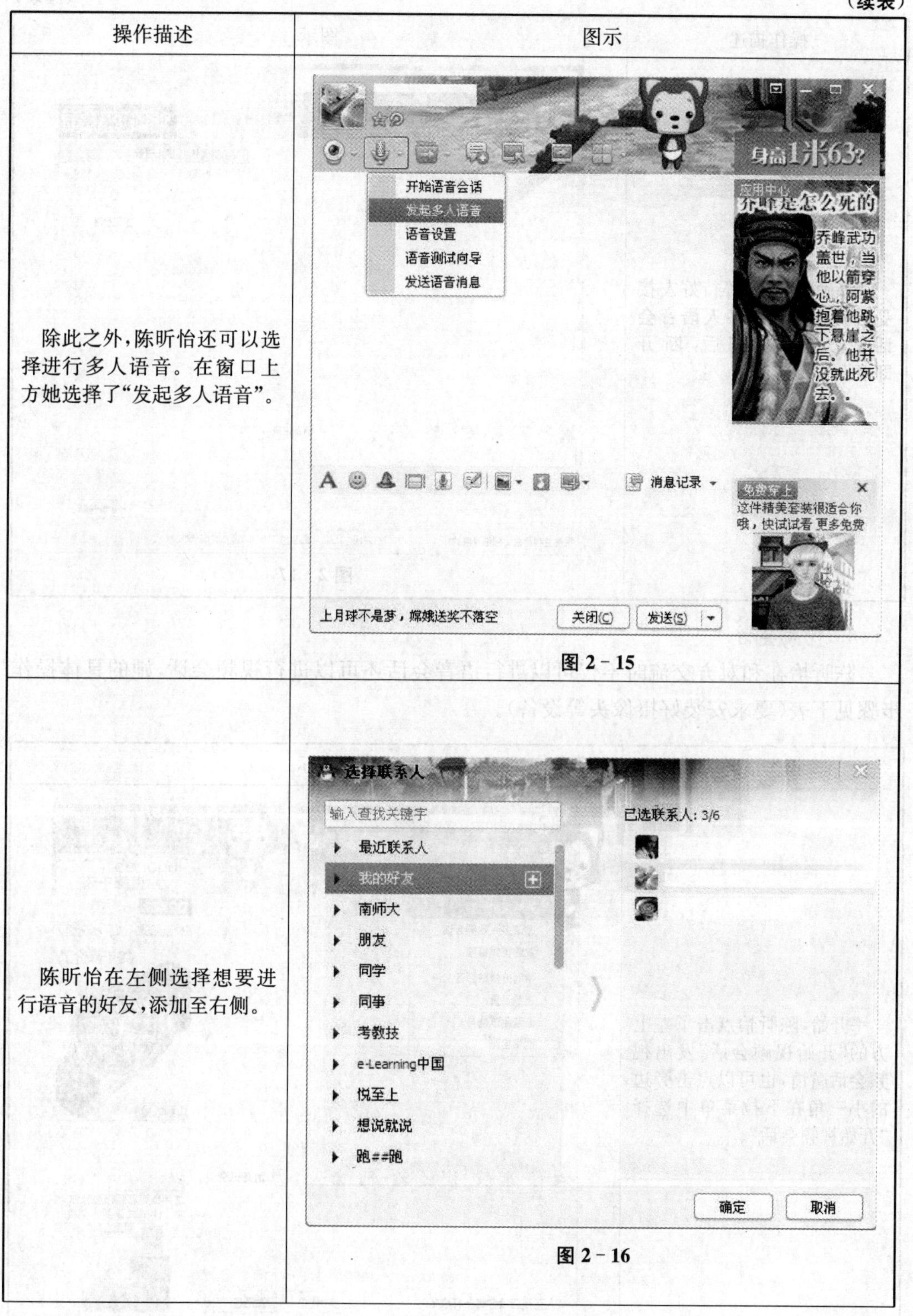

操作描述	图示
除此之外，陈昕怡还可以选择进行多人语音。在窗口上方她选择了“发起多人语音”。	图 2－15
陈昕怡在左侧选择想要进行语音的好友，添加至右侧。	图 2－16

（续表）

操作描述	图示
选择确定之后，等待好友接受后就可以开始多人语音会话了。通话结束后，断开即可。	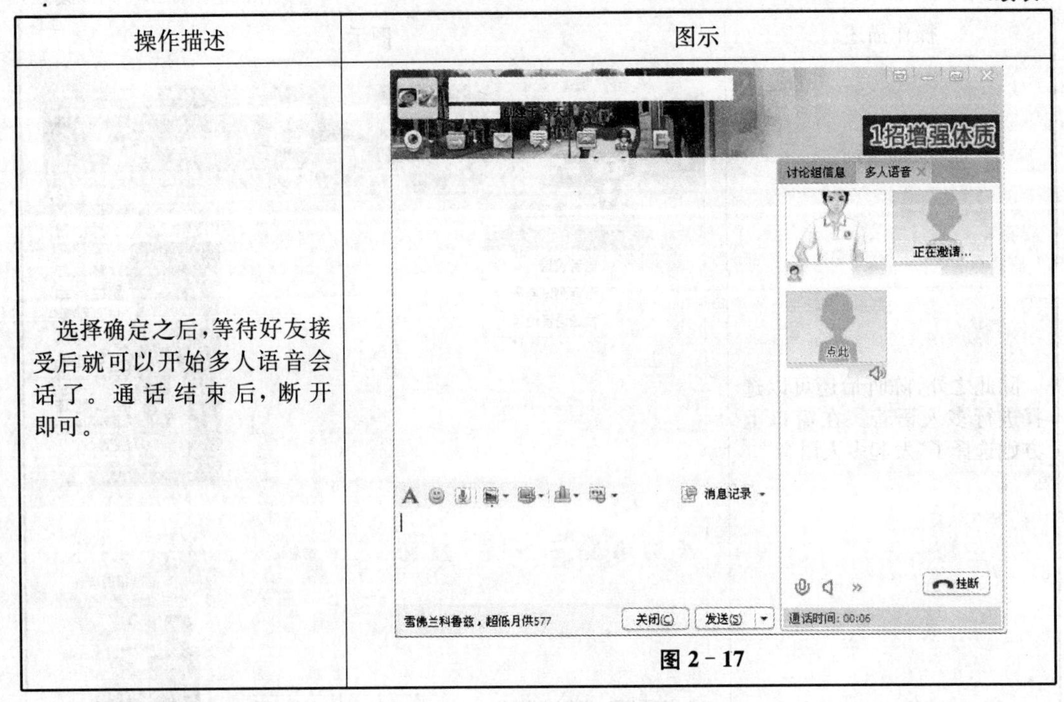 图 2－17

4. 视频会话

陈昕怡在和对方交流时不仅可以进行语音会话还可以进行视频会话，她的具体操作步骤见下表（要求安装好摄像头等设备）。

操作描述	图示
一开始，陈昕怡点击了左上方的“开始视频会话”发出视频会话邀请，也可以点击旁边的小三角在下拉菜单中选择“开始视频会话”。	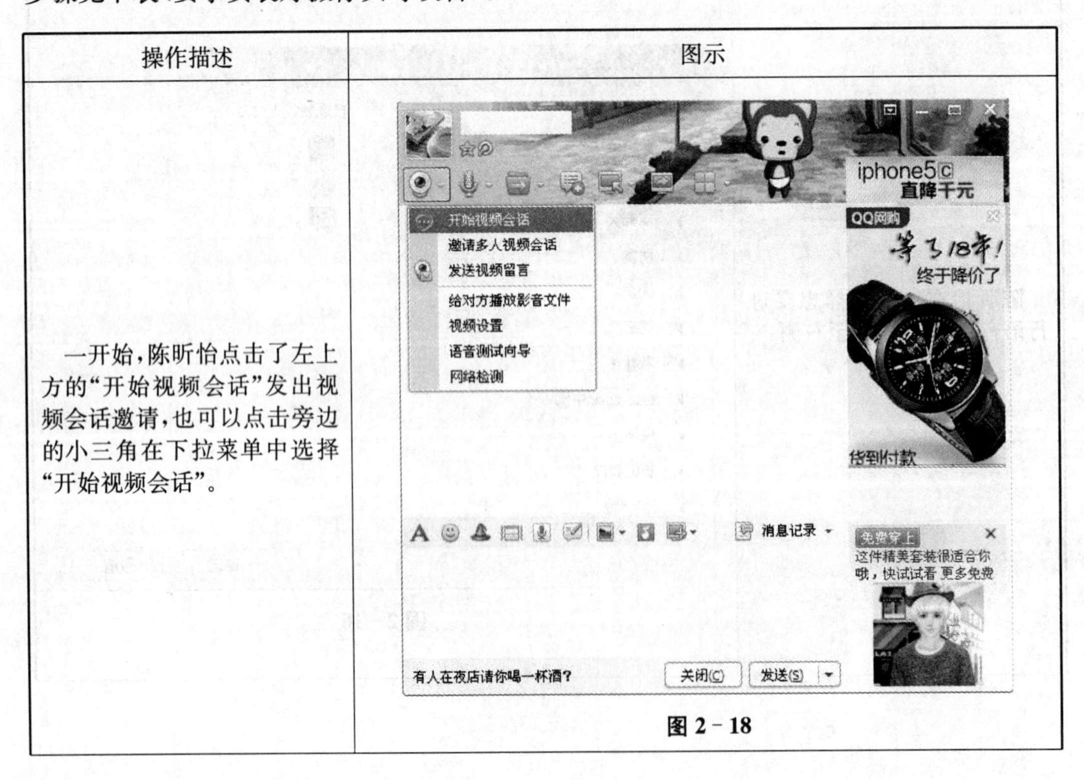 图 2－18

（续表）

操作描述	图示
等待对方接受后就可以进行视频会话了。	图 2－19
此外，还可以和多个人进行视频会话。点击旁边的小三角在下拉菜单中选择“邀请多人视频会话”。	图 2－20

（续表）

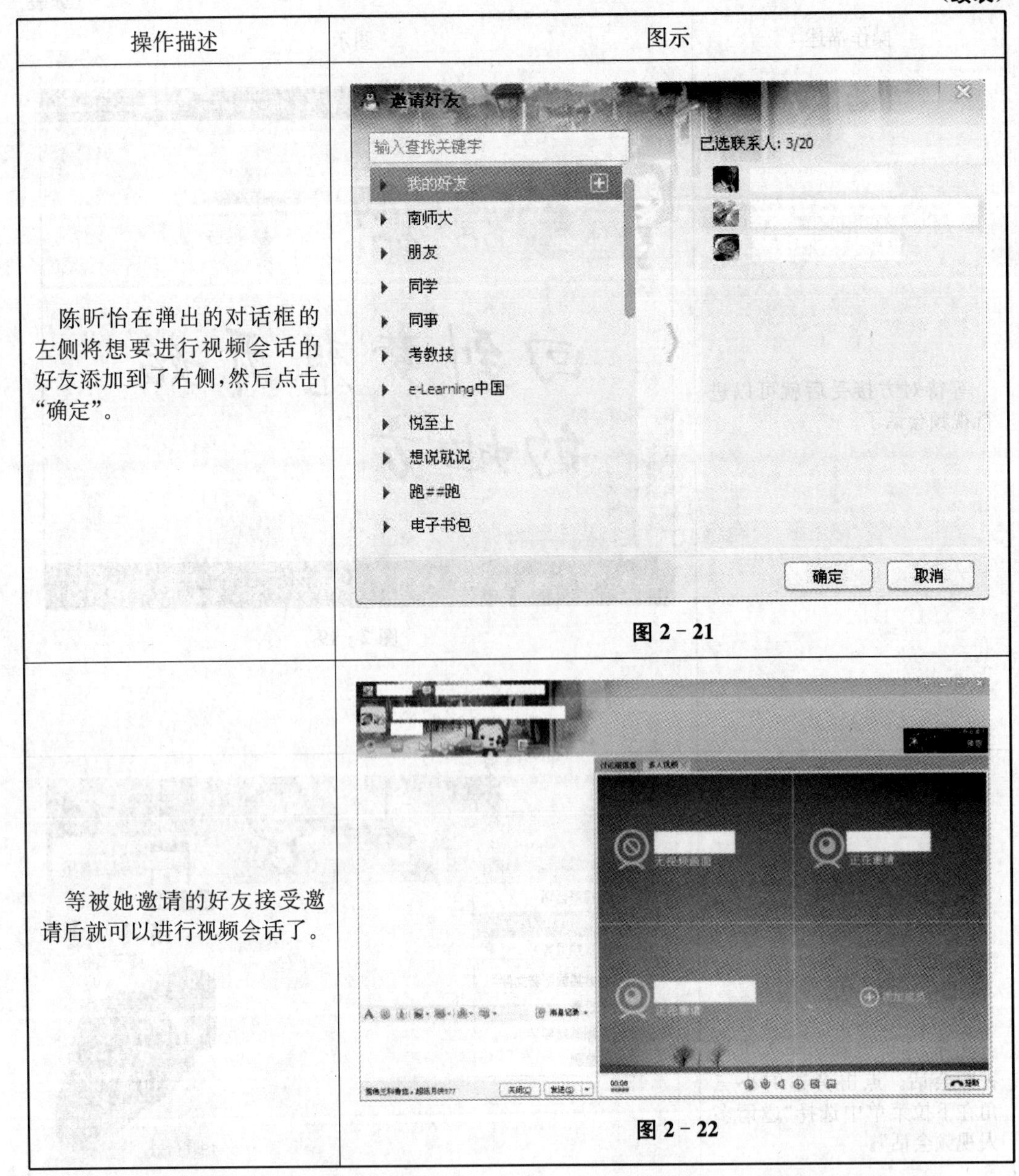

操作描述	图示
陈昕怡在弹出的对话框的左侧将想要进行视频会话的好友添加到了右侧，然后点击“确定”。	图 2-21
等被她邀请的好友接受邀请后就可以进行视频会话了。	图 2-22

5. QQ 群信息交流和群语音

因为在创造力的网络课程中有多个小组作业，需要小组成员合作完成，QQ 群可以给小组成员提供交流的平台。QQ 群内的成员可以实时地进行文字交流，也能实时地进行语音会话。他们在进行文字交流时直接在对话框内输入文字，点击发送就可以了。群语音是点击对话框右侧的“语音”按钮进行语音会话。具体的使用方法和之前两个好友之间的信息交流和语音会话的使用方法类似，这里不再赘述。

6. QQ 群分享文件

陈昕怡在和其他小组成员进行小组作业时，她有一些资料是其他组员没有的，她需要将自己的资源上传到QQ群中分享给其他组员。她的具体操作步骤见下表。

操作描述	图示
陈昕怡打开网络课程小组的QQ群，点击上方的“文件”选项（或者是选择右侧的“文件”选项）。	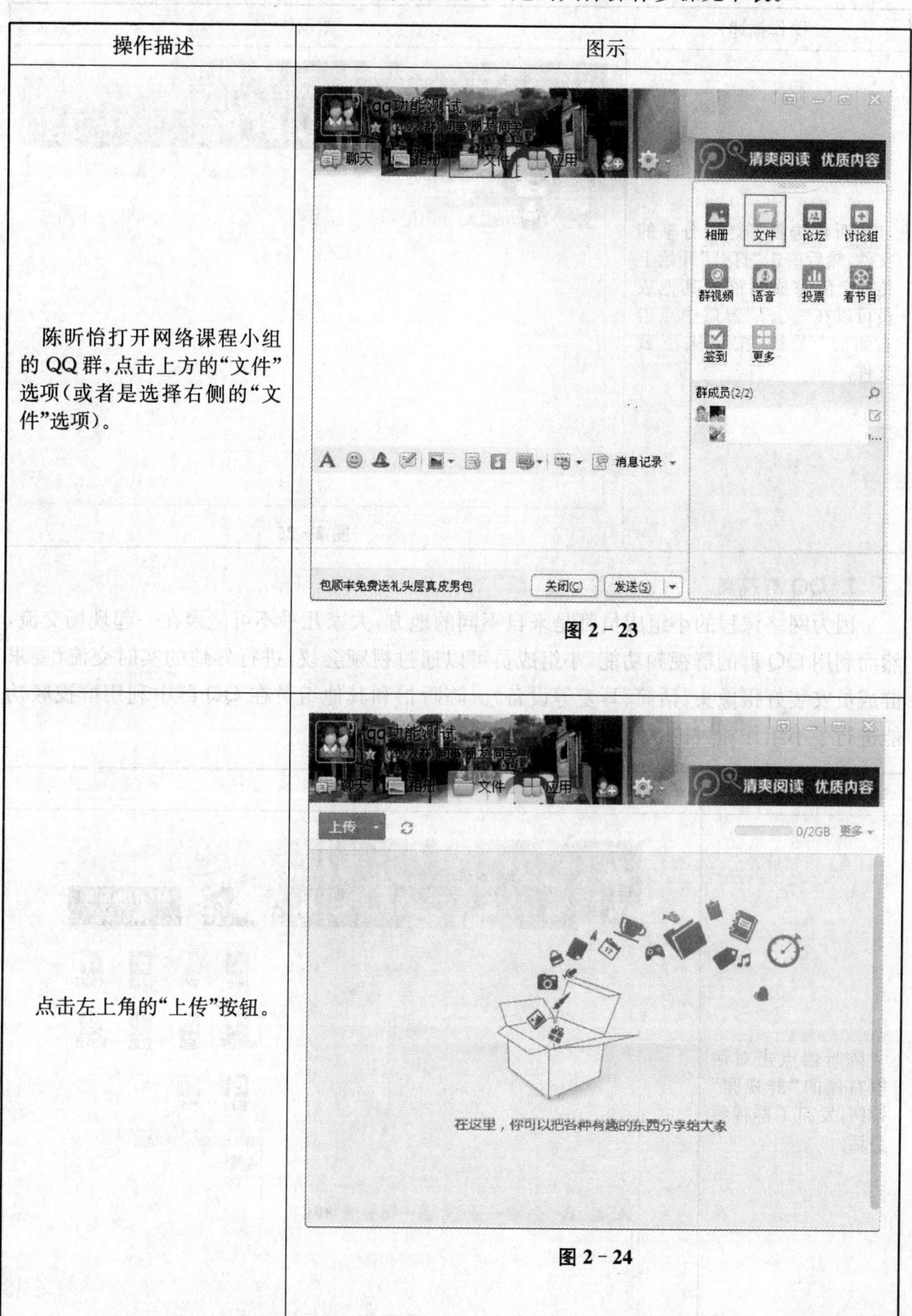 图 2－23
点击左上角的“上传”按钮。	图 2－24

（续表）

<table>
<tr><th>操作描述</th><th>图示</th></tr>
<tr><td>陈昕怡选择了她想分享的文件，然后单击“打开”开始上传。上传完成后群内其他成员可以在“文件”窗口中点击右侧的“下载”按钮来下载文件。</td><td>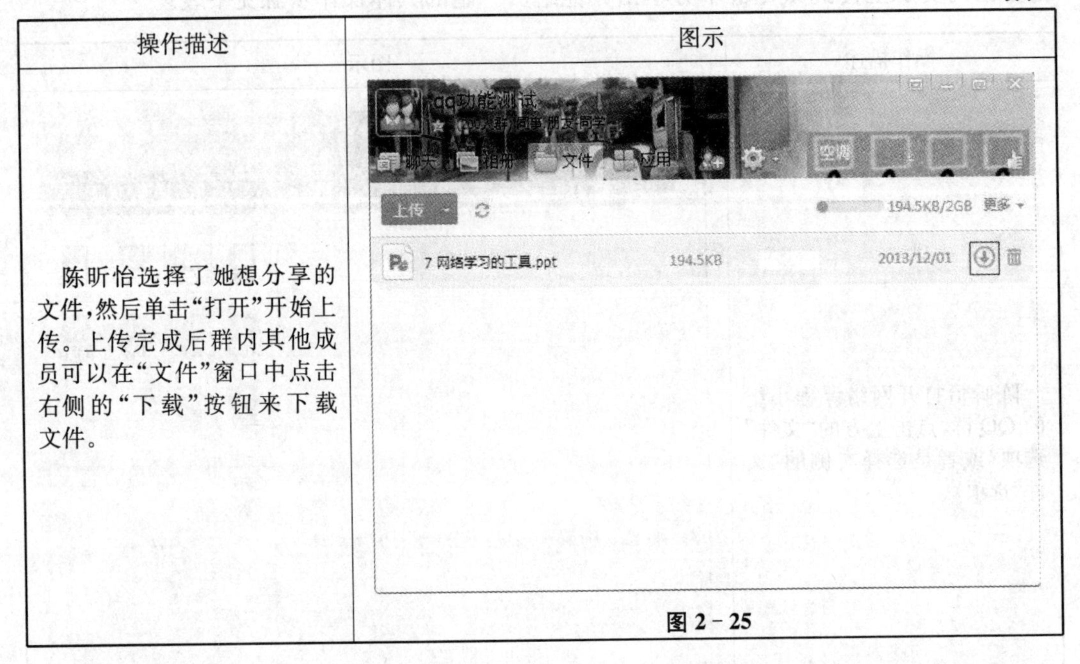

图 2－25</td></tr>
</table>

7. QQ 群视频

因为网络课程的小组成员都是来自不同的地方，大家几乎不可能聚在一起现场交流，然而利用 QQ 群的群视频功能，小组成员可以通过视频会议，进行异地的实时交流（要求群成员安装好摄像头、话筒、耳麦等设备）。陈昕怡和其他组员在 QQ 群中利用群视频功能进行了小组作业讨论。

<table>
<tr><th>操作描述</th><th>图示</th></tr>
<tr><td>陈昕怡点击对话框右侧的“群视频”按钮，发起了群视频会话。</td><td>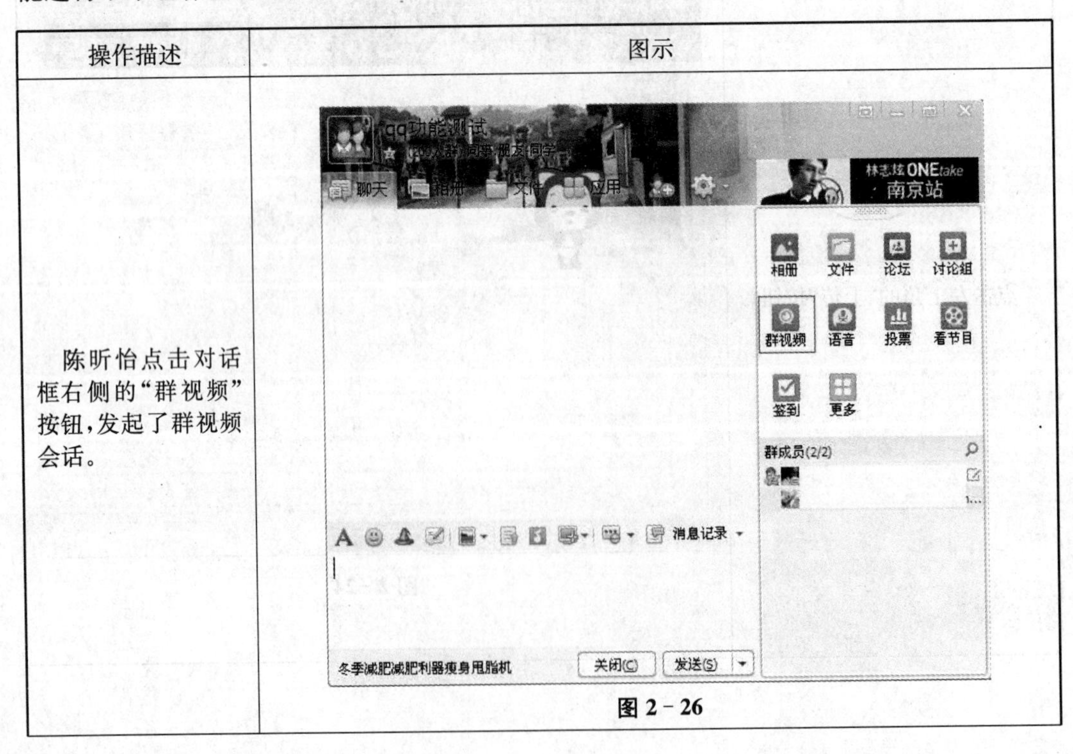

图 2－26</td></tr>
</table>

（续表）

操作描述	图示
点击群视频按钮后出现如右图所示的窗口。等其他组员进入后，陈昕怡点击左下角的“自由说话”按钮首先向其他人发起了会话，讲话过程中她按 F2 控制会话的开始和结束。	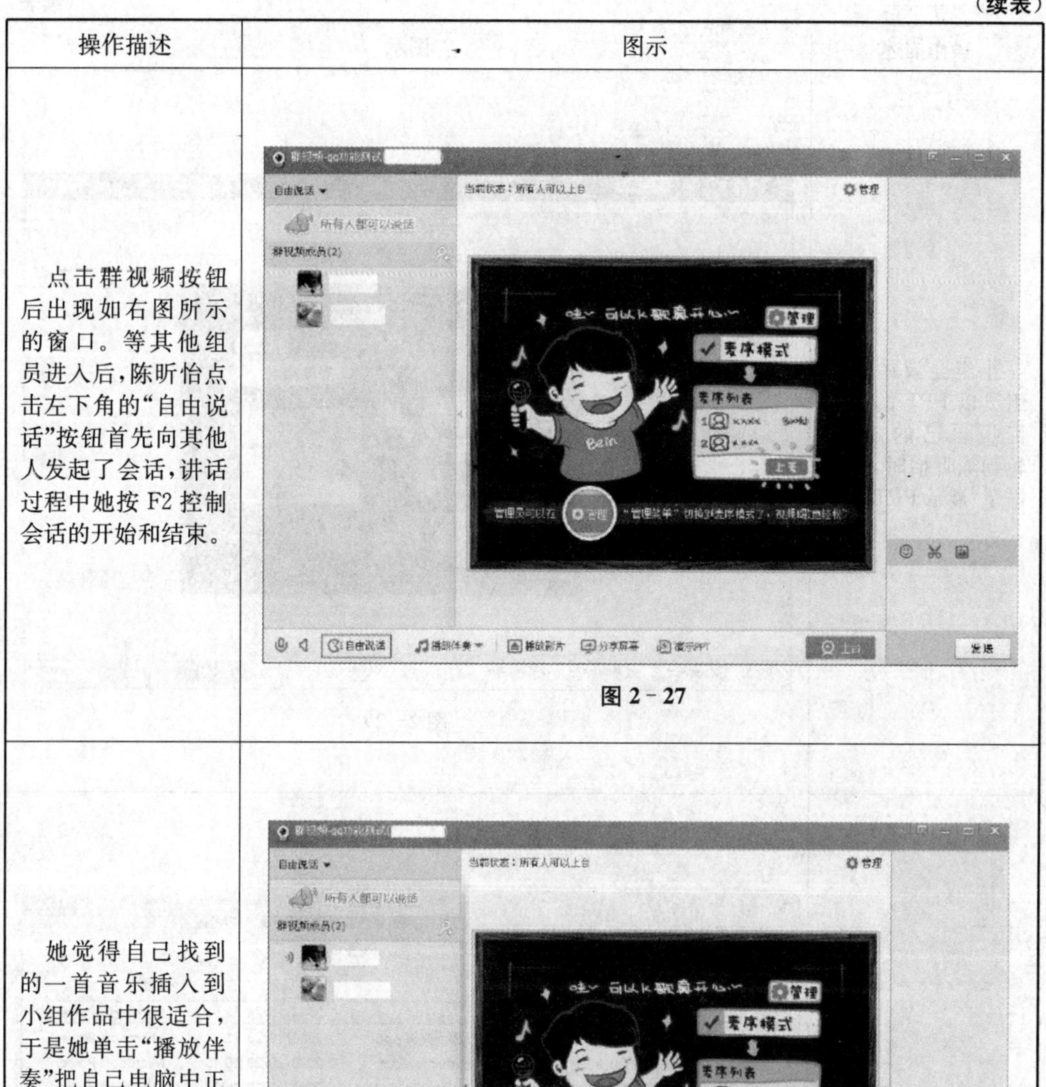 图 2－27
她觉得自己找到的一首音乐插入到小组作品中很适合，于是她单击“播放伴奏”把自己电脑中正在播放的音乐给群友播放，放完后她点击“正在伴奏”结束了播放。	图 2－28

（续表）

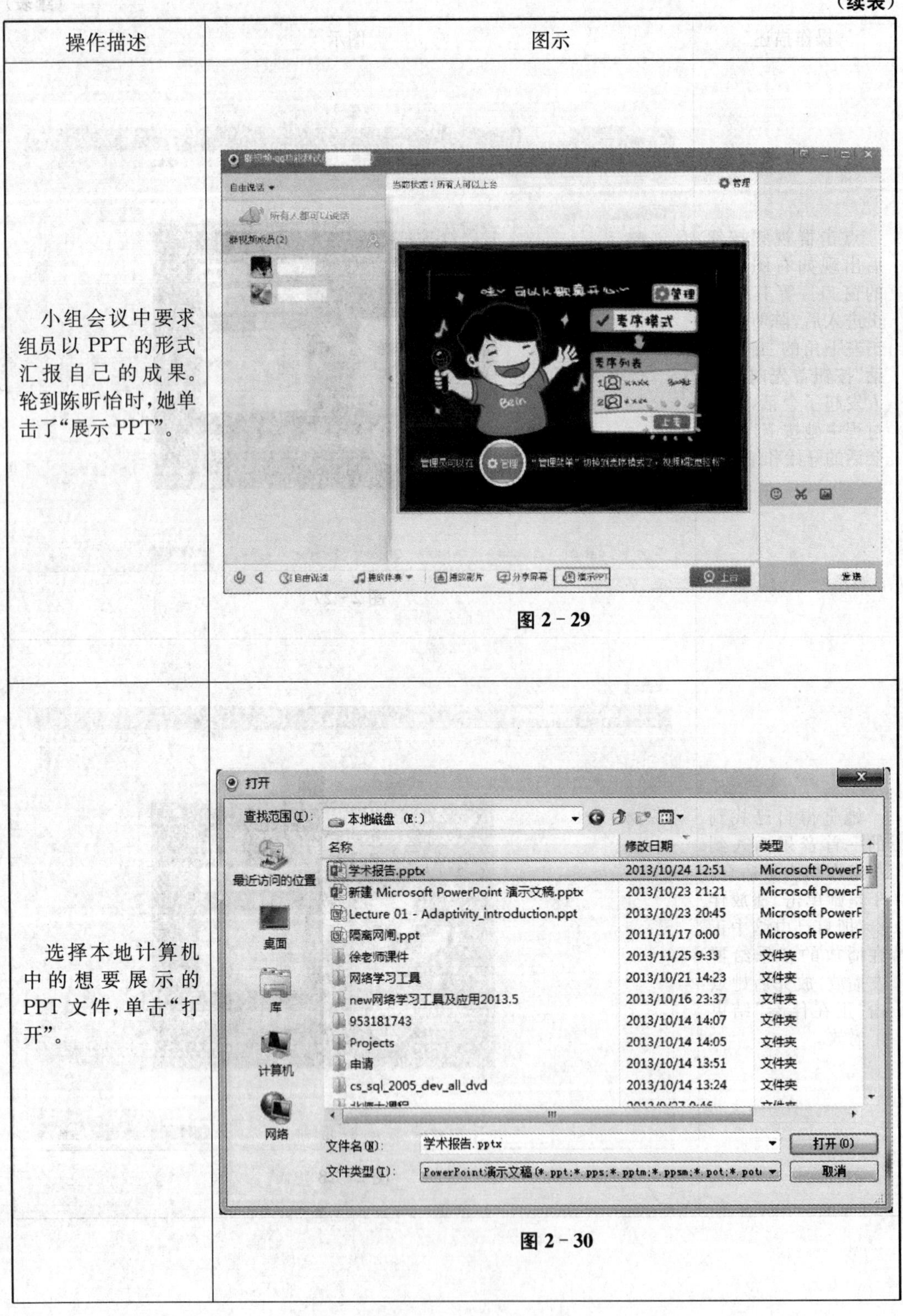

操作描述	图示
小组会议中要求组员以 PPT 的形式汇报自己的成果。轮到陈昕怡时，她单击了“展示 PPT”。	图 2－29
选择本地计算机中的想要展示的 PPT 文件，单击“打开”。	图 2－30

（续表）

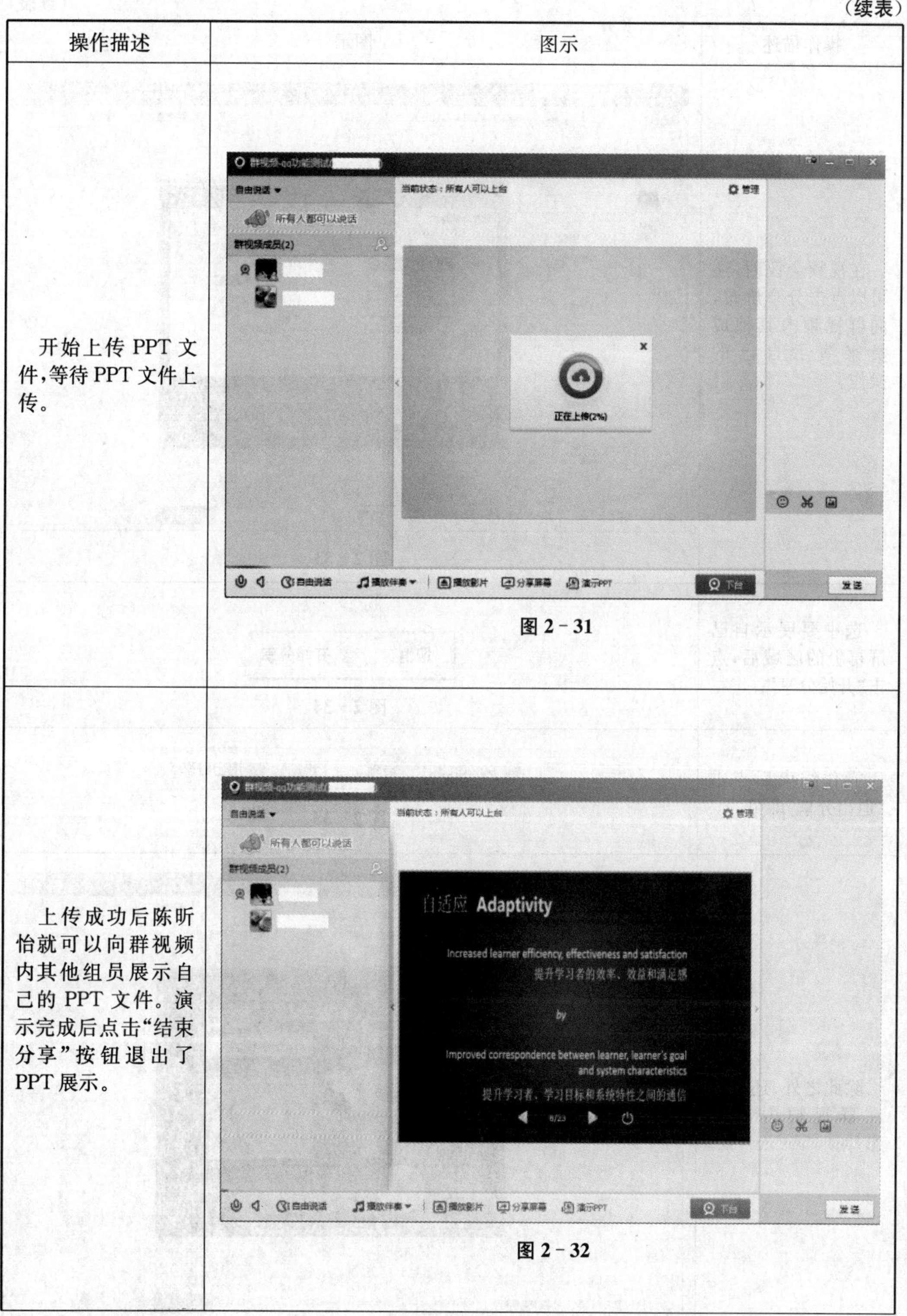

操作描述	图示
开始上传 PPT 文件，等待 PPT 文件上传。	图 2－31
上传成功后陈昕怡就可以向群视频内其他组员展示自己的 PPT 文件。演示完成后点击“结束分享”按钮退出了 PPT 展示。	图 2－32

（续表）

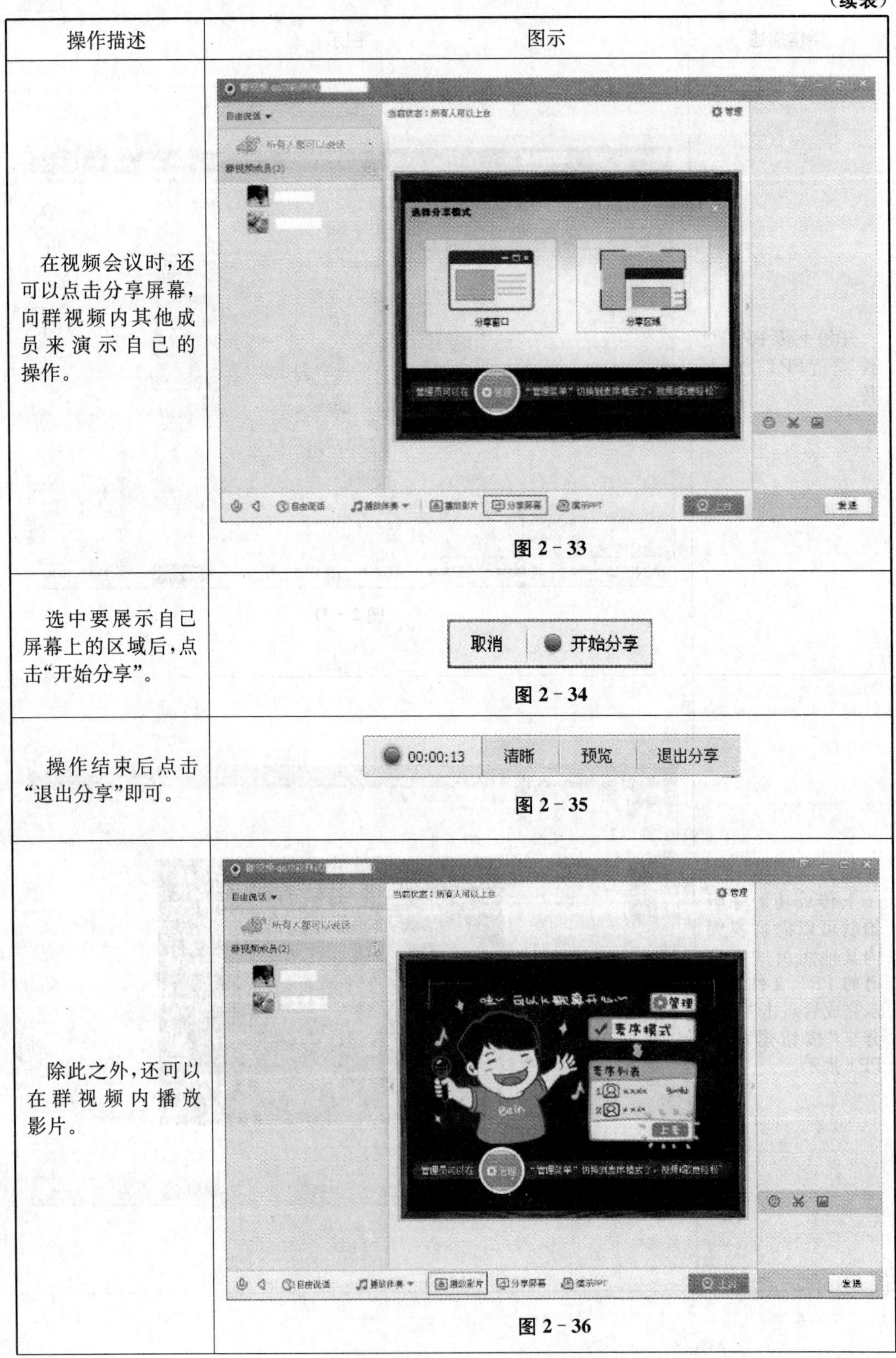

操作描述	图示
在视频会议时，还可以点击分享屏幕，向群视频内其他成员来演示自己的操作。	图 2－33
选中要展示自己屏幕上的区域后，点击“开始分享”。	 图 2－34
操作结束后点击“退出分享”即可。	 图 2－35
除此之外，还可以在群视频内播放影片。	图 2－36

（续表）

操作描述	图示
群内任何成员都可以单击“播放影片”按钮，选中要播放的影片后，点击打开，就可以向群视频内其他成员展示自己播放的影片了。 点击视频右下角的“停止”按钮就可以停止播放视频。	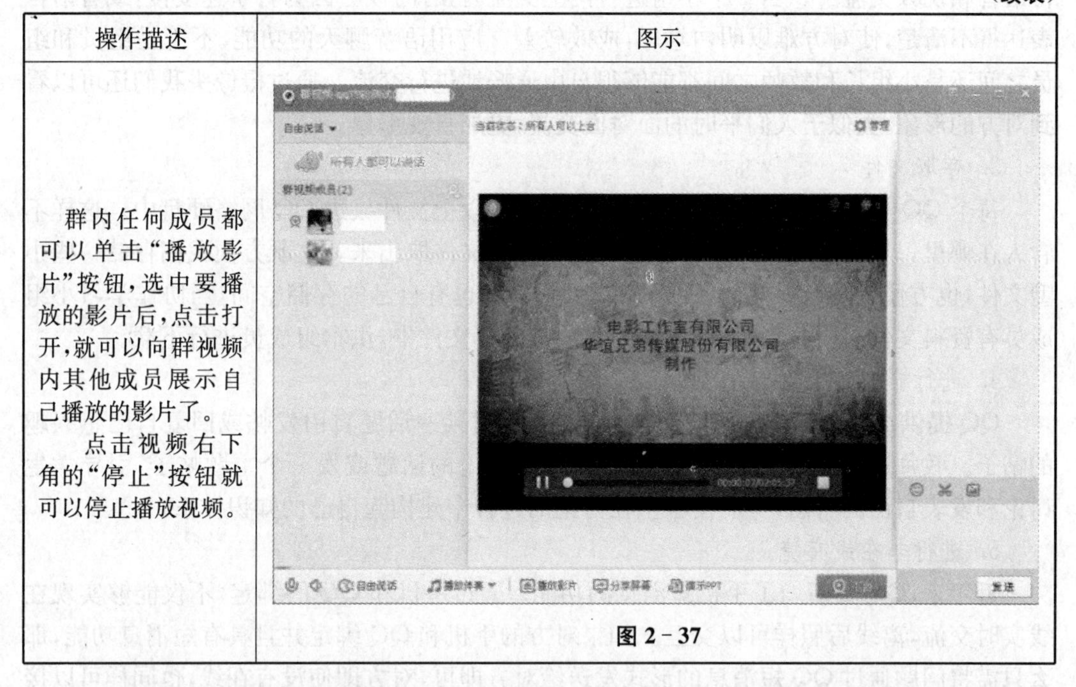 图 2－37

群视频可以切换视频会话模式，以上讲解的都是在“标准模式”下使用群视频，除此之外还可以切换到“教育模式”，其操作和标准模式下的操作类似，这里不再赘述。

三、QQ 网络协作学习分析

陈昕怡运用 QQ 群和同组的成员进行交流并合作完成任务，他们思想的交流和碰撞完全是通过 QQ 群顺利实现的。由此可见，即时通讯工具在用于网络学习时，在协作学习的交流与分享方面有其特有的优势，那么如何将即时通讯工具运用到网络环境下的协作学习中呢？

1. 运用 QQ 交流信息

协作学习讲究的是小组之间的交流协作，学习成果是小组成员一起努力的结晶，小组成员通过彼此之间的交流以取得更好的学习效果。首先要注册 QQ 账号，下载客户端。这样教师和学生、学生和学生之间可以进行一对一的交流。也可以建立学习 QQ 群，用来进行一对多的小组交流。QQ 群可以设置一个或者多个管理员来管理该群，具有批准多个 QQ 成员加入到群里的权限。学习者成为群成员之后，成员之间可以在群中进行相互的交流。交流的内容可以是文字、图片、音频和视频等多种样式。协作学习小组成员通过建立 QQ 群，可以对自己所学习的主题在群中发表自己的看法，而且与教师的交流也十分快捷方便。

2. 实时语音和视频交互

QQ 提供实时语音和视频交流的功能，一般计算机上都装有声卡、驱动程序，只要再配上耳机和摄像头，那么双方就可以进行语音和视频交流了。在 QQ 上只要点击语音聊天和视频聊天按钮，就向对方发送了请求，对方接收到请求并且同意之后，双方就可以进行语音和视频交流了。当一个小组进行网上交流时，有时候会因为打字速度慢，或者语言表达得不清楚，使对方难以明白意思，成效较差。应用语音聊天的功能，不管是组员和组员之间还是小组长和教师之间都能够很自由通畅地进行交流。通过摄像头我们还可以看到对方的形象，类似于人们平时的面对面交流，更加直观形象。

3. 存取文件

每个QQ会员都有一定大小的存储空间。可以把文件放进QQ网络硬盘中。这样不管人在哪里，只要有电脑和网络，就能通过QQ把文件取出来。这既方便我们存储一些小型文件，也方便了没有存储设备的学习者。QQ群也有自己的存储空间，当协作学习小组成员有资料文件需要共享时，就可以把它放进共享文件中，供本组成员进行下载。

4. 进行非实时的交流

QQ提供类似BBS的功能，群内人员可以针对某一话题自由发帖或回复自己感兴趣的帖子。教师可通过定期在群论坛中提出一个讨论的话题或发一个主题帖子，引导学生讨论和发表自己的看法，从而使学生在讨论的过程中建构起自己的知识体系。

5. 进行非在线交流

近年来，QQ又新增了手机短消息的功能。通过手机和QQ的绑定，不仅能够实现在线实时交流，离线后照样可以交互。如果对方的手机和QQ绑定并且具有短消息功能，那么只需将问题通过QQ短消息的形式发送给对方即可，对方即使没有在线，也同样可以接收到信息。

6. 多样化的展示

群成员运用QQ群可以在讨论时进行多样化的展示。QQ群支持声音的展示，"上台"的组员可以将自己电脑上播放的声音文件播放给其他成员听；QQ群支持视频的展示，讨论时可以将本机的视频播放给群内其他成员观看；"上台"的成员还可以演示自己的操作给其他成员观看，比用语言表达更加直观具体。最后，QQ群支持PPT展示功能。总之，小组成员通过QQ群多样化的展示功能，可以将不同类型的成果展示给他人看，具有更大的创作自由性。

拓展阅读

利用QQ进行基于网络的协作学习案例

基于以上QQ的特点、功能以及协作学习相关理论的分析，笔者认为，如果将协作学习模式与QQ相结合必能很好地为教学服务。下文将以制作多媒体课件为例，介绍如何通过QQ进行协作学习。案例设计如下：

1. 教师的课前准备

教师课前把作品的相关主题、要求（如小组人数、作品上交时间等）以文件夹的形式发布在群BBS和群共享中，并设置成共享文件，允许学生多渠道浏览下载，然后在群公告中公告，告知学生学习任务。

2. 学生协同学习过程

(1) 学生进入群BBS、群共享，通过浏览共享，明确学习任务。

(2) 学生可通过QQ一对一或群BBS一对多进行交流，了解其他同学的特长和兴趣，然后自主选择合适的合作伙伴，最后确定各组组员和分工。各组组长再把本组成员名单通过QQ发给教师，教师最终确定的名单和分工将通过QQ群聊天窗口和群共享公布。

(3) 各组组长在群BBS中建立一块小组讨论区，便于小组成员间有效地交流和沟通。

(4) 班长还可以根据各组分工的名单，再建立“动画讨论组”、“图像处理讨论组”、“程序设计讨论组”等，便于学习者在执行个人任务过程中，遇到问题时可以快速找到“救星”或交流的伙伴。如果“救星”或伙伴还解决不了问题时，可通过QQ与教师联系，教师可利用QQ的“远程协助”功能，操纵学生的电脑进行演示、讲解，直至问题解决。

(5) 各组成员将自己收集的资料放进共享或QQ网络硬盘中以便随时调用，并可以通过设置，指定好友共享你的资源。

(6) 作品完成后，小组成员可通过QQ实时或异步交流进行组内评价。还可以把作品发布到群共享，接受其他小组成员的评价。

(7) 教师根据学生个人QQ里的共享资源、聊天记录以及作品本身做出最后评价。

以上案例的设计充分体现了QQ软件的交互性，为学习者创设了轻松、愉快的协作学习环境。学习者通过这种协作学习，不仅共同完成了学习任务，而且其合作学习能力、人际关系处理能力、问题解决能力、鉴赏能力都将得到进一步提高。

任务3　博客

任务引擎

与人交谈一次，往往比多年闭门劳作更能启发心智。思想必定是在与人交往中产生，而在孤独中进行加工和表达——列夫·托尔斯泰。

通过本任务的学习，了解博客的概念和特点，以及常用的博客，并体会博客在网络环境下自主学习、合作学习以及探究学习等方面所发挥的作用。

中文“博客”一词，源于英文单词Blog，是Weblog的简称。Weblog，其实是Web和Log的组合词。Web，指World Wide Web(万维网)；Log的原意是“航海日志”，后指任何类型的流水记录。合在一起来理解，Weblog就是在网络上的一种流水记录形式或者简称“网络日志”。博客让任何人都可以像免费电子邮件的注册、写作和发送一样，完成个人网页的创建、发布和更新。

对于网络学习来讲，我们需要浏览那些更加专业的博客，也可以创建自己的博客，定期更新，将你的学习成果分享给同伴和读者。

如图2-38、图2-39所示为朱永新的新浪博客和中国博客示意图。

图 2-38 朱永新的新浪博客示意图

图 2-39 朱永新的中国博客首页

一、进入博客的世界

那么如何建立自己的博客呢?

首先确定你要建立的博客的主题什么，然后向博客服务商申请博客服务。如下是一些知名度比较高的博客服务商：

中国博客网：http://www.blogcn.com/

BlogBus：http://www.blogbus.com/

博客中国：http://www.blogchina.com/

新浪博客：http://blog.sina.com.cn/

博客网：http://www.bokee.com/

天涯博客：http://www.tianyablog.com/

Yam：http://blog.yam.com/

和讯博客：http://blog.hexun.com/
网易博客：http://blog.163.com/
百度空间：http://hi.baidu.com/
歪酷博客：http://ycool.com/

陈昕怡很热衷于在博客平台上学习、转载、发表各种相关学习资料和心得。最近她在著名门户网站新浪网（http://blog.sina.com.cn/）上注册了账号，并开始了她的新浪博客之旅。

1. 注册与登录

打开新浪博客，如图 2-40 所示，在红色线框处找到“立即注册”的按钮，点击进去，注册账号即可。或是鼠标滑过右上方的“登录”选项，如图 2-41 所示，随即出现下拉菜单，选择“立即注册”。她选择了自己的 163 邮箱注册，这需要到邮箱中进行激活，按照网页的提示去做即可。

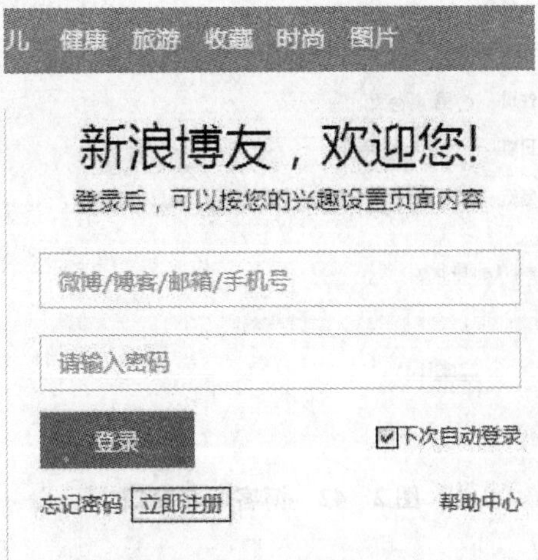

图 2-40　新浪博客主页

图 2-41　注册账号

2. 命名

如图 2 - 42 所示，她的登录名为 chenxinyi_2014@163. com。但在正式开通之前，她还要给自己的博客取个合适的名字，陈昕怡的博客名为“爱音乐”。同时，新浪还给每个博客的主人一个地址，以后登录时可以在浏览器的地址栏中直接输入这个地址就可以跳转过来，而不需要到新浪首页进入。

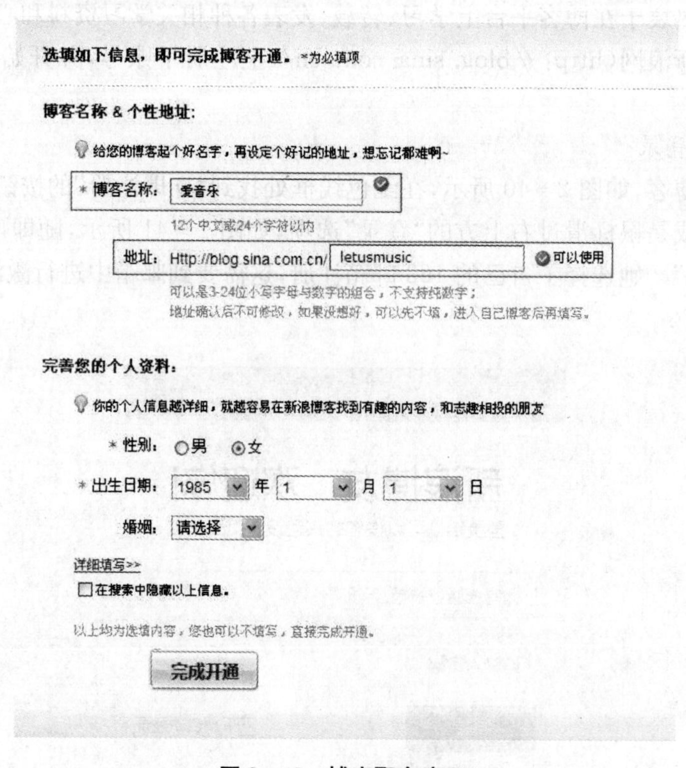

图 2 - 42 博客取名窗口

“完成” 完成开通 按钮后，才算取名成功，然后就可以登录博客并开始博客管理了。

图 2 - 43 博客登录窗口

3. 熟悉博客管理平台

点击 快速设置我的博客 按钮，进入博客整体风格设置窗口，陈昕怡选择了“大方简洁”型风格，然后关注了一些博客推荐的人后，提示博客快速设置完成，点击 立即进入我的博客 按钮，即可终于进入自己的博客主页。

首次设置博客，新浪会给一系列的提示框，陈昕怡根据这些提示框逐步学习并且对她的博客进行了设置。图 2－44 为修改昵称和头像的提示框。

图 2－44　修改昵称和头像的提示框

她点击 马上修改 按钮，对昵称和头像进行了设置，头像选择了一张钢琴琴键的图片。如图 2－45 所示，图中有发博文、页面设置、个人中心、首页、博客目录、图片等链接，点击可以进行相关操作。

图 2－45　陈昕怡的新浪博客首页

陈昕怡打算先发一篇关于莫扎特的生平资料，她点击 发博文 按钮，进入发博文窗口，如图 2－46 所示。

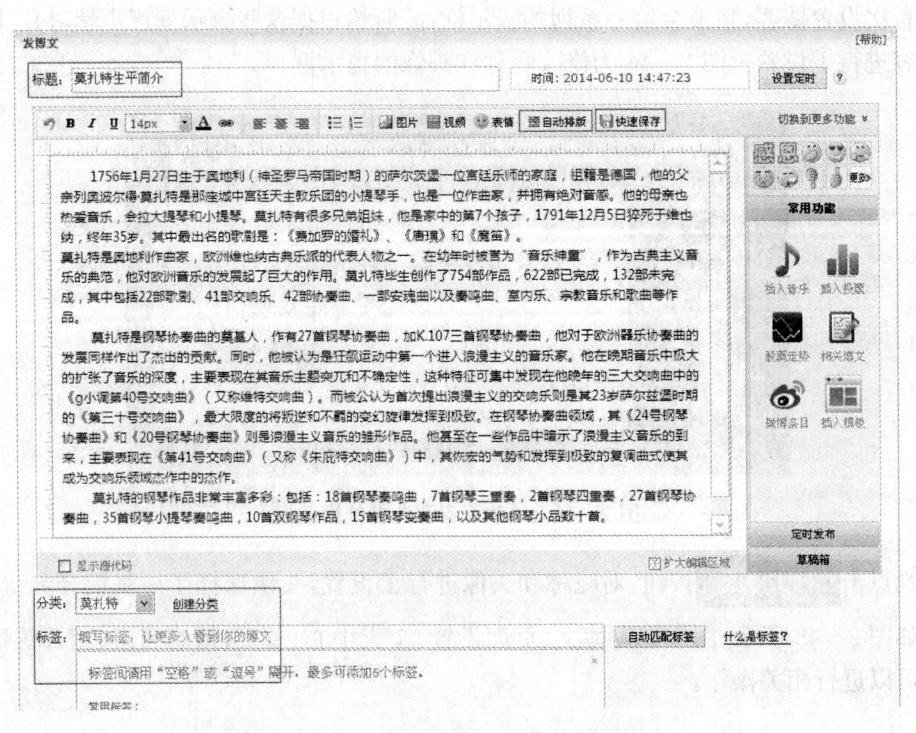

图 2-46　陈昕怡发表的第一篇博文

在网页下方的分类和标签处还可以添加分类和标签，分类可以让你的博文更加有条理，标签可以让别人检索到你的博文，如图 2-47 所示。同时，还可以对博文的分享进行设置，如允许所有人评论、不允许匿名评论、不允许评论、仅自己可见、禁止转载等等。对于写的比较好的博文还可以进行投稿，以让更多的人能够了解到你的想法。

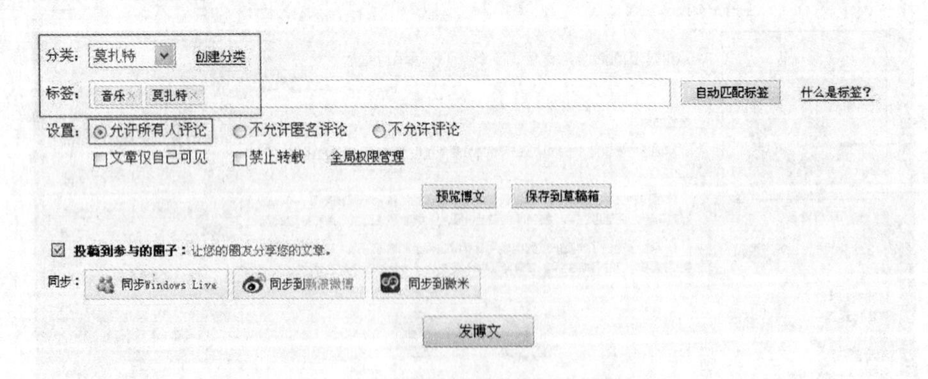

图 2-47　陈昕怡发表的第一篇博文

就这样，陈昕怡在新浪上建立了自己的知识领域，以后关于音乐、教学、个人感悟这些方面的资料都可以在博客上发表，与他人共享。

拓展阅读

博客的起源与发展

博客的诞生：

1994 年 1 月，Justin Hall 开办“Justin's Home Page”(Justin 的个人网页)，不久里面开始收集各种地下秘密的链接，这个重要的个人网站可以算是最早的博客网站之一。

博客这个名称最早由约翰·巴杰(Jorn Barger)在 1997 年 12 月提出。

1998 年 12 月，infosift 的编辑耶西·盖瑞特列举了一个博客类似站点的名单，这份名单在 camworld 网站上发布。

1999 年初，耶西的“完全博客站点”名单所列的站点已达 23 个。时隔不久，布丽奇特·伊顿也搜集出了一个名叫“伊顿网络门户”的博客站点名单，并且提出应该以日期为基础组织内容。1999 年 7 月，一个专门制作博客站点的“pitas”免费工具软件发布了，这对于博客站点的快速搭建起着很关键的作用。随后，上百个同类工具也如雨后春笋般制作出来。

博客的崛起：

1998 年，个人博客网站“德拉吉报道”率先捅出克林顿莱温斯基绯闻案；

2001 年，911 事件使得博客成为重要的新闻之源，而步入主流；

2002 年 12 月，多数党领袖洛特的不慎之言被博客网站盯住，而丢掉了乌纱帽；

2003 年，围绕新闻报道的传统媒体和互联网上的伊拉克战争也同时开打，美国传统媒体公信力遭遇空前质疑，博客大获全胜；

2003 年 6 月，《纽约时报》执行主编和总编辑也因“博客”揭开真相而下台，引爆了新闻媒体史上最大的丑闻之一；

2004 年 4 月，轰动一时的 Gmail 测试者大部分从 bloggers 中产生。

这一系列发源于博客世界的颠覆性力量，不但塑造着博客自身全新的形象，而且，也在深刻地改变着媒体的传统和未来走向。

博客在中国：

2002 年是中国博客的“元年”，其标志就是“博客中国”网站的建立。

中国博客是一批在互联网上具有话语权的知识精英，他们的影响力是伴随中国互联网和中国 IT 产业的发展而形成的。几年来，他们“指点江山，激扬文字”，很有些“我们不说，谁说；我们不干，谁干”的劲头。

从 2005 年底起的徐静蕾等娱乐明星开博，到 2006 年 6 月的首位点击率过千万的草根博客 Acosta，再到最火爆的“学术超男”易中天，新浪博客几乎吸引了 2006 年所有人的眼球。

现在，中国的几大门户网站百度、新浪、网易、腾讯都提供博客空间，还有博客网、中国教师博客网等数以千计的博客平台。

二、博客:网络学习的多面手

在第一节的案例中,教师通过博客来发布教学内容,陈昕怡和其他同学通过博客进行学习,发布学习心得和作业,并积极与其他同学进行学习交流。他们表示运用博客进行学习能获得全新的学习体验。其实,关于博客在网络学习中的应用,是目前的研究热点问题。我们在梳理相关研究的基础上,再结合自己的研究体会,认为博客较适合应用于网络环境下的自主学习、合作学习以及探究学习。

1. 自主学习方面

运用博客进行自主学习,可以实现学习从课内向课外的延伸、学校向家庭的延伸,提高学习生活的质量。这种学习模式首先需要教师来帮助制定学习目标和学习进度,自己主动参与设计评价指标,在解决问题中进行学习。即这种模式的基本流程为"自我导向,自我监控,自我评价"。这样,在学习过程中有情感的投入、有内在动力的支持,能够获得积极的情感体验,并能够对认知活动进行自我监控,从而发展各种思考策略和学习策略。例如,你可以在暑假期间运用博客开展某一主题的研究,和教师一起做好前期的分组、学习目标和评价方案的制定等工作。在假期中可以通过博客发布学习信息,包括实验观察、搜集资料、书写记录、浏览交流,反馈评价等。在这样的过程中,博客完美地支持了自主学习。

2. 合作学习方面

基于博客的合作学习模式正是通过与学习环境的交互作用而进行的,包括与信息内容的交流,以及与他人(教师、辅导者、同学等)之间的互动。由博客提供的这两种强大交互,为合作学习提供了极为有利的条件。基于博客的合作学习的基本流程可以概括为"目标导向,合作交流,相互评价",这有利于激发合作动机和个人责任,让合作的过程成为认知的过程,成为交往与审美的过程,并有利于培养领导意识、社会技能和民主价值观。例如,在教师的指导下,进行分组,并选择各自的研究课题;每个小组可以再进行组内的分工,在组长的协调下,围绕各自的任务,搜集相关资料;之后把各自搜集到的资料放到各自的博客上;接着小组成员一起整理相关资料,准备好汇报的材料,并将其发布到博客上,听取同学的反馈意见并作修改;最后由教师组织开展一个学习总结报告。

3. 探究学习方面

博客运用于探究学习方面的基本流程为"发现问题,探究学习,知识建构"。这种学习模式是在学习过程中创设一种类似于科学研究的情境,以问题为导向,再经过实验、调查、信息搜集等探索活动,来获得问题的解决方案,同时也捕获了新知识和技能,发展了情感和态度。在网络学习中,很多学习任务都很贴近生活,并且需要进行长时间的观察和记录,这样的任务就很适合博客。在项目的选择上,你可以选择感兴趣、有探究价值,并且和科学课本结合紧密的内容,这样利于课内与课外结合,书本知识与实践能力的结合。此外,在学习的过程中可以将搜集到相关资料放入自己的博客,作为补充与借鉴。这样做不仅丰富了学习过程,而且将网站内容也丰富起来了,构建的知识不再是纯文字的,多了很多感性的认识与体验,让知识多了一份亲切感。

拓展阅读

博客运用于网络学习的优势

1. 博客教学能更好地突出学生的主体地位，有利于转变课堂教学策略

在传统的课堂教学中，教师是讲授者，是课堂教学的主体；学生是知识的接受者，是教学的客体。利用“博客”，师生关系将发生转变，学生根据自己的需求上网搜索知识，教师成为了学生网络技术的指导者、学习进程的辅助者，使学生真正成为了学习的主体。学生以文字形式表达自己的想法，教师也以文字的形式与学生进行交流，学生减少了直接面对教师的压力，更能使学生畅所欲言。在课堂上提出的问题可能只有几个学生响应，如果放到博客讨论平台，更多学生可以参与，即使是最不爱发言的学生也可能闪出思想的火花。

2. 博客能更多地丰富学习形式

利用博客，学生的学习形式主要是个别学习、在线交流、小组讨论，教学活动的组织形式，就由传统的课堂学习转变为面向解决问题的探究活动和面向知识运用的实践活动。博客信息丰富，学生自己能够获取知识，教学活动转变为人机互动、学生与学生互动、师生互动，使学生有了表现自我的时间与空间，激发了学生学习的兴趣与欲望，使学生积极投入到知识求解和问题探究中，多种不同观点的碰撞与交流，迸发出学生思维中崭新的思想火花。

3. 博客教学可以给学生创造更广阔的空间

通过运用博客，可以让每一个学生有机会参与回复、讨论，可以体验他人的思想，与他人建立广泛的关系，这样不但能够分享到他们已有的研究成果，而且能够分享到他们的经验、思想和体验。博客是学生展示自我的平台。例如：展示自己的电子报、作业、照片等，都能引起很多同学的关注。在互相浏览、评价的过程中也使自己得到了提高。学生有了不能解答的问题也可以放到博客讨论平台中，寻求帮助。

4. 博客是学习活动中交流与协作的工具

博客作为教师和学生课后在网上的交流平台。博客可以作为个人电子文档系统，它可以写日记、收集资料，记录灵感，写读书笔记，可以使学生敞开心扉，让更多的人了解自己。教师应更多地关注学生的情感态度，教诲他们怎样做人。因此，博客可以用来对学生进行情感、价值观的教育。学习者可以把自己的学习与周围的群体分享和交流结合在一起，从中有进一步的认识。

活动 2

注册你的博客账户并发表 3 篇以上博文。

任务4 播客

任务引擎

分享是一道简单的公式，只要你解开了，便得到了成功的喜悦；分享是一种博爱的心境，学会分享，就学会了生活；分享是一种生活的信念，明白了分享的同时，明白了存在的意义。在学习中，分享知识便是学习的真谛。

通过本任务的学习，了解播客的概念和特点，掌握播客的使用方法，学会播客的收藏、订阅、管理等功能，能够在网络学习中运用播客来辅助学习。

"播客"是相对于博客而言的，又被称作"有声博客"，英文意思是 PodCast 或 PodCasting。PodCasting 是自助广播，是全新的广播形式。收听传统广播时我们是被动收听我们可能想听的节目，而 PodCasting 则可以让我们主动选择收听的内容、收听的时间。通过播客人们可以发布自己制作或下载的音视频信息，让其他人在网络上实时收看或收听，实现资源共享。

一、播客的优点

1. 低技术、低成本

有人认为播客需要较高的技术含量，如网络技术、录制技术、编辑技术等，这种说法只是对于专业的播客制作者而言。作为一个普通的播客，不会对哪一个节目的质量有苛刻的要求。一个麦克风、一个摄像头、一台电脑和一个操作简单的编辑软件，就可以拥有自己的广播站或电视台，并且能够通过 RSS 订阅自己喜欢的节目。学会下载并使用 Podcast 接收软件(如 iTunes、iPodder)，那将显得更加专业。

2. 内容丰富、突出个性

播客能够在发布文本的基础上，传播音频、视频和 Flash 动画等多媒体资料，其中尤其以音频、视频的传播交流交互为特色，并突出娱乐性。在内容上，国内传统广播的新闻服务历来受到比较严格的管控，就是网络上发布的信息也做出了明确的规定。国务院新闻办公室、信息产业部联合发布《互联网新闻信息服务管理规定》要求网络传播的主体需要具备一定的专业资质并履行相应的审核程序，方能发布和传播新闻信息。许多播客们正是由于对这些规则的厌倦，声称他们的宗旨是"不装蒜"、"说自己的话(方言)"、"在自己想说的时候就说给别人听，在自己想看的时候看自己想看的"。因此，这种个性时尚的播客更适合现代人的口味。

3. 平等参与、共享资源

正如肯德基核心文化——平等参与，参与平等。播客没有对任何身份进行限制。播客们在一个播客平台上享有对等的权力，人人都可以将个人的想法、体会等制作成节目，传到网上共享。同时也可以自由地欣赏别人的作品。

4. 动态更新、订阅自由

播客以日志形式发布，具有动态更新的特点。在客户端，RSS具有简单聚合的功能，用户不需要点击繁琐的浏览信息便可以获取自己订阅的节目。在订阅形式上，用户“可订/可不订”、“可选择订”，更突出自主性。

5. 双向交流、反馈互动

播客在传播上虽然是单向的，但是播客的制作者一般都会把博客、维基与播客建立一定的联系。这样发布新的内容和接受信息的反馈几乎是同步的。这种双向交流和互动可以更好地推动播客的发展、进步。

6. 打破时空限制

播客的视频、音频的形式是可以通过网络下载而传输到个人的数字化视频设备，如MP4、MP5以及高级手机等。观看者可以下载后在任何时间、任何地点观看，不会受到时间和空间的限制。

常用的播客网站有：爱听网、土豆网、Qqvideo、Youtube、新浪播客、Mofile、TV、优酷、56、6间房、Uume、偶偶、酷6、派派网等。

二、播客的使用方法

陈昕怡所参加的网络课程的最后一个小组作业是一个视频展示，需要上传到优酷。

陈昕怡首先注册了一个优酷账号，然后登录个人中心，如图2－48所示，首页为向她推荐的一些视频，还会显示订阅更新的视频。

图2－48　优酷个人中心

陈昕怡在观看视频时，点击了视频下方的“收藏”按钮，如图2－49所示。视频便收藏到了她的个人中心，如图2－50所示。

图 2-49　优酷个人收藏

图 2-50　我的收藏

陈昕怡想删除不想要的视频系列，她首先点击 管理收藏 按钮，然后点击"×"即可删除，如图 2-51 所示，最后单击 完成 按钮，就完成操作了。

图 2-51　删除收藏

陈昕怡在浏览视频资源时，遇到自己喜欢的一个系列的视频(如图 2-52 所示)或者自己感兴趣的某一个人(如图 2-53 所示)，于是她可以点击"订阅"进行收藏，对他们进行关注，通过这样的操作，陈昕怡完成了视频订阅操作。

图 2-52　订阅视频

图 2-53　订阅视频

这样视频就进入陈昕怡个人中心的“我的订阅”里了，如图 2-54 所示。

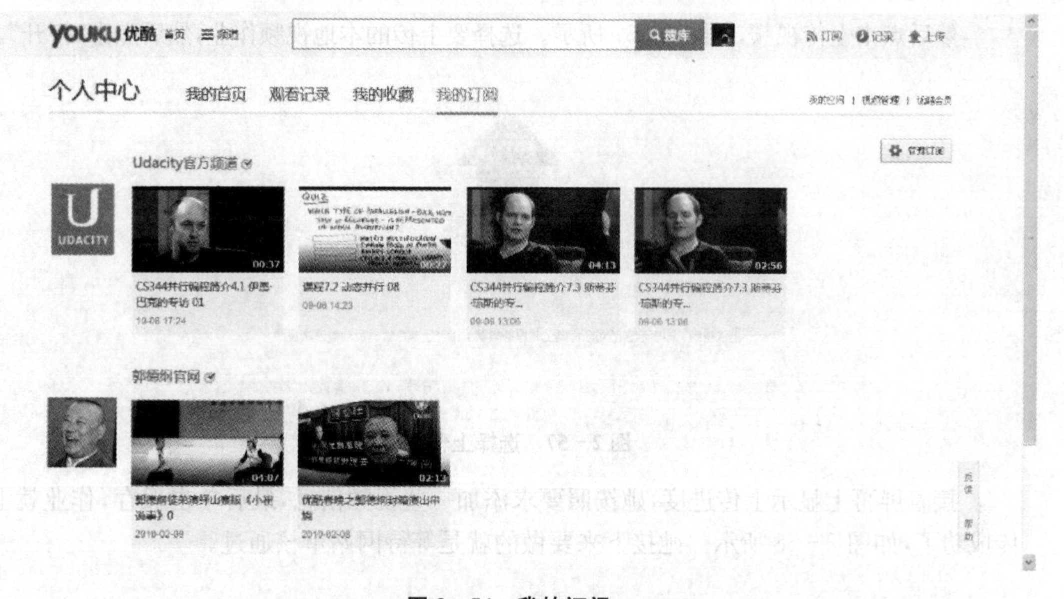

图 2-54　我的订阅

陈昕怡想要删除不想要的视频系列，于是她点击 管理收藏 按钮，然后点击“×”就删除了不想要的内容，如图 2-55 所示。最后她单击 完成 按钮，就完成操作了。

图 2-55　删除订阅

在陈昕怡的网络课程中，最需要她做的是将小组作品上传到播客中，因此她在播客中要用到的是上传视频功能。她首先点击了右上角“上传”里的上传视频，如图 2－56 所示。

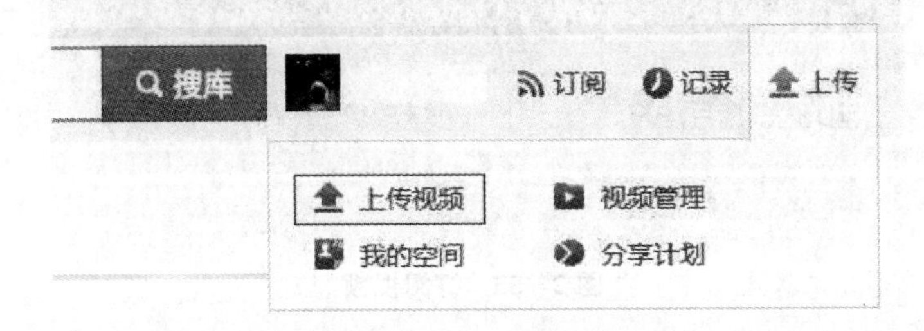

图 2－56 上传视频

然后点击上传视频，如图 2－57 所示。选择要上传的本地视频作业，然后点击“打开”。

上传视频，即表示您已同意优酷上传服务条款，请勿上传色情，反动等违法视频

哪些视频是被禁止发布的 | 如何获得高清、超高清视频标识 | 上传原创视频获得分成

图 2－57 选择上传文件

接着屏幕上显示上传进度，她按照要求添加一些视频信息，最后单击保存，作业就上传成功了，如图 2－58 所示。她接下来要做的就是等待网站审核通过。

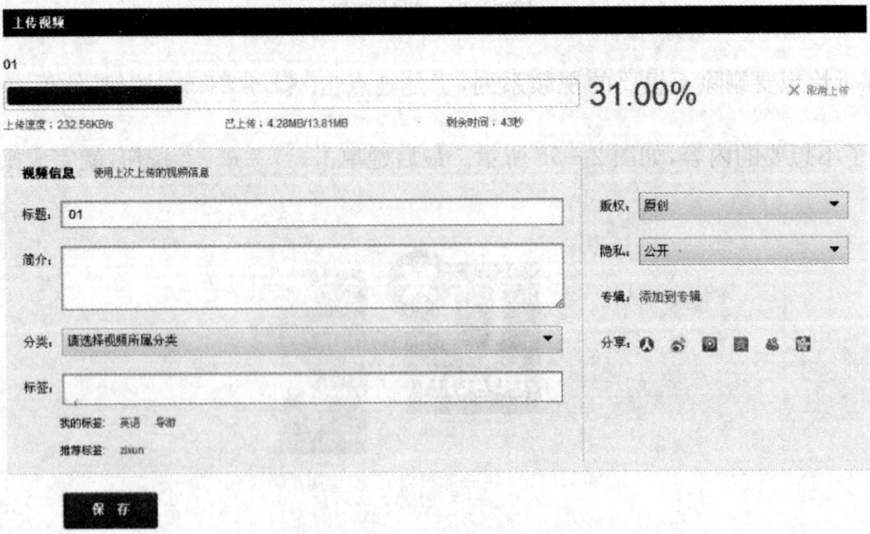

上传视频

01

31.00%

上传速度：232.56KB/s 已上传：4.28MB/13.81MB 剩余时间：43秒

视频信息 使用上次上传的视频信息

标题：01

简介：

分类：请选择视频所属分类

标签：

我的标签：英语 导游

推荐标签：zixun

版权：原创

隐私：公开

专辑：添加到专辑

分享：

保 存

图 2－58 完成上传

当然陈昕怡还可以对自己上传的视频进行管理。点击“上传”里的“视频管理”选项，如图 2－59 所示。可以对视频进行“编辑”、“分享”、“删除”等操作。

图 2－59　视频管理

三、播客：我的学习我做主

在案例中，陈昕怡的小组作品，需要上传到播客平台，然后分享给其他同学。那么，如何将播客应用到网络学习中呢？

1. 播客——微视频课程

申请播客账号，在教师的播客主页上订阅相关的微视频课程，这样你可以直接在“我的订阅”中查找视频课程而无需担心视频课程的遗漏，同时也避免了浏览网页的繁琐过程。该过程主要运用了播客的订阅功能，通过订阅可以方便地获得想要观看的一系列视频。

2. 发布视频

博客主要是发布文字性的内容，而播客可以发布音频和视频内容。在网络课程中，需要制作一个简单的视频作业，然后上传到自己的播客空间，所有学习者把视频发布完成后，你可以关注其他学习者的播客空间，观看他们的作品，给出评论，觉得好的可以选择收藏。在这个过程中主要体现了播客的下述功能：① 发布视频的功能。将自己的视频上传到播客。② 订阅功能。相当于“关注”，成为关注的人的粉丝，然后所关注的人发布的视频会推送到自己的播客中心。③ 收藏功能。将自己看到的感兴趣的视频收藏到“我的收藏”，这样就可以直接在自己的账号中找到这个视频。④ 评论功能。对其他人的视频做出评论，播客的这个功能使其运用于学习时具有了良好的交互功能，能即时收到来自他人的反馈，进行反思，提高学习效果。

其实，在网络学习中播客发挥的作用不仅仅是上述的几种功能。由于网络学习者的数量较多，在有限的时间内让每个人被关注到是不太现实的；另外，如今知识量急剧增长，而且知识更新换代的间隔越来越短，学习者也不可能学到终身受用的知识。因此，在网络环境下学习者利用播客的优势促进高效的学习以及获得有效的学习方法就显得尤为重要。下面我们将具体介绍如何在网络学习中运用播客技术。

1. 教师方面

教师可以利用播客开展以下四项活动：首先，开展教学活动，教师把制作的教学计划、电子档案、多媒体课件以及任务布置等教学资源通过播客上传到网上，学习者可以自由订阅、下载，并且他们也可以通过手机等设备在移动中进行学习；其次，用于校本研究，教师在教学过程中利用播客可以记录下自己教学的心得体会，以此来调节自己的教学策略，教师也可以通过播客与其他教师建立联系，使播客成为教师之间交流共享、协调合作的平台；再次，用于教师专业发展，播客能够记录教师每一次课堂的教研活动，由此可以跟踪教师不同时期的教学变化，让教师在不断的交流合作中促进专业发展；最后，可以用于教育叙事，播客让传统以书面为载体的叙事研究转换为数字化的，并且在平台上可以进行世界范围的传播。

2. 学习者方面

学习者可以利用播客开展以下三项活动。首先，进行自主学习：播客具有下载、订阅以及支持移动学习等功能，可以自由安排学习时间，在课外进行学习，另外还可以与其他学习者和教师开展学习讨论、解疑和研究等学习活动，播客也是一种很好的教学辅导工具；其次，建立电子档案袋：播客可以方便记录学习者对教学的反馈、资源收集等学习活动，因此它可以作为学习者的电子档案袋，以便家长和教师及时追踪学习者的学习动态；最后，作为思想表达平台：学习者可以在播客上发表自己的想法，另外在提交作业时，同样可以谈自己的评价和想法，这有利于打破传统教学中师生之间的隔阂，有助于师生之间更好的互动交流。

3. 构建资源库方面

播客支持音频、视频、图片和动画等多媒体资源，根据不同的学习情境将其合理地利用和设计，以实现资源的立体化。在播客中，可以建立针对不同学科知识点的知识频道，通过师生的共同努力逐步建立专业的数据库。当然，播客的管理者也需要不断地对教学资源进行筛选、保护和共享，以便让资源可以被有效利用；播客的流行带来了很多节目，有些优秀的节目例如“系列儿童英语，NO. 21Song-Baa，Baa，Black Sheep”，我们也可以将这些优秀的节目填充进教学资源库。

4. 其他教学活动的方面

播客作为传统交流的工具，除了可以运用到以上几个领域之外，也可以应用于微格教学、精品课程评选、教与学的评价以及网络调查研究等方面。微格教学是一种利用现代化教学技术手段来培训师范生和在职教师教学技能的系统方法，时间一般控制在5～10分钟，要求教师或者师范生将平时40分钟课堂内容在这几分钟内完整呈现并且使得学生听懂。教学者可以通过播客把自己的微格教学状况录制下来，让其他人观看并评价。此外，播客还要一个重要功能就是对节目进行投票，这一特征可以用于精品课程评选、教与学的评价以及网络调查研究等方面。

拓展阅读

探索播客在教育教学中的作用

播客和电视、互联网等技术一样，“虽然不是针对教育而诞生”，却在教育应用领域蕴涵着巨大的潜能！这就要求教育工作者密切关注新技术，“创造性地探索新技术应用于教育教学的各种可能性”。

1. 可建立 Podcasting 学习平台

Podcasting 的优势，使得它可以构建“零技术要求的数字化平台”。教师可以在 Podcasting 主页上制作出节目单，并将教学音频、视频、自己的教学设计、电子教案、多媒体课件、作业布置等资源加入节目单中，再添加相应的说明和标签，利用这个平台发布。学生可以利用这个平台自由地进行学习交流，从而促进其更有效地开展自主学习、研究学习和协作学习。

2. 可形成培养个性化学习的平台

播客技术的特征是自由。它可以做到像远程教育一样突破时间、空间的限制，只要硬件条件允许，学习者可以自由地进行学习。每一个学生可以通过订阅教师的 Podcasting 随时更新节目，并根据自己的学习情况，下载相应的课程来自主学习。学习者还可以利用文字、音频、视频等记录下自己的学习心得、见解和有趣的想法上传。播客给不同学习风格的学生提供了更多灵活选择受教育形式的机会，自主性可得到进一步提高。

3. 结合 E—mail、Blog 等手段交流

教师可以开展交互性教学。学生如果有问题，可以通过 E—mail 或 Blog 提问，教师则通过 E—mail 或在 Blog 上回答，或者进入相关论坛和其他人进行讨论。

4. 可促进教师的专业素质与教育技能的提高和发展

教师利用播客，通过文字、图片、音频和视频真实记录自己的教育教学生活，及时反思教育教学中的成败得失。

教师也可通过这样一个交流的平台，浏览其他教师的播客，教师之间可以互相跟帖发表意见，阐述自己的观点，进行信息交流；或结识专家学者，把自己的想法说出来以得到专家的指点，使得自己的教育观念和想法得到进一步的促进发展。

5. 可因地制宜促进全体学生发展

教师利用播客技术将自己的讲课过程记录下来，传到自己的播客上。或者教师将自己的文本教案、电子教案传到自己的播客上，这样方便其他教师、学生通过观看播客，提出建议和回顾已学知识。同时，教师可根据学生不同的起点水平，将自己的播客制作成不同层次的教学内容，满足不同基础的学生学习。

学生可以通过播客重复学习自己上课没有听懂的地方，克服由于做笔记而忘记认真听课的顾此失彼的现象。

播客技术的及时性，使学生可以随时登陆播客，针对自己的薄弱环节学习，并将疑问向教师反馈，使学习者的学习主动化。

活动 3

注册播客账户，将一个视频上传到自己的播客账户中。

任务5 BBS

任务引擎

交流要及时,但交流也需要思考。随口说出的话可能会误伤到别人,经过深思熟虑而说出的话更是对他人的一种尊重。

通过本任务的学习,你应该了解BBS的概念、特点、基本操作,并树立在BBS使用时的安全意识和网络道德意识。

BBS是Bullet in Board System的缩写,翻译起来就是电子公告板,是Internet上的一种电子信息服务系统。它提供一块公共电子白板,每个用户都可以在上面书写,可发布信息或提出看法。由于BBS最早是用来传达股市价格等讯息,所以才命名为"布告栏"或"看板"。它与一般街头和校园内的公布栏性质相同,只不过BBS是通过电脑来传播或取得消息而已。

拓展阅读

常用BBS站点与网上论坛

在Internet中,BBS站点与网上论坛越来越多,有教育机构、研究机构和商业机构的,也有用户自己创建的个人BBS。下面介绍几个常用的高校BBS站点与网上论坛。

(1) 水木清华(http://bbs.tsinghua.edu.cn/)——清华大学:语出东晋谢混《游西池》"惠风荡繁囿,白云屯曾阿,景昃鸣禽集,水木湛清华",而"水木清华"也是清华园内一个著名景点。随着水木清华的发展,它成为高校第一的BBS站,水木一词,也被更多的人所知,变成了大陆BBS的符号之一。有网友曾称"若你在年轻时上过水木,它会一生跟随着你,如一场浮动的盛宴"。

(2) 日月光华(http://bbs.fudan.edu.cn/)——复旦大学:语出《尚书大传虞夏传》"日月光华,旦复旦兮",后半句是复旦校名的来历,BBS站则取了前半句。

(3) 饮水思源(http://bbs.sjtu.edu.cn/)——上海交通大学:"饮水思源,爱国荣校"是上海交通大学的校训,"饮水思源"也是老交大的标识之一。上交与西交BBS的名称里都带着这个词汇,同出一源的校园文化在这里显现。

(4) 小百合(http://bbs.nju.edu.cn/)——南京大学:这是最美的一个故事,小百合的创始人喜欢着瀚海星云上一个ID是lily的女生,于是,就用这个女生的名字命名了南京大学的BBS站。lily在英语中是百合的意思,小百合的站名也由此诞生。2005年,小百合在海外建站,那个站点也被称为"野百合",当时不少南大学子希望着"野百合也有春天"。

(5) 我爱南开(http://bbs.nankai.edu.cn/)——南开大学:来自周恩来的“我是爱南开的”一句。

(6) 西北望(http://bbs.lzu.edu.cn/nForum/index)——兰州大学:语出《江城子——密州出猎》“会挽雕弓如满月,西北望,射天狼。”“西北望”是矢志不移报效祖国的代名词,代表着兰大人的执著与豪迈,也预示着兰大是“西北教育防沙第一站的守望者”。

BBS是一种主要用来非实时交流的交流分享工具,本章开始的案例中陈昕怡在和小组成员完成小组作业时,运用BBS来进行非实时的讨论,充分利用了BBS的特点,克服了所有成员不能同时进行交互的障碍。

一、认识BBS

作为远程学习者,你们对于论坛应该不陌生。你们的很多课程都利用论坛提供答疑、辅导等学习支持,也有教师通过论坛帖子的附件为学生提供PPT或者扩展学习材料。论坛支持某一群体就某些话题进行异步讨论。参与讨论的人不需要在同一时刻出现在论坛中,任何参与者发布的观点都会被记录下来,其他人在任何时间登录论坛后,都可以继续发表意见。由于互联网传播速度很快,同时人们对任何问题的深入思考、准确表达,甚至文本输入都需要时间,利用论坛在一定程度上也能实现“同步”讨论。

使用BBS进行学习的特点:

1. 时空的开放性

网上讨论不必拘泥于特定的时间,参与者有充分地时间斟酌和回复,较之传统课堂更有利于讨论的深入和延续,能实现跨地域的大范围交流。

2. 参与的广泛性

BBS教学打破了时空的局限,全世界各个角落的师生都可以通过BBS在线对某一学科某一主题进行有效的交流。

3. 交互性

在BBS教学过程中,每一个参加网络讨论的人既是信息的发布者,又是信息的接受者,其角色融为一体,体现了成分的交互性。

4. 民主性

在BBS的教学过程中,参与者身份符号化,教师与学生一样成为网络中平等的一员而不再凸显任何特殊性,他们在平等、民主的氛围中一起共同探讨问题。

5. 社会性

BBS是具有真实和虚拟双重性质的网络社会,它营造了自己特有的文化氛围。在BBS教学过程中,鼓励学习者利用BBS在线讨论的功能,通过社会性合作活动促使学习者从不同角度思考问题。

二、BBS论坛的基本概念与操作

学习者想要通过BBS进行学习,必须充分了解论坛的概念和各种操作,不能仅仅满足于成为一个熟练的论坛使用者,还要等取成为论坛的管理者、规划者以及论坛上交流活动的组织者、监控者、引导者和评价者。充分了解 BBS 论坛的特点,才能在学习中有效运用它。

1. 理解论坛讨论的结构

下面列出论坛中常见的术语,这里对术语不作解释,如果对这些术语还不了解,请到互联网查找解释,或者到论坛中查看“帮助”、发帖询问。

了解这些术语:论坛、讨论区、版主、话题(主题)、帖子、精华区、回复、引用、置顶(固顶)、锁定话题、附件、上载(上传附件)、下载附件、管理员、好友、短消息、签名(个性化签名)。

2. 熟悉论坛讨论的操作

在学习中使用论坛,一定需要熟悉论坛的一般操作和管理操作,具体来说包括:创建讨论区,发帖,给帖子评分,回复帖子,将帖子设为精华,将帖子固定,删除帖子,锁定话题,删除话题,应用帖子,将话题转移到其他讨论区,上传附件,下载附件,管理论坛用户账号(修改或者重置密码、删除账号、锁定账号、审查账号),收取、发送短消息等等。

三、使用 BBS 应遵守的准则

1. 安全隐私问题

有一句网络上的名言,“在互联网上,没有人知道你是一条狗”。所以,最好还是不要填写真实身份,保护好自己的隐私。

2. 网络道德问题

一定要遵守论坛规则。目前利用网络散播非法信息、制作和传播迷信内容、网络色情聊天、黑客恶意攻击、骚扰、传播垃圾邮件、窥探传播他人隐私、网上欺诈行为、网上赌博行为、强制下载、网上教唆、网上游戏作弊、盗用他人网络账号等不良行为时有发生,BBS、聊天室侮辱和谩骂的语言也很常见,这些都呼唤网络法制和网络道德加以管理。

学习小结

1. 在网络学习中,我们使用的交流分享工具主要分为即时交流分享工具和异步交流分享工具。

2. 即时通讯(Instant Messenger)是指能够即时发送和接收互联网消息等业务,是一个终端服务,允许两人或多人使用网路实时传递文字讯息、档案、语音与视频。

3. QQ 在学习中的应用方式有:

(1) 应用 QQ 与教师进行课外交流;

(2) 应用 QQ 开展网络探究学习;

(3) 展开异步式和同步式网络协作学习。

4. 博客运用到学习中的优点包括“博客的记录性”、“博客的工具性”、“博客的方便性”、“博客的互动性”。

5. 播客的优点有:低技术、低成本;内容丰富、突出个性;平等参与、共享信息;动态更新、订阅自由;双向交流、反馈互动;打破时空限制。

6. 使用BBS进行学习具有以下特点：时空的开放性、参与的广泛性、交互性、民主性、社会性。

思考与练习

1. 选择学习材料中介绍的一种交流与分享工具，然后注册使用。写出自己的体验报告，分析其优缺点。

2. 建立一个QQ群，邀请好友加入，然后试用QQ群的各种功能，包括群交流、群语音、上传文件、群视频分享截屏、群视频演示影片和PPT等各种功能。

3. 你认为还有哪些交流与分享工具可运用于教学，它运用于教学的优点是什么？

单元三　网络学习中的收集与获取工具

学习导图

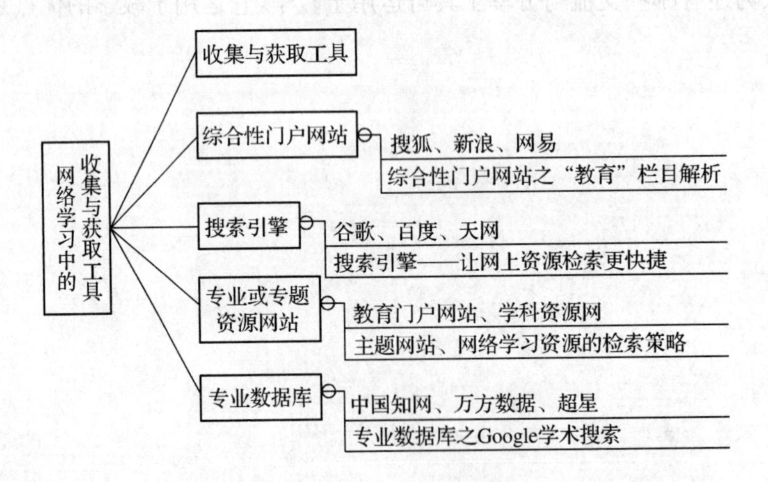

单元目标

通过这一单元的学习，我们希望你能够：

1. 了解并掌握网络学习中常用的收集与获取工具；
2. 掌握常用的综合性门户网站的内容设置及使用情形；
3. 了解常用的搜索引擎，并掌握高效的搜索技巧；
4. 了解特定的专业或专题网站，并掌握网络学习资源的检索策略；
5. 了解常用的专业数据库，并掌握它们的使用方法。

学习指南

本单元共包含“收集与获取工具”、“综合性门户网站”、“搜索引擎”和“专业或专题资源网站”四个任务，需要掌握各种综合性门户网站、搜索引擎、数据库等工具的运用，能够有效地收集并获取网络资源，得到所需要的信息，提高网络学习的效率。

关键词

收集与获取工具　综合性门户网站　搜索引擎　专业网站　专业数据库

任务1　收集与获取工具

任务引擎

信息收集(Information Gathering)是指通过各种方式获取所需要的信息。信息收集是信息得以利用的第一步,也是关键的一步。信息收集工作的好坏,直接关系到整个信息管理工作的质量。收集原则:准确性原则、全面性原则、时效性原则。在网络学习中,信息的收集与获取是常规行为,掌握有效的收集与获取工具将事半功倍。

通过本任务的学习,学习者需要了解网络资源的特点与分布,以及网络学习中收集与获取工具的概念和特点;同时,通过陈昕怡学习生活中的例子,预先了解网络学习中的一些收集与获取工具。

陈昕怡主修经济管理专业,她本人对经济类专业比较感兴趣,但是对特定的课程并不怎么了解,于是她根据学校提供的必修课课程表,利用网络中的搜索工具进行查询,获取相关课程的介绍,了解了专业应该学习的课程,以至在开始学习之前就对整个专业有了大体的了解。

大一下学期,学校开设了必修课、选修课以及系内限选课,必修课是必须要学习的,她对选修课的选择有了犹豫。这时陈昕怡首先使用谷歌搜索了选修课的相关资料,然后在综合性门户网站论坛上对相关的讨论帖子进行仔细浏览,之后又从师哥师姐那里获取相关信息,逐渐地,陈昕怡确定了自己想要选修的课程。

大二的时候,陈昕怡开始学习国际金融课程,这门课主要培养具备国际金融知识领域先进理念、专业知识和业务技能的人才。最后一次作业是根据自己感兴趣的国际金融的某一方面的主题做一个 PPT。于是陈昕怡从各个综合性门户网站中的金融部分查找了当前国际金融的实事报道以及评论,确定了一个方向,之后从一些图库和音乐素材网中找到了适合做 PPT 的图片和背景音乐等等,同时根据需要从一些文库中查找了文章作为理论支撑。最后,陈欣怡作业成绩在班级里名列前茅。

准备毕业论文时,首先确定主题就是一个挑战,然后还要确定主题的可行性,提出自己的观点并力求有理有据,任务艰巨。首先陈昕怡在中国知网、万方数据等专业数据库中阅读了大量关于经济管理方面的论文,逐渐确定了自己的兴趣点,并开始收集相关的论文,缩小范围后,又开始从搜索引擎中查找相关的概念。同时,她从学校的网站中下载了论文的写作要求格式,发现对于参考文献一栏有严格的要求,便从百度文库中获取到了毕业论文参考文献的标准格式。最后陈昕怡通过答辩,顺利毕业。

从陈昕怡的学习经历中可以看到：在网络学习中，资源的获取来自网络，而网络资源的自身特点决定了学习者在网络学习中，需要运用比较科学而有效的收集和获取方式，才能达到高效学习的目的。网络资源的特点如下：

1. 内容极为丰富，难以准确标引

网上的信息资源覆盖面广，涵盖了各个领域；信息种类繁多，正式出版的，非正式出版的，学术机构提供的、个人提供的都交织在一起。当然，这其中既有有价值的信息，又有很多无用的信息。

2. 整体分布混乱，质量良莠不齐

由于网上信息没有统一的管理机构，也没有统一的发布标准，且变化、更迭、新生、消亡等都时有发生，难以控制。这就造成了网络资源在某个局部范围内是有序的，而资源的整体分布较为分散、无序，甚至呈混乱状态。

3. 信息动态变化，信息源不规范

网络是一个巨大的动态系统，不仅信息分散无序，且经常更替，每天都有新的网站出现，又有网站撤消或重组，并且每个网站自身的链接地址、栏目设置也经常变动。

4. 网络信息时效性强，难以客观著录

网络信息的发布压缩了传统文献的编辑、出版和发行等环节，有的甚至完全在网上发行，实现了作者与编辑不受时空限制的即时交流，大大缩短了信息编辑出版的时间，使得信息具有较强的时效性。

陈昕怡在运用网络资源时，深刻体会到了网络资源的纷繁浩杂，她意识到若要获得针对性很强的资源，就需要在不同的资源搜索要求下选择合适的工具获取学习资源。

网络学习中，能做到从网络繁杂的信息中提炼、收集、获取特定学习内容或相关知识的工具，被称为网络学习中的收集与获取工具。比如，学习者可以运用百度等搜索引擎获取对某一词语的解释，可以从主题网站中获取对某一主题的全面解析，可以从专业数据库中获得较为权威专业的信息，其中运用到的搜索引擎、网站及数据库都属于网络学习中的收集与获取工具。我们将在接下来的各任务中系统地介绍相关收集与获取工具的使用方法和适用情况。

拓展阅读

网络资源的分布

随着网络技术的飞速发展、网络教育的逐步拓展，网络上提供的学习资源越来越丰富，其主要分布可归为以下几类：

1. 综合网站

常见的综合性门户网站有百度（http://www.baidu.com）、搜狐（http://www.Sohu.com）、网易（http://www.163.com）、雅虎（http://www.yahoo.com）等。这些网站里都有关于教育网站资源的分类检索，包含了大量教育资源可供搜索。

2. 教育网站

教育网站是专门提供教学、招生、学校宣传、教材共享的网站，一般各大学校和教育机构都会有自己的网站。教育网站可从域名看出来，一般情况下教育网站的后缀域名是“.edu”，代表教育，也有部分后缀域名是“.com”、“.cn”、“.net”。常见的教育网站有：中国教育信息网（http://www.chinaedu.edu.cn）、中国教育网（http://www.chinaedunet.com）、中国特殊教育网（http://www.spe-edu.net）。

3. 网络期刊

网络期刊，顾名思义就是网络上被浏览或被电子邮件订阅而发行的刊物，有的具备下载功能，有专业阅读器，即所谓的电子期刊。网络期刊是以数字的方式把数据、图像、声音和动画等信息存储在光和磁等介质上，并借助计算机或其他设备进行阅读的连续性出版物。网刊是计算机和网络技术普及之后的一种新虚拟期刊。由于电子杂志制作软件的成熟，使得电子杂志的制作迅速、精美，并出现了专业的电子杂志网站，有专业的品牌软件和在线制作电子杂志的网络环境。这种电子杂志，可定期或不定期地出版，一般名称固定，按顺序编号，装订成册。网络刊物从这个角度讲，其实就是网络杂志。电子期刊已从最初的软盘期刊、CD-ROM期刊、联机期刊，发展到现在的网络化电子期刊。目前国内应用最广的网络期刊网是中国知网（http://www.cnki.net）、万方数据（http://www.wanfangdata.com.cn）、维普资讯网（http://www.cqvip.com）等。

4. 网上书籍

网上书籍即电子书，同样是网络上被浏览、电子邮件订阅而发行的，有的具备下载功能，有专业阅读器，以数字的方式把数据、图像、声音和动画等信息通过网络发布、共享的出版物。如超星数字图书馆（http://book.chaoxing.com）、书生之家数字图书馆（http://edu.21dmedia.com/index/login.vm）等。

5. 网上词典（wiki百科）

随着搜索引擎技术的发展，网上词典也日益兴盛，为我们查询教育资源提供了方便。诸如常见的百科全书类字典有维基百科（http://zh.wikipedia.org/zh-cn/Wikipedia）、百度百科（http://baike.baidu.com）、大英百科（http://www.britannica.com）、进行在线词汇自有收录的c书（http://www.cshu.org）等。

6. 专业博客

博客（Blog），又译为网络日志、部落格或部落阁等，是一种通常由个人管理、不定期张贴新的文章的网站。教育专业博客是指教育者建立的博客式的个人网站，其中包含大量的教学资源。如中国教育人博客（http://blog.edu.cn）、成长博客（http://blog.cersp.com）、搜狐教育博客群（http://blog.sohu.com/learning）等。

活动1

本任务涉及网络资源的分布，请进入拓展阅读中提到的网站、期刊、专业博客、电子书等网络资源，对它们进行初步的了解。

任务2 综合性门户网站

任务引擎

门户网站(Portal Web),是指通向某类综合性互联网信息资源并提供有关信息服务的应用系统。门户网站最初提供搜索服务、目录服务,后来由于市场竞争日益激烈,门户网站不得不快速地拓展各种新的业务类型,希望通过门类众多的业务来吸引和留住互联网用户,以至于目前门户网站的业务包罗万象,成为网络世界的“百货商场”或“网络超市”。

通过本任务的学习,学习者应该了解常用的综合性门户网站以及它们的内容结构排版,并掌握选择该工具进行信息的收集与获取的情形;同时,学习者应该掌握各综合性门户网站中“教育”栏目的内容设置,重点锁定平时会用到的内容模块。

陈昕怡在完成国际金融的专题PPT时,需要查询有关的新闻资料,掌握当前国际金融局势。她就从各个综合性门户网站中的金融部分查找了当前国际金融的时事报道以及评论,确定了方向。这个过程中运用了综合性门户网站获取某一专题的时事,下面具体分析下这一工具。

在网络学习中能够利用的综合性门户网站非常多,如搜狐、新浪、腾讯、网易等。可以通过这些网站查找与教育相关的站点,只要点击其中的相关链接就可以方便地跳转到相应的页面上。另外,还可以在这些网站的主页上进行关键词搜索,查找需要的相关资源。

一、搜狐

如图3-1所示,为搜狐网站首页。

图3-1 搜狐网站首页

图 3-1　搜狐网站首页(续)

可以看出，首页内容相当多，带有滚动条。为了查找方便，搜狐网站加入了搜狗搜索引擎，便于浏览者进行站内搜索，如图 3-2 所示。综合性门户网站的一个明显的特点，就是它涵盖的内容广泛，如图 3-3 所示。

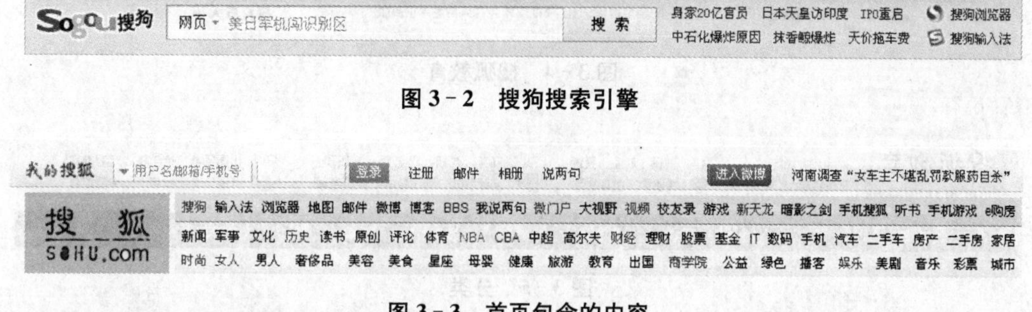

图 3-2　搜狗搜索引擎

图 3-3　首页包含的内容

在图 3-3 中看到，你可以注册为搜狐用户，方便参与网站的活动。同时在这些条目中，有一项是“教育”，对于网络学习来说，这是很重要的链接。我们现在进入链接的网页，如图 3-4 所示。

在搜狐教育中，又列了很多条目，如图 3-5 所示。你可以根据学情选择相应的内容进行资源的收集与获取。

图 3-4 搜狐教育

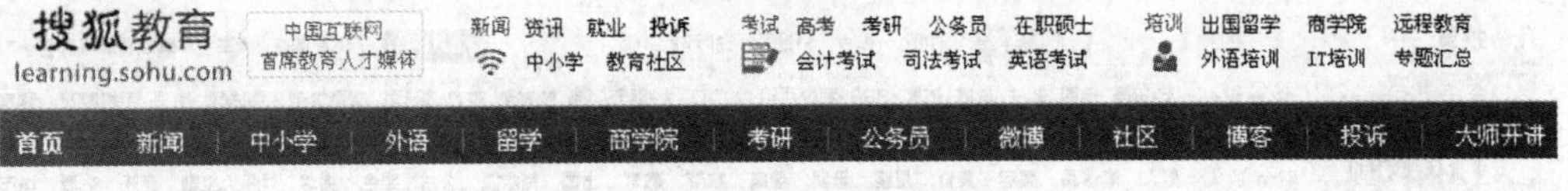

图 3-5 分类

二、新浪

如图 3-6 所示，为新浪网站首页。新浪网站同样含有教育栏目，如图 3-7 所示。

图3-6　新浪网站首页

图3-7　教育栏目

三、网易

如图 3－8 所示，为网易网站首页。

图 3－8 网易网站首页

同样含有综合性的条目和教育专题，如图 3－9、图 3－10 所示。

图 3－9 综合条目

图 3-10　教育专题

四、综合性门户网站之“教育”栏目解析

从上面三个综合性网站中，我们可以看出，它们的格式设置、内容排版基本类似，掌握一个综合性门户网站的使用方式，就可以随意使用任何综合性门户网站。而在网络学习中，需要特别关注“教育”这一栏目。另外由于综合性门户网站所收纳的都是很多新近的信息，当要收集比较时兴、前沿的学习资源时，到综合性门户网站进行收集和获取，将是不错的选择。下面我们就着重分析一下综合性门户网站下的“教育”栏目，对于综合性门户网站中的其他栏目，使用方式和作用基本类似，在这里就不再赘述。

下面我们以新浪网站中的“教育”栏目为例。

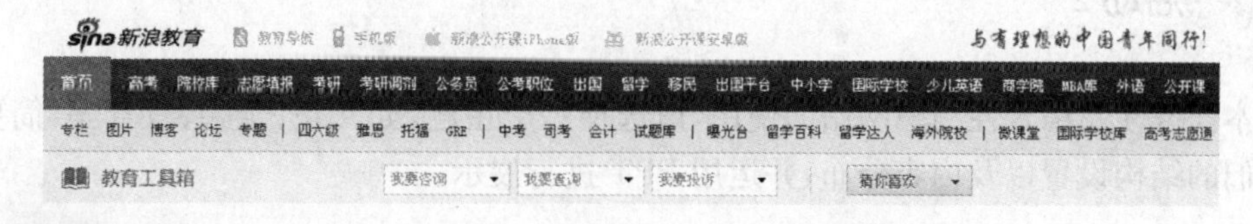

首页：基本信息就是新近发生的学校领域、教育领域的新闻。

高考、**院校库**、**志愿填报**：这三个栏目都是关于高考的信息，如果要了解高考资讯、志愿选择以及高校的介绍说明，从这里将能收集到有用的信息。

考研、考研调剂:如果有考研意向,或者关注考研信息,这将是不错的选择。另外还包括考研调剂的很多信息,非常有帮助。

公务员、公考职位:主要是公考的最新消息。

出国 留学 移民 出国平台:有出国的意向,可以从这些栏目中收集到相关信息,以做好相应的准备。另外,要想了解或研究出国现状,这些栏目也能获取目前中国出国简况。

中小学:主要是中小学新闻,里面很多是关于未成年学生教育的话题讨论。

国际学校 少儿英语 商学院 MBA库 外语:这个将提供国际学校的资讯。

公开课:这个是世界各地的公开课,里面有最受欢迎的、最近更新课程等,你可以从中获取自己想要学习的国际名校课程,并获得全面的知识讲授。

专栏、图片 博客 论坛 专题、四六级 雅思 托福 GRE、中考 司考 会计 试题库、曝光台 留学百科 留学达人 海外院校、微课堂 国际学校库 高考志愿通:这都是面对不同需求群体的栏目,学习者可以根据需要从中获取信息。

我要咨询 我要查询 我要投诉:这个是针对网站使用者比较快捷的查询方式,很方便而且针对性较强。

可以看到,综合性门户网站中的教育栏目,信息比较集中而且侧重新闻的报道,可以直接进入自己想要了解的栏目收集信息。但若想从中获取需要的知识,则需要进行比较深入的信息挖掘和信息处理,这对综合学习能力有较高的要求。如果你只是为了获取某一方面的资讯,综合性门户网站将能够提供很多案例和事实论据。

同理,陈昕怡在学习财政与税收这门课程时,从新浪的财经频道中获取到很多相关的事实新闻和解读,对于这门课的学习和掌握有很大作用。

由于综合性门户网站内容繁杂,在学习的时候容易被其他事物吸引,而使信息收集的效率降低甚至失败,所以需要提高自己无关信息的抵抗能力。如果收效甚微,还可以采用另外一种针对性较强的学习资源收集与获取工具:搜索引擎。

活动 2

本任务涉及综合性门户网站的使用,请选择一个主题,如文化、金融、教育等,简要介绍它们的结构设置以及内容分布,并运用 PPT 进行展示。

任务3　搜索引擎

任务引擎

1990年，加拿大麦吉尔大学(University of McGill)计算机学院的师生开发出Archie。当时，万维网(World Wide Web)还没有出现，人们通过FTP来共享交流资源。Archie能定期搜集并分析FTP服务器上的文件名信息，提供查找分别在各个FTP主机中的文件。Archie被公认为现代搜索引擎的鼻祖。

通过本任务的学习，学习者需要了解目前使用频率较高的搜索引擎和搜索引擎的工作原理，同时能掌握常用的搜索引擎的使用方式以及如何高效使用搜索引擎获取相关的信息。

陈昕怡在了解必修课课程的初期阶段，运用百度等搜索引擎收集相关课程信息，最终帮助她提前了解了将要学习的大体内容。我们这一任务就学习一下常用的搜索引擎以及如何高效使用这些搜索引擎。

如果希望得到特定的信息，并且知道相应的标题、短语、图片等信息，那么就可以使用搜索引擎了。搜索引擎的特点是其本身不提供很多资源，而是按照用户输入的信息搜查其他网站或网页中的信息，并以某种排列方式呈现出来。

搜索引擎是非常方便的教学资源检索工具。比较常用的搜索引擎如：谷歌搜索(http://www.google.com)、百度搜索引擎(http://www.baidu.com)、天网搜索引擎(http://www.sowang.com)等。

一、谷歌搜索引擎

谷歌搜索引擎是目前全球范围内最受欢迎的一个搜索引擎。谷歌搜索引擎与其他搜索引擎相比，只显示相关的网页，其搜索结果包含所输入的所有关键词，在搜索过程中已经排除了很多无关信息。谷歌不仅搜索出包含所有关键字的结果，而且对网页关键字的接近度进行了分析。谷歌按照关键字的接近度区分搜索结果的优先次序，筛选与关键字较为接近的结果，这样可以节省时间，无须在无关的结果中徘徊。因此，使用谷歌可以在最短

图3-11　谷歌搜索引擎

时间内翻看最少的页面找到最想得到的信息。如图 3－11 所示。

二、百度搜索引擎

百度搜索引擎(简称:BIDU)是全球最大的中文搜索引擎,2000 年 1 月由李彦宏、徐勇两人创立于北京中关村,致力于向人们提供“简单,可依赖”的信息获取方式。“百度”二字源于中国宋朝词人辛弃疾的《青玉案·元夕》词句“众里寻他千百度”,象征着百度对中文信息检索技术的执著追求。

百度搜索引擎是目前国内最大的搜索引擎,使用方法同谷歌类似。如图 3－12 所示。

图 3－12 百度搜索引擎

三、天网搜索引擎

由北京大学计算机系网络与分布式系统研究室研制开发的“天网”中英文搜索引擎系统是国家“九五”重点科技攻关项目“中文编码和分布式中英文信息发现”的研究成果,于 1997 年 10 月 29 日正式在 CERNET 上向广大 Internet 用户提供 Web 信息导航服务,受到学术界广泛好评。如图 3－13 所示。

图 3－13 天网搜索引擎

天网搜索引擎,收录了 135 万网页和 9 万新闻组文章,更新较快;功能规范;反馈内容完整,包括网页标题、日期、长度和代码;可在反馈结果中进一步检索;支持电子邮件查询。无分类查询。另提供北京大学、中科院等 FTP 站点的检索。天网搜索引擎的特点:

1. 在语种上支持中英文搜索。国内大部分的搜索引擎都只收录中文网站,并能用来查找国内的英文网站。

2. 在文件格式上既支持 www 文件传输格式，也支持 FTP 文件传输格式。天网将 FTP 文件分成电影、动画片、mp3 音乐、程序下载、开发资源共 5 大类，用户可以像目录导航式搜索引擎那样层层点击下去查找自己需要的 FTP 文件。

图 3-14 所示为各种常见的搜索引擎。

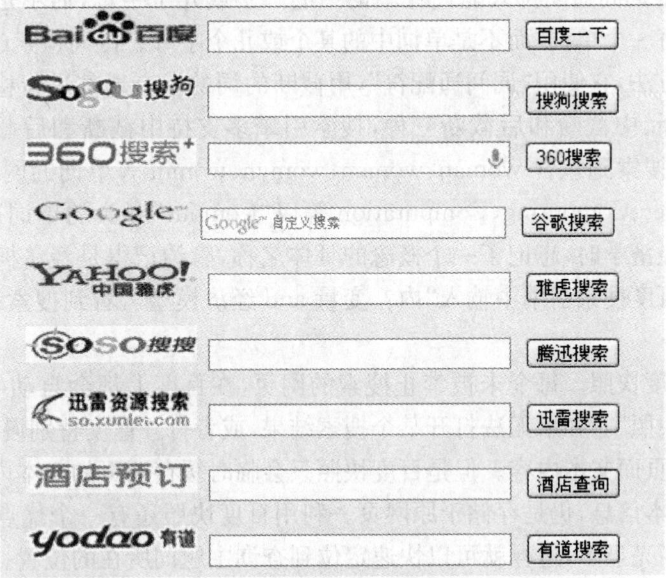

图 3-14　各种搜索引擎

四、搜索引擎——让网上资源检索更快捷

陈昕怡在使用搜索引擎进行资源搜索时，往往都采用单一的方式，搜索到的资源也不尽如人意。其实在使用搜索引擎时，是有一定技巧可循的。陈昕怡查阅了相关资料，学习了一些搜索技巧，使得她的搜索更加精准和快捷。

网上资源检索常用的方法是搜索引擎和主题目录。

搜索引擎包括的两大核心技术是自动网页搜索技术和全文检索技术。常用搜索引擎有 Google、百度等。主题目录检索是以超文本链接的方式将各种信息按分类目录的方式组织起来，类目之间按照层次逐级细分排列，最底层由指向特定万维网网站或网页的超链接。

下面主要介绍一些搜索的技巧，这些搜索技巧在常用的搜索引擎中可以通用。

技巧一：使用逻辑运算符。网络搜索中有“与(and)”、“非(not)”、“或(or)”三种逻辑关系，分别用“＋”、“or”、“－”表示，它们称为布尔逻辑符或逻辑运算符。“与”关系为“A＋B”形式，表示 A 和 B 必须同时出现在网页之中；“或”关系为“A or B”形式，表示结果中要么有 A，要么有 B，要么同时有 A 和 B；“非”为“A—B”形式，表示 B 一定不会出现在搜索结果之中。在搜索引擎中，表示“与”关系的“＋”通常可以省略，以词间空格代替，或者说，词间空格默认为“and”运算。“或”关系多以“or”表示，但不同的搜索引擎对其大小写有严格的要求(如在谷歌中必须大写)，或采用其他的符号表示(如“百度”以“|”表

示)。"非"关系用"not"或"and not"表示,减号"—"是"not"运算的唯一符号形式。

技巧二:使用通配符。通配符是一类键盘字符,用来代替规定的对象。搜索引擎最常用的通配符有星号(*)和问号(?)等,通常星号表示替代若干字母,问号表示替代一个字母。通配符又可以分为"词间通配符"(partial-wordwildcard)和"全词通配符"(full-word wildcard)两种。词间通配符只能代替单词中的一个或几个字母,而不是整个单词;全词通配符用来代替一个单词,而不是单词中的某个或几个字母。截词检索(truncation)是网络搜索的常用方法,它使用"词间通配符",用截断的词的一个局部进行检索,按截断的位置可分为前截断、中截断和后截断三种,搜索引擎多支持中截断和后截断检索。例如,"wom? n"可以搜索到包含 woman、women、womyn、womin 等单词的网页,"Comput *"可以对 Computer、Computing、Computation 等以"Comput"开头的单词进行搜索。陈昕怡在学习微观经济学时,忘记了一个概念的具体名称,隐约记得是经济模型中的"内××变量",她就从百度搜索引擎中输入"内? 变量 and 经济模型",看到搜索结果后才知道是"内生变量"。

技巧三:百度快照。每个未被禁止搜索的网页,在百度上都会自动生成临时缓存页面,称为"百度快照"。如果无法打开某个搜索结果,或者打开速度特别慢,可以利用"百度快照"快速浏览页面文本内容。但是百度快照只会临时缓存网页的文本内容,所以那些图片、音乐等非文本信息,仍是存储于原网页。利用百度快照还有一个优点,就是被查询的主题词全部被高亮显示,这样就可以快速定位到查询主题词所在的位置。

技巧四:专业文档搜索。很多有价值的资料,在互联网上并非是普通的网页,而是以 Word、PowerPoint、PDF 等格式存在。百度支持对 Office 文档(包括 Word、Excel、PowerPoint)、Adobe PDF 文档、RTF 文档进行全文搜索。要搜索这类文档很简单,在普通的查询词后面加一个"filetype:"进行文档类型限定。"filetype:"后可以跟以下文件格式:DOC、XLS、PPT、PDF、RTF、ALL。其中,ALL 表示搜索所有这些文件类型。此外,还可以通过百度文档搜索界面(http://file. baidu. com)直接使用专业文档搜索功能。陈昕怡在百度文库中想搜集关于经济模型中的因果关系分析模型的相关 PDF 文献,她就按照这个办法,在百度文库的搜索框中做了检索:"经济模型之因果关系分析模型 filetype:PDF"。还有一个简单的方法,就是在查询词后面直接加文档类型。

技巧五:把搜索范围限定在网页标题中。网页标题通常是对网页内容提纲挈领式的归纳。把查询内容范围限定在网页标题中,有时能获得良好的效果。使用的方式是把查询内容中特别关键的部分用"intitle:"领起来。同时注意"intitle:"和后面的关键词之间不要有空格。

技巧六:用双引号精确匹配。如果输入的查询词很长,给出的搜索结果中的查询词可能是拆分的。如果不想拆分查询词,给查询词加上双引号就可以达到这种效果。例如,搜索建构主义教学原则,搜索出相关网页约 34 600 篇;若搜索"建构主义教学原则",搜索出相关网页只有 236 篇,这样大大精确了查找范围。

技巧七:百度搜索还提供了 MP3、图片、影视等指定格式文件的搜索功能。操作的方法很简单,即在百度搜索首页中单击"MP3"或者"图片"链接,之后的搜索方法与以上所介绍的完全相同。

拓展阅读

搜索引擎简介

搜索引擎是指根据一定的策略、运用特定的计算机程序从互联网上搜集信息,在对信息进行组织和处理后,为用户提供检索服务,将用户检索相关的信息展示给用户的系统。

一、搜索引擎起源

所有搜索引擎的祖先,都是1990年由Montreal的McGill University三名学生(Alan Emtage、Peter Deutsch、Bill Wheelan)发明的Archie(Archie FAQ)。Alan Emtage等想到了开发一个可以用文件名查找文件的系统,于是便有了Archie。Archie是第一个自动索引互联网上匿名FTP网站文件的程序,但它还不是真正的搜索引擎。Archie是一个可搜索的FTP文件名列表,用户必须输入精确的文件名搜索,然后Archie会告诉用户哪一个FTP地址可以下载该文件。由于Archie深受欢迎,受其启发,Nevada System Computing Services大学于1993年开发了一个Gopher(Gopher FAQ)搜索工具Veronica(Veronica FAQ)。Jughead是后来另一个Gopher搜索工具。

二、搜索引擎工作原理

第一步:爬行。搜索引擎是通过一种特定规律的软件跟踪网页的链接,从一个链接爬到另外一个链接,像蜘蛛在蜘蛛网上爬行一样,所以被称为“蜘蛛”,也被称为“机器人”。搜索引擎蜘蛛的爬行是被输入了一定的规则的,它需要遵从一些命令或文件的内容。

第二步:抓取存储。搜索引擎是通过蜘蛛跟踪链接爬行到网页,并将爬行的数据存入原始页面数据库。其中的页面数据与用户浏览器得到的HTML是完全一样的。搜索引擎蜘蛛在抓取页面时,也做一定的重复内容检测,一旦遇到权重很低的网站上有大量抄袭、采集或者复制的内容,很可能就不再爬行。

第三步:预处理。搜索引擎将蜘蛛抓取回来的页面,进行各种步骤的预处理。

① 提取文字;② 中文分词;③ 去停止词;④ 消除噪音(搜索引擎需要识别并消除这些噪声,比如版权声明文字、导航条、广告……);⑤ 正向索引;⑥ 倒排索引;⑦ 链接关系计算;⑧ 特殊文件处理。除了HTML文件外,搜索引擎通常还能抓取和索引以文字为基础的多种文件类型,如PDF、DOC、WPS、XLS、PPT、TXT文件等。我们在搜索结果中也经常会看到这些文件类型。但搜索引擎还不能处理图片、视频、Flash这类非文字内容,也不能执行脚本和程序。

第四步:排名。用户在搜索框输入关键词后,排名程序调用索引库数据,计算排名显示给用户,排名过程与用户直接互动的。但是,由于搜索引擎的数据量庞大,虽然能达到每日都有小的更新,但是一般情况搜索引擎的排名规则都是根据日、周、月阶段性不同幅度地更新。

利用百度进行以下检索：

(1) 利用精确匹配双引号“”，对“研究设计方案”进行搜索，将检索结果和没有用“”检索该词的检索结果进行对比。请将两种检索结果的首页都进行截图。

(2) 利用“与”、“或”、“非”，对“研究设计”、“方案”这两个关键词进行检索，观察并分析其差别，并将检索结果分别进行截图。

任务4 专业或专题资源网站

任务引擎

工具是指能够方便人们完成工作的器具，它不一定是人制造出来的，工具的核心是人的思维和操作的一体化。建筑工作就要使用建筑工具，外科手术就要使用手术工具，同样的，我们在网上进行资源收集时，如果有确定的专题方向，就可以去相应的专业或专题网站获取知识，方便快捷。

通过本任务的学习，学习者需要大体了解教育门户网站、学科资源网、主题网站，并掌握这些网站的使用方法，能够运用这些网站进行特定资源的收集；同时，需要掌握网络学习资源的检索策略。

通过综合性网站和搜索引擎，可以收集和获取某一方面的知识点或者相关信息，虽然这个过程有利于思维的构建和形成，且容易带来意外的收获，但是可能需要过滤很多冗余信息才能得到真正需要的信息，而且信息的权威性不强又没有系统的分析过程。若在进行网络学习时有较为明确的知识获取方向，可以采用专业或专题资源网站进行知识的收集与获取，得到的信息将更有条理性并具有一定的依据性和可靠性。

陈昕怡在专业学习过程中，学习单门课程时，就可以借助网络中的专题网站进行知识的收集和补充，比如在学习会计学课程时，可以登录中国会计网（http://www.canet.com.cn/acc/）获取相应的资源，中国会计网是中国会计行业门户，发布最新会计资讯，覆盖会计论坛、会计实务和会计招聘等服务，里面也有专门的会计学习频道。同样的，很多课程都是有相应的专题网站，她也通过这些网站进行资源的获取。

另外，通过搜索教育、教学专业网站和资源网站，可以高效地找到很多学习资源。目前互联网上中小学各个学科都会有成百上千家教学资源网站，这类网站数量众多，既包括教育门户网站，又包括各种学科资源网、教学网、主题网站。各类教育门户网站对于网络学习来说也是重要的学习资源。如“中国基础教育资源库”，是中国基础教育网（http://www.cbe21.com）根据中国信息技术教育发展的阶段和进程，按照全国基础教育发展的需求，为全国中小学量身定做的教育资源库。现已完成语文、数学、物理、化学、英语、政治、生物、历史、地理、体育、艺术教育11个学科频道和“教育新闻”、“地区教育”、“教坛之声”、“教育用品”、“教育社区”、“博客”、“原创”等主要栏目，建立了课程标准库、课程资源库、软件素材库、教研论文库等资源数据库。中国基础教育网目前已成为中国最大的、最权威的基础教育平台，并成功搭建了为中国基础教育服务的三个平台：中国基础教育的管理平台、资源共享平台和信息交流平台。

一、教育门户网站

我们现以国家基础教育资源网（http：//www.cbern.com）为例，学习此类网站的使用方法。如图3-15所示。

图3-15　国家基础教育资源网

1. 新用户注册

国家基础教育资源网采用实名制注册，并免费为所有农村教师服务。打开网站首页，会在右上方看见注册区，点击“注册”按钮，进入注册页面。按照框图提示输入相应信息，所有信息应真实准确地填写。阅读《用户协议》，勾选“同意”提示框，完成注册。注意：只有注册用户才可以下载网站资源。

2. 资源浏览方式

首页　按教材浏览　按课标浏览　按年级浏览　按学科浏览　按媒体浏览　按专题浏览　使用帮助

按教材浏览：按教材浏览。页面左侧列出了“科目”、“版本”、“年级”，根据需要选择相应学科教材的版本与年级后，右侧列表中即可展示出相应的全部资源及其要素的描述记录。点击选中的资源标题,即可查看资源的详细描述,并可下载。

按课标浏览:按课标浏览。页面左侧列出了全部课标规定的单元学习内容或知识点,采用逐层递进的结构,可按照"学科—学段"依次展开,点击所需,右侧列表中即可展示出相应的全部资源及其要素的描述记录。点击选中的资源标题,即可查看资源的详细描述,并可下载。

按年级浏览:按年级浏览。页面左侧列出了"学前"、"小学"、"初中"、"高中",根据需要选择相应学段年级后,右侧列表中即可展示出相应的全部资源及其要素的描述记录。点击选中的资源标题,即可查看资源的详细描述,并可下载。

按学科浏览:按学科浏览。页面左侧列出了各学科,根据需要,点击展开学习领域,选择相应主题或目标要素后,右侧列表中即可展示出相应的全部资源及其要素的描述记录。点击选中的资源标题,即可查看资源的详细描述,并可下载。

按媒体浏览:按媒体浏览。页面左侧列出了各种媒体类型,根据需要选择相应媒体和文件格式后,右侧列表中即可展示出相应的全部资源及其要素的描述记录。点击选中的资源标题,即可查看资源的详细描述,并可下载。

按专题浏览:按专题浏览。页面左侧列出的都是在教育教学中专门研究或讨论的题目,使用者可以利用这些资源对学生开展与加强思想品德、卫生、法制、安全、环保等教育。根据需要选择相应专题后,右侧列表中即可展示出相应的全部资源及其要素的描述记录。点击选中的资源标题,即可查看资源的详细描述,并可下载。

3. 资源获取的方式

怎样输入检索词:网站首页的上方列出了一空白检索框,在框内输入检索词,点击"搜索"按钮,即可实现查找资源的功能。例如,在框内输入"古诗"一词,点击"搜索"按钮,即可列出全部相关资源。

怎样进行高级搜索:点击"高级搜索"按钮,页面显示"学科"、"版本"、"年级"、"文件格式"、"适用对象"、"教育类型"、"语种"等多个选项,依据查找需要勾选相应内容,并在框内输入检索词,即可实现高级搜索资源的功能。高级搜索对搜索的范围进行了多角度的限定,因而能更准确地命中所需查找的资源。

怎样查得更准:查找资源的准确率与选用关键词的技巧密不可分。在搜索框里输入的关键词越多,搜索的条件越多,限定的搜索范围越精确,查找出的资源就越符合您的实际需要。因此为了提高查准率,可以在搜索框里输入多个关键词(中间隔以空格),如"语文小学识字教案",点击"搜索"按钮,获得搜索结果。也可以在第一次搜索结果的页面中,继续在搜索框里输入关键词,然后点击"在结果中搜索",从而使查询结果更精准。

二、学科资源网

在此介绍常用学科网网址,学习者可以根据自己所要收集和获取的信息类别去相应的网站搜索。

(1) 语文:中学语文教学资源网(http://www.ruiwen.com/)、小学语文教学资源网(http://xiaoxue.ruiwen.com/)。

(2) 数学:小学数学教学网(http://www.xxsx.cn/)、小学数学专业网(http://www.shuxueweb.com/index.html)。

(3) 英语:英语合作网(http://www.51share.net/)、牛津英语教与学(http://www.wdabc.com/)、中学英语教育资源网(http://en.ruiwen.com/)。

(4) 物理:三人行初中物理网(http://www.srxedu.net/)、不倒翁物理教学网(http://www.ccxcc.com/)。

(5) 化学:化学资源网(http://www.21cnjy.com/huaxue/)、化学学科网站(http://hx.zxxk.com/)、中学化学同步辅导(http://www.huaxue123.com/)。

(6) 历史:史海泛舟(http://q.163.com/shihaifanzhou/)、中学历史教学资源网(http://www.jxal.com/)。

(7) 思想政治:中学思想政治教学网(http://www.zz6789.com/)、政治教学网(http://www.zhzhi.com/Index.html)。

(8) 科普:科学教育网(http://www.sedu.org.cn/)、中国科普网(http://www.kepu.gov.cn/)、中国科普博览(http://www.kepu.ac.cn/gb/)。

(9) 体育:中学体育网(http://www.zxty.net/)、体育教育网(http://www.yemao518.com/)。

(10) 美术:中国少儿美术教育网(http://www.ccartedu.com/)、中国美术教学网(http://www.e-art.cn/)。

(11) 地理:地理教育网(http://www.edu-dili.com/Index.html)、CCTV—国家地理频道(http://www.cctv.com/geography/index.shtml)。

(12) 信息技术:信息技术课程教学研究网(http://www.51itedu.com/)、中小学信息技术教育网(http://www.nrcce.com/)。

(13) 音乐:音乐教学(http://www.yyjx.net/)、中国音教网(http://www.csmes.org/)。

(14) 生物:生物教学网(http://www.shengwu.com.cn/)、中学生物教学(http://www.bgy.gd.cn/biology/wangye/wlq.htm)。

三、主题网站

主题资源网站也称主题学习网站,是指那些针对特定的人群,围绕特定的学习主题、科研主题、学习素材类事物主题,完成特定信息的搜索、提供、组织与发布,或者提供互动学习平台的网站。学习者可以根据所要收集和获取的知识和信息类型寻找主题网站进行搜索。下面介绍几个主题网站。

(1) 万全图库(http://pic.n63.com/):主要提供了各种网页素材图片,包括静态的和动态的,内容极其丰富,还提供了站内搜索,查找图片也很方便。陈昕怡很喜欢这个图库,她在制作PPT时经常从该图库中选择精美合适的图片作为背景或者插图。

(2) 图片素材库(http://sucai.jz173.com/):包含了多种类型的图片素材,为网页制作提供了丰富的资源。

(3) e库素材(http://www.iecool.com/)

(4) 课件素材库(http://www.oh100.com/teach/shucaiku/):分为动态图库、静态图库和音效库,三种大的分类下又有细分,内容丰富。

(5) 教育资源素材库(http://www.e21.edu.cn/resource/sucai/sucai/):这是一个与具体学科相关的素材库,涉及语文、数学等十八门学科,设有站内搜索,可以方便地查找所需资源,同时还可以上传自己的资源,实现资源的共享。

(6) 课件资源素材库(http://edu.qz.fj.cn/share/):这是一个课件资料素材库,提供了十四门学科的相关课件的下载,资源不是特别丰富,但是内容值得一看。

(7) 中国飞天音乐教育网(http://www.ftmusedu.com/dhs.htm):该网站是一个以音乐为主题的网站,内容十分丰富,各种类型的音乐应有尽有。陈昕怡需要对PPT中音乐素材进行收集或者在闲暇时间听听歌曲的时候,她就会在这个网站进行搜索。

四、网络学习资源的检索策略

在陈昕怡的学习过程中,运用了搜索引擎来获取她需要的必修课介绍,运用了搜索引擎以及综合性门户网站收集了选修课的相关介绍,运用了中国知网等专业数据库获取了学术性较强的信息,运用了学科资源网以及一些主题网站制作PPT,综合运用各个网络资源收集工具完成了论文理论支撑材料的搜集……这些都告诉我们:有效而灵活地使用各个信息获取工具,将会使学习和工作(在案例中是实习)更有效率,而且信息更加精准。下面就学习一些在网络中进行学习资源搜索的一些策略。

在网络信息检索中,要想在现有的条件下更好地获取网络信息,必须采取相应的检索策略。

1. 分析检索的主题

即要确切了解所要查询的目的和要求,确定需要的信息类型(全文、摘要、名录、文本、图像、声音等)、查询方式(浏览、分类检索、关键词检索)、查询范围(所有网页、标题、新闻组文章、FTP、软件、中文、外文)、查询时间(所有年份、最近几年、最近几周、最近几天、当天)等。如陈昕怡仅仅是搜索一下她感兴趣的专业课介绍,那么用百度等搜索引擎就能轻松达到目标。

2. 选择合适的检索工具

各种搜索引擎在查询范围、检索功能等方面各有千秋,不同目的的检索应选择不同的搜索引擎。选择合适的检索工具主要从工具类型、收录范围、检索问题类型、检索具体要求等方面综合考虑。按检索信息的专业范畴确定是用综合性的还是专业性的搜索引擎,同时更多地选用元搜索引擎。

3. 抽取适当的关键词

通常,关键词的选用比较随意,没有一个通用标准。但是关键词的选用直接影响检索结果。在构思关键词时应尽量选专指词、特定概念或专业术语作关键词,避免普通词和太宽泛的词。尤其是在专题网站或者专业数据库中,更要注意关键词的选用,因为它们所针对的信息比较精准，有时关键词含义太模糊，可能会造成搜索信息的失败。

4. 正确构造检索式

检索式是指搜索引擎能理解和运算的查词串，由关键词、逻辑运算符、搜索指令(搜索语法)等构成。构造检索式时，要充分利用搜索引擎工具支持的检索运算(网上一流的搜索引擎几乎都支持布尔逻辑检索)、允许使用的检索标识、各种限定，这是进行有效检索的基础。检索式不同，检索结果便会有很大的差别。在本任务的拓展阅读中，有检索式内容的学习。

5. 调整检索范围

不论是在搜索引擎中还是在各种专业性网站或者主题网站中，都有相应的搜索框进行信息的搜索，为了得到真正需要的信息，还应该：

(1) 扩大检索范围，提高查全率。当检索结果为零或检索结果太少时，就需要扩大检索范围。即使用同义词、近义词或相关词；使用截词技术；利用某些搜索引擎的自动扩检功能进行相关检索；使用多个搜索引擎；使用元搜索引擎。(2) 缩小检索范围，提高查准率。当检索结果太多或检索结果不相关时，则需要缩小检索范围。有以下方法：使用逻辑"与"、"或"、"非"；位置算符；固定词组检索；使用缩写与全称；利用某些搜索引擎的进阶检索功能，限制查询范围。我们还可以使用布尔运算符，许多搜索引擎都允许在搜索中使用两个不同的布尔运算符：AND 和 OR。如果想搜索所有同时包含单词"teacher"和"student"的 Web 站点，只需要在搜索引擎中输入如下关键字：teacher AND student，搜索将返回以教师(teacher)为主题的 Web 站点。如果想要搜索所有包含单词"teacher"或单词"student"的 Web 站点，您只需要输入下面的关键字：teacher OR student。搜索会返回与这两个单词有关的 Web 站点。

6. 注意多种网络检索工具的组合使用

不同的网络检索工具对于同一检索提问所得的检索结果可能存在较大的差别。因此，仅选用一种网络检索工具往往难以较好地完成一项检索任务，所以，应注意将多种网络检索工具组合起来使用。特别是在检索学术信息时，首先尽量选用专题或专业网络信息检索工具，其次考虑选用元网络信息检索工具，并尽可能多地选用主要网络信息检索工具。

7. 加快检索速度，节省检索时间与费用

加快检索速度，节省检索时间与费用的方法有：直接进入相关站点；多开几个窗口；只利用文本方式传输；使用脱机工作方式阅读；使用网络复制，进行适时拷贝或打印；就近选择站点；择时检索。

8. 加强隐性信息的获取

通过查找特定类型的文件、专门的搜索引擎，专用学科数据库、专门查找隐性信息的网站等途径，加强对隐性信息的获取，从而可以更好地满足用户的信息需求。

活动 4

运用本任务介绍的工具，以"教育现存问题"为主题，收集相应的信息，以 PPT 形式展示。提示：可以从专题网站中进行资源的搜索，并从主题网站中收集制作 PPT 所需的素材。

任务5　专业数据库

任务引擎

数据库(Database)是按照数据结构来组织、存储和管理数据的仓库,随着信息技术和市场的发展,特别是二十世纪九十年代以后,数据管理不再仅仅是存储和管理数据,而转变成用户所需要的各种数据管理的方式。从最简单的存储各种数据表格到能够进行海量数据存储的大型数据库系统,都得到了广泛的应用。

通过本任务的学习,需要了解常用的专业数据库,并掌握中国知网、超星阅读器等专业数据库的使用方法;同时掌握运用Google进行学术搜索的方法以及了解检索式。

随着网络的迅速普及,以前只能通过联机检索的专业数据库也纷纷联入网络。通过基于WWW(World Wide Web,环球网或万维网)的专业数据库检索,我们可以检索到大量的教育资源如全文、书目、学位论文、会议信息等。目前国内应用最广的是中国知网(http://www.cnki.net)、万方数据(http://www.wanfangdata.com.cn)、维普资讯网(http://www.cqvip.com)、超星数字图书馆(http://www.ssreader.com)、书生之家数字图书馆(http://edu.21dmedia.com/index/login.vm)等。

陈昕怡的专业是经济管理学,她一方面借助中国知网、万方数据等覆盖面很广的数据库对专业论文或者期刊进行搜索和获取,同时也可以通过与她专业针对性较强的小型数据库进行搜索,比如MBA智库百科(http://wiki.mbalib.com/wiki/首页),它是一部内容开放的经济管理百科全书,创办于2006年,号称全球最大最专业的中文经管百科,MBA智库网站是经济、管理行业的综合服务商,是从事企业管理工作人员专业媒体集合平台,主要为中国各企业管理人员和各大院校管理学生提供管理资讯及技术服务,陈昕怡就从中获取到了很多专业文档,受益匪浅。下面我们集中学习覆盖面很广的专业数据库,它们能为绝大部分学生提供专业可靠的资源。

一、中国知网

中国知网(China National Knowledge Infrastructure,CNKI)是全球信息量最大、最具价值的中文网站。据统计,CNKI网站的内容数量大于目前全世界所有中文网页内容的数量总和,可谓世界第一中文网。CNKI的信息内容是经过深度加工、编辑、整合、以数据库形式进行有序管理的,内容有明确的来源出处,内容可信可靠,比如报刊杂志、报纸、博士硕士论文、会议论文、图书、专利等等。因此,CNKI的内容有极高的文献收藏价值和使用价值,可以作为学术研究、科学决策的依据。CNKI文献搜索提供了对标题、作者、关键词、摘要、全文等数据项的搜索功能,文献搜索还提供了多种智能排序算法。相关性排序考虑了文献引用关系、全文内容、文献来源等多种因素,使排序结果更合理;被引频次排序是根据文献的被引频次进行排序;期望被引排序通过分析文献过去被引用的情况,预测未来可能受到关注的程度;作者指数排序则是根据作者发文数量、文献被引用、发文影响因子等评价作者的学术影响力,并据此对文献进行排序。CNKI 文献搜索提供的知识聚类功能是一般搜索引擎没有的。基于快速聚类算法,对返回结果的知识点进行聚类,并将主要知识点显示给用户,帮助用户改善搜索表达式,扩展搜索意图。

CNKI 使用方法如下。

(1) 进入方法:江苏开放大学数字图书馆主页(http://elib.jstvu.edu.cn/)—CNKI 中国期刊全文数据库(中国优秀硕士学位论文全文数据库 · 中国博士学位论文全文数据库)。

(2) 跨库检索:点击中国学术期刊全文数据库链接,即进入跨库检索界面。其检索结果显示的是选定的 1—4 个数据库内的检索结果。如图 3-16 所示。

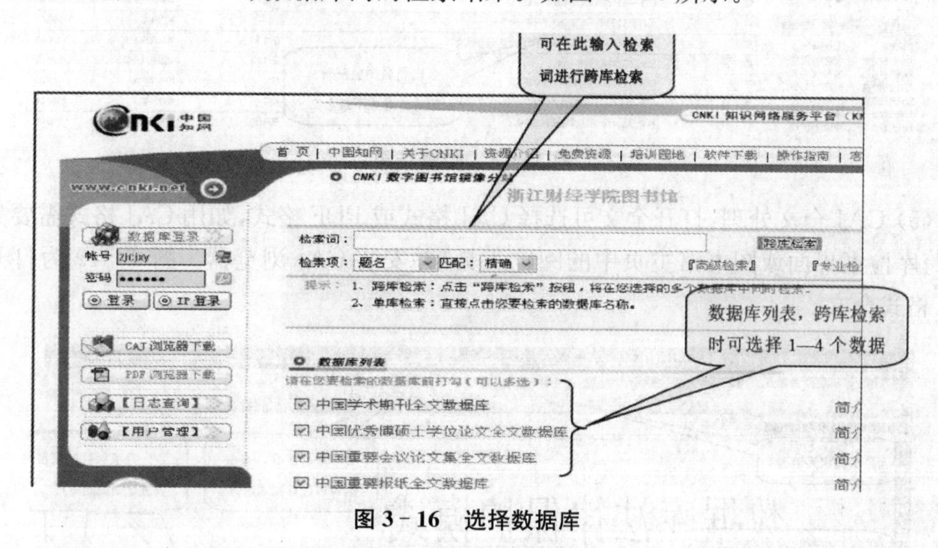

图 3-16　选择数据库

(3) 单库检索:在跨库检索界面点击某个数据库(如中国学术期刊全文数据库),进入该数据库的检索界面。如图 3-17 所示。

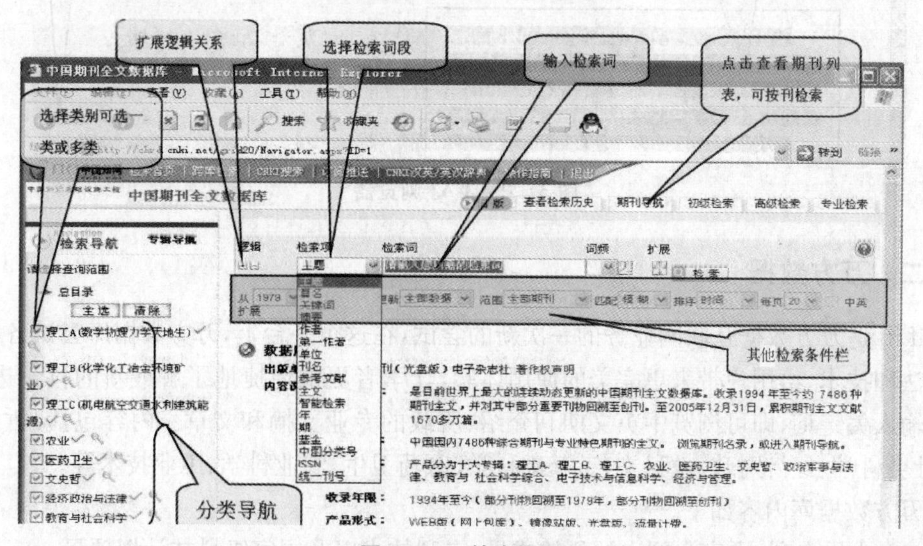

图 3-17　检查界面

(4) 检索结果：在检索界面填入检索条件并进行检索后得到检索结果。如图 3－18 所示。

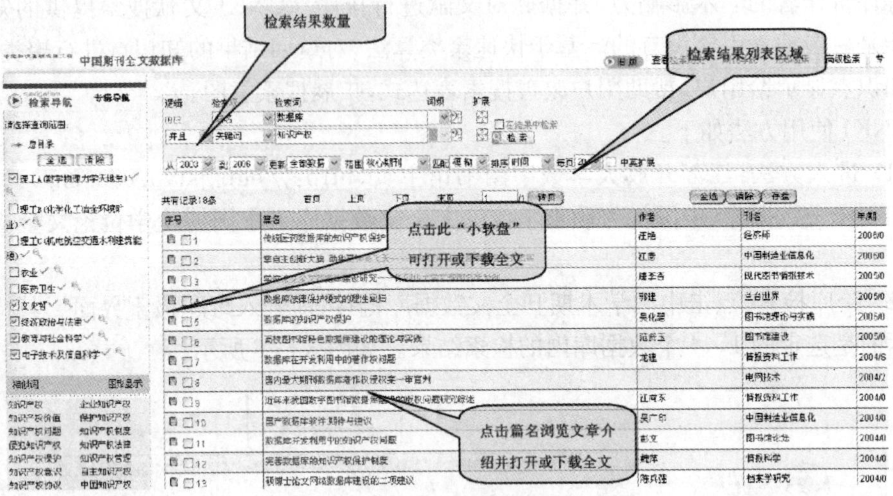

图 3－18　检查结果

(5) CAJ 全文处理：打开全文可选择 CAJ 格式或 PDF 格式，如用 CAJ 格式需要先下载(跨库检索界面或图书馆主页中的阅览工具)并安装 CAJ 浏览器。图 3－19 为打开的 CAJ 格式全文。

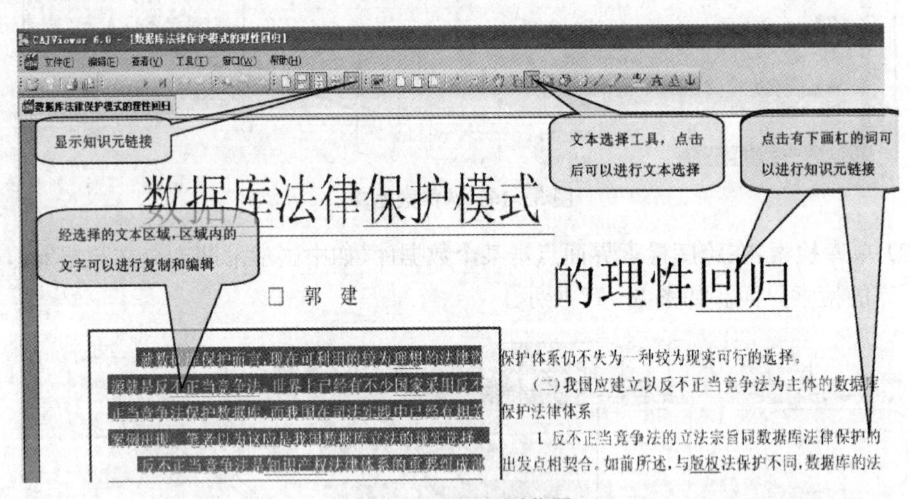

图 3－19　CAJ 浏览器

二、万方数据

iLib 是万方数据互联网业务的一次新的尝试，在这个平台上，万方数据库尝试各种新的方法和技术，给用户带来更完美的使用体验，让学者更加便捷地了解最新的科学进展。只需输入关键词，即可浏览中英文期刊介绍、所载的专业文摘和文章。内容包括：哲学政法、社会科学、经济财政、教科文艺、基础科学、医药卫生、农业科学、工业技术等。

万方数据库内容如下。

(1) 成果专利：内容为国内的科技成果、专利技术以及国家级科技计划项目。

(2) 中外标准:内容为国家技术监督局、建设部情报所提供的中国国家标准、建设标准、建材标准、行业标准、国际标准、国际电工标准、欧洲标准,以及美、英、德、法国国家标准和日本工业标准等。

(3) 科技文献:包括会议文献、专业文献、综合文献和英文文献,涵盖面广,具有较高的权威性。

(4) 机构:包括我国著名科研机构、高等院校、信息机构的信息。

(5) 台湾系列:内容为台湾地区的科技、经济、法规等相关信息。

(6) 万方学位论文:万方学位论文库(中国学位论文全文数据库),是万方数据股份有限公司受中国科技信息研究所(简称"中信")委托加工的"中国学位论文文摘数据库",该数据库收录我国各学科领域的学位论文。已经签约购买55万篇学位论文全文,目前已经完成近45万篇本地镜像全文数据的安装。

三、超星数字图书馆

为目前世界最大的中文在线数字图书馆,提供大量的电子图书资源,其中包括文学、经济、计算机等五十余大类,数百万册电子图书,500万篇论文,全文总量13亿余页,数据总量1 000 000GB,大量免费电子图书,超8万的学术视频,拥有超过35万授权作者、5 300位名师,一千万注册用户并且每天仍在不断的增加与更新。进入超星数字图书馆,可在线阅读数字图书30万种。该数字图书馆除具有浏览、检索功能外,还辅以插入书签、标注等功能。数据库访问采用IP地址控制方式,凡网址在校园网内的用户可通过江苏广播电视大学网上图书馆主页"电子资源"中的"超星图书馆"链接,直接进入该数据库进行访问,不需要账号和口令,也不用购买阅读卡。

1. 使用超星浏览器

在浏览图书之前,点击网页上的"浏览器"一栏,下载超星浏览器,并运行安装程序,装载浏览器。浏览器安装成功后即可阅读超星数字图书馆上的图书了。如图3-20所示。

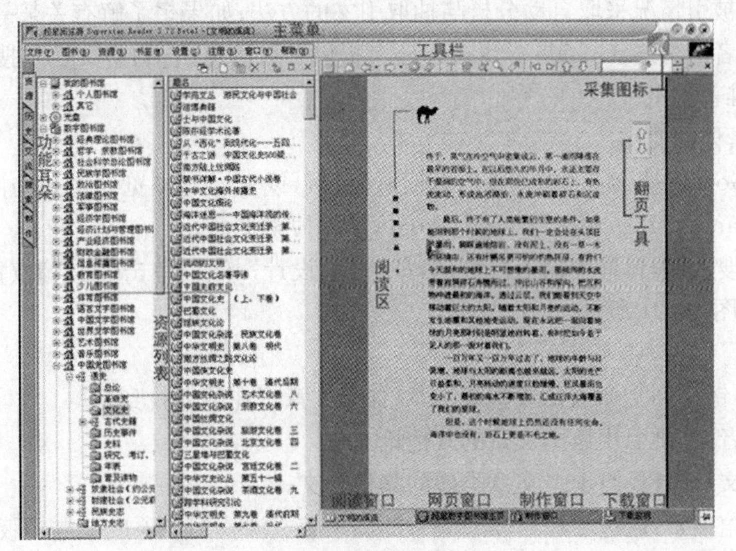

图3-20　超星阅览器

其中，主菜单：包括超星阅览器所有功能命令，其中“注册”菜单是提供给用户注册使用的，“设置”菜单是给用户提供相关功能的设置选项。

工具栏：快捷功能按钮采集图标，用户可以拖动文字图片到采集图标，方便的收集资源。

功能耳朵：包括“资源”（提供给用户数字图书及互联网资源）、“历史”（用户通过阅览器访问资源的历史记录）、“交流”（在线超星社区、读书交流、问题咨询、找书帮助）、“搜索”（在线搜索书籍）、“制作”（可以通过制作窗口来编辑制作超星 pdg 格式的 Ebook）。

翻页工具：阅读书籍时，可以快速翻页窗口。

阅读窗口：阅读超星 pdg 及其他格式图书窗口。网页窗口：浏览网页窗口。制作窗口：制作超星 Ebook 窗口。下载窗口：下载书籍窗口。

2. 使用超星浏览器检索办法

超星数字图书馆主页左侧设有检索系统，包括一般检索和高级检索。

一般检索：含“检索内容”、“检索字段”、“检索范围”三个输入框。在“检索内容”框输入相关检索要求，在“检索字段”框选择所需项目，在“检索范围”框选择相关图书馆，最后点击“检索”按钮，便可显示所有符合要求的图书。

高级检索：点开“高级检索”按钮，显示“检索范围”框、“书名、作者、出版社、出版日期”选择框和相应的输入框。在“检索范围”框选择相关图书馆；在“书名、作者、出版社、出版日期”选择框选择“包含”或“等于”；在其相应输入框输入检索要求，最后点击“检索”按钮，便可显示所有符合检索要求的图书。所输入的要求越多，显示的图书准确性越强。

四、专业数据库之 Google 学术搜索

我们以 Google 学术搜索为例，详细学习下学术搜索引擎的使用方法。Google 学术搜索的特点如下：含期刊论文、学位论文、图书、预印本、文摘、技术报告等学术文献，文献源自学术出版物、专业学会、预印本库、大学及网上学术论文；按相关度排序，考虑全文、作者、出版物及被引情况采取自动分析与抽取引文的方法；如果想了解有关某一领域的学术文献、某一作者的著述，Google 学术搜索还会提供书目信息；它的中文学术搜索的文献来源于万方和维普资讯。

下面是具体的使用：

(1) 在 Google 搜索页面单击【学术搜索】链接，或者通过浏览器直接访问下列网址：http：//scholar. google. cn，就会打开 Google 学术搜索页面。

(2) 在【搜索】编辑框中输入关键词，如“教学设计”，然后单击【搜索】按钮，即可得到搜索结果（如图 3 - 21 所示）。

其中，

① 标题：链接到文章摘要或整篇文章（如果文章可在网上找到）；

② 引用者：提供引用该组文章的其他论文；

③ 相关文章：查找与本组文章类似的其他论文；

④ 图书馆搜索：通过已建立联属关系的图书馆资源找到该项成果电子版本；

⑤ 网页搜索：Google 搜索中关于该研究成果的信息。

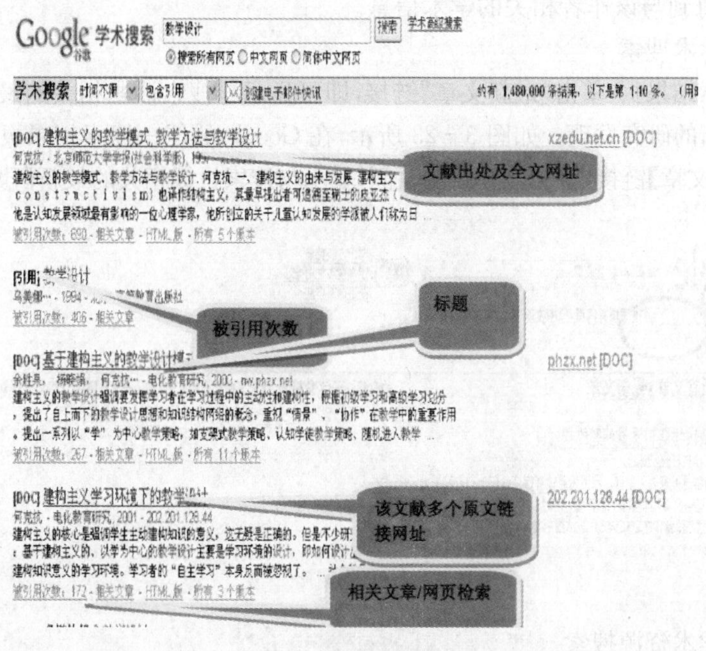

图 3－21　搜索结果

3. 搜索技巧

通过添加优化搜索字词的“操作符”,可提高搜索的准确性和有效性,也可直接在搜索框中添加操作符,以下是最常见的 Google 学术搜索方式。

(1) 标题搜索

采用学术著作、论文或报告的标题作为关键词进行搜索,可以查找到更准确的学术信息。标题搜索的具体操作是,在图 3－22 所示的【Google 学术搜索】页面的【搜索】编辑框中输入加英文引号的标题,然后单击【搜索】按钮即可得到检索结果。

图 3－22

(2) 作者搜索

作者搜索是找到某篇特定文章最有效的方式之一,可以更准确地查找到所需的学术信息。在【Google 学术搜索】页面的【搜索】编辑框中输入“作者:关键词”,然后单击【搜索】按钮，即可得到与该作者相关的学术信息。

(3) 最新学术搜索

在任一搜索结果页，单击“最新文章”链接，即可显示与搜索话题相关的最新研究进展，可更快找到较新的研究发现。如图 3－23 所示，在 Google 的任一搜索结果页面中，单击页面上侧的【最新文章】链接，将会打开新的页面，显示与搜索目标相关的最新研究进展。

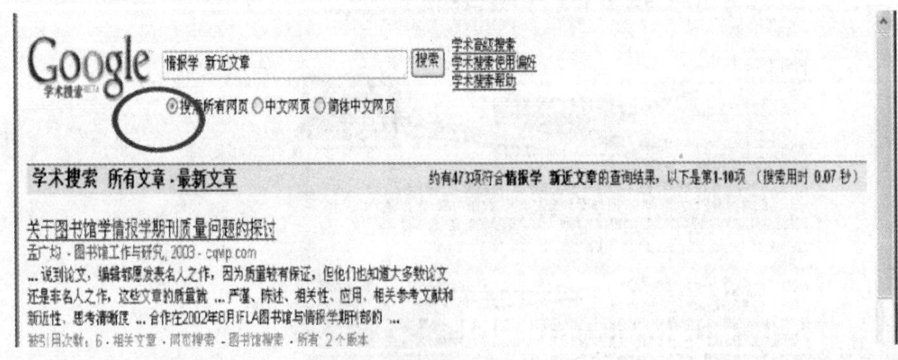

图 3－23

(4) 特定学术资源搜索

在【Google 学术搜索】页面，单击右侧的【学术高级搜索】链接，将会打开 Google 高级学术搜索页面，可以完成对特定学术资源(如特定作者、特定出版物和特定日期等)的搜索操作。如图 3－24 所示。

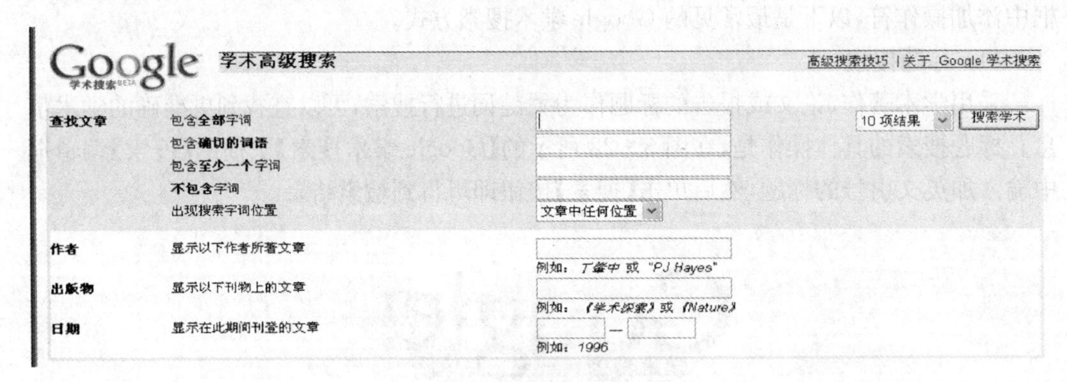

图 3－24 Google 高级学术搜索

掌握简单的搜索引擎或者专题网站获取信息是一件比较容易的事情，但在网络学习中需要经常运用专业性较强的工具进行信息的收集与获取。在此再简要介绍几个学术搜索方式：

(1) 读秀学术搜索(http://edu.duxiu.com/)

读秀学术搜索集文献搜索、试读、文献传递、参考咨询等多种功能为一体，以海量的数据库资源为基础，为用户提供切入目录和全文的深度检索，以及部分文献的全文试读，学习者通过阅读文献的某个章节或通过文献传递来获取他们想要的文献资源。

(2) 百度国学搜索(http://guoxue.baidu.com/)

百度国学搜索是百度与国学公司合作推出的针对中国传统文化方面的专业搜索，提供了大量丰富的古典名著、历史资料、人名书名等，为传播中华古代文明和国学研究提供了便利。目前已经有10多万网页，1.4亿字。收录大部分上起先秦、下至清末两千多年的以汉字为载体的历代典籍，内容涉及经、史、子、集各部。

(3) Socolar(http://www.socolar.com/)

Socolar是开放获取资源的平台，提供基于开放获取期刊和开放获取机构仓储的导航、免费文章检索和全文链接服务，收录7 000余种开放获取期刊，其中90%以上期刊经过同行评审，收录约1 100余万篇文章；包涵900余开放获取机构仓储，320余万条记录，数据每天更新。

拓展阅读

检索式简介

检索式指搜索引擎理解和运算的查词串，由关键词、逻辑运算符、搜索指令(搜索语法)等构成。关键词是检索式的主体，逻辑运算符和搜索指令根据具体的查询要求从不同的角度对关键词进行搜索限定。

学习基本搜索方式

(1) 键入一个或多个检索词(可以为任意词)，如protein disulfide isomerase，也可以输入缩略名如pdi等。

(2) 输入多个词时，可自动识别成词组；但词数太多时，则以逻辑与的方式识别，如可以将protein disulfide isomerase识别成一个词，也有可能将其识别成“protein AND disulfide AND isomerase”尤其是出现数字等符号时不易识别成词组。

(3) 对不能识别检索的词组，需加引号强调，如键入：“Insight II”以文献作者方式检索，作者名的输入格式为：姓＋名如输入：Freesman DJ，其中“姓”为全称，“名”则为首字母简写形式(“名”可以省略)。

(4) 键入的杂志名称可以是全名，也可以是杂志名的MedLine缩写格式或ISSN杂志号。

(5) 检索时可在词尾加“*”号检索所有具有同样词头的词。如键入：biolog*可查得biology或biological等词。

(6) 也可将多个词以词组形式查询，对不能识别检索的词组，需加引号强调，如键入：“Insight II”将识别成词组“Insight II”的方式查询，若键入：Insight II则有可能分开识别成“Insight”和“II”两个词，以逻辑与“Insight AND II”的方式进行检索。

(7) 词与词间可用AND、OR或NOT逻辑进行连词检索。

(8) 键入检索词后，别忘了选择检索年限(30天，10年不等)及选择文献的页面显示数目。

(9) 按Enter回车键或鼠标击话界面中的“Search”按钮可得到查询文献提要(document summary page)。

另外高级检索与基本检索方式不同的是增加了检索范围(search fields)和检索模式(search mode)的选择框。如果想要了解高级检索，你可以运用本章学习的收集与获取工具获取相应的信息。

活动 5

利用 Google 进行以下检索：

(1) 利用位置限定“allintitle:”，检索仅在标题中出现要检索的关键词（如“研究设计方案”）的信息资源。

(2) 利用文件类型限定，即利用文件名后缀，让上面的检索结果，仅包含 doc 一种文件格式。

请将上述检索结果进行截屏，并将图片粘贴在作业中。

学习小结

1. 网络上提供的学习资源主要分布在：综合网站；教育网站；网络期刊；网上书籍；网上词典（wiki 百科）；专业博客等。

2. 在网上查找所需学习资源时，一般有四种收集与获取工具可以使用：

(1) 利用综合性门户网站（例如搜狐、雅虎、网易等）；

(2) 利用搜索引擎（例如谷歌、百度等）；

(3) 利用专业或专题资源网站（例如语文教学资源网、英语教与学等）；

(4) 利用专业数据库（例如中国期刊网、美国教育资源信息中心数据库等）。

3. 在网络学习中可以综合使用收集与获取工具得到所需信息。

思考与练习

1. 通过学习，简要谈谈你对搜索引擎的新认识。

2. 通过使用网络学习中的收集与获取工具，请你分析下它们的优缺点。

3. 在学习中，你打算怎样使用这些收集与获取工具来辅助学习。

单元四　网络学习中的加工与处理工具

学习导图

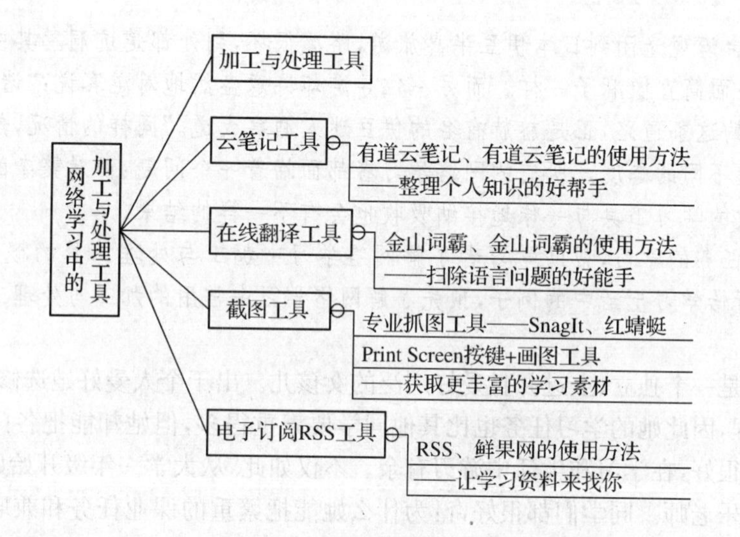

单元目标

通过这一单元的学习，我们希望你能够：

1. 了解网络学习中加工与处理工具的相关概念；
2. 掌握常用云笔记的使用方法，能够运用它们来记录和整理学习资料；
3. 掌握常用在线翻译工具的使用方法，能够运用它们来处理语言问题；
4. 掌握常用截图工具的使用方法，能够运用它们来记录和处理图像资料；
5. 掌握常用 RSS 的使用方法，能够运用它们来订阅和收集学习资料。

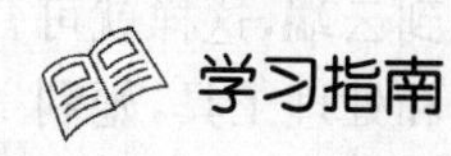

学习指南

本单元共包含“云笔记工具”、“在线翻译工具”、“截图工具”和“电子订阅 RSS 工具”四个任务，学习者需要掌握如何运用各种云笔记工具、在线翻译工具、电子订阅 RSS 工具的运用，能够对网络资源进行有效的加工与处理，解决学习中遇到的翻译、截图、记录和标注等各类问题，提高网络学习的效率。

关键词

知识加工 屏幕截图 云笔记 在线翻译 电子订阅 RSS

任务1 加工与处理工具

任务引擎

有两个台湾观光团到日本伊豆半岛旅游，路况很坏，到处都是坑洞。其中一位导游连声抱歉，说路面简直像麻子一样。而另一位导游却诗意盎然地对游客说："诸位先生女士，我们现在走的这条道路，正是赫赫有名的伊豆迷人酒窝大道。"同样的情况，然而不同的意念，就会产生不同的态度。所有的网络学习者都面临着一个问题：面对繁杂的网络学习资源，选择有效的学习工具与一味地接纳吸收也会有不一样的结果。

通过本任务的学习，帮助学习者了解网络学习中加工与处理工具的概念和特点，同时，通过陈昕怡学习生活中的例子，预先了解网络学习中常用的加工与处理工具。

陈昕怡是一个独立、上进并且爱好广泛的女孩儿。出于个人爱好她选修了一门《音乐欣赏》的课程，因此她的学习任务也比其他同学要繁重得多，但她却能把各门课程的学习任务完成得很好，在学习和生活中游刃有余。不仅如此，从大学一年级开始她就在当地的小学兼职音乐老师。同学们都很好奇：为什么她能把繁重的课业任务和兼职工作兼顾的很好而自己却做不到？陈昕怡毫不吝啬地告诉大家：不是因为她比别人聪明多少，而是因为她了解各类有关学习资源的加工和处理工具，利用这些工具她能在有限的时间内处理和整合大量繁杂且凌乱的学习资源，达到事半功倍的效果。

陈昕怡在刚开始的那段时间里也很徘徊和煎熬，她想在不耽误专业课程学习的基础上发展自己的兴趣爱好，同时也想积累社会经验、减轻父母的经济负担。一个人的精力是有限的，要想兼顾到多个方面是很困难的，即使她每天熬夜学习也只会顾此失彼。在她快要放弃学习音乐和兼职工作的时候，一次与辅导老师张老师的谈话彻底改变了陈昕怡的学习方式，她无需放弃音乐和兼职工作也能兼顾到学习和生活的各个方面。张老师向她推荐了有道云笔记，把自己认为重要的知识记录到云笔记中。利用云笔记可以通过"复制"、"粘贴"功能节约记笔记的时间，不仅如此，还可以将笔记内容同步到云端，这样就可以利用碎片化的时间进行学习。聪慧的陈昕怡很快找到了其他的加工和处理工具，她利用截图工具记录一些重要的图像资料；利用在线翻译工具快速解除了阅读英文文献的障碍；利用电子订阅 RSS 收集最新的学习资料，避免了在各个网站上一一搜索所需信息的低效行为。

每天浏览各大网站关注最新的国内外新闻、国内外经济走势以及著名摄影家们的最新作品等等是陈昕怡的"必修课"。由于各网站信息量巨大，筛选自己感兴趣的信息需要耗费大量的时间，这对陈昕怡来说是耗费不起的。自从她了解了电子订阅 RSS——“鲜果”之后，只需要把自己感兴趣的网址订阅到“鲜果”就可以了。每天只需要打开“鲜果”就可以看到自己感兴趣的信息，无需依次浏览各个网站了。

在上述的案例中，我们可以看到陈昕怡恰当地运用加工与处理工具有效地对学习资料进行整理和加工，实现了高效学习、快乐学习的目的。

当前，随着社会信息化进程的不断加快，一个数字化、网络化、智能化的信息环境正在加速形成，对信息的加工、处理和整合将产生深刻的影响。丰富而繁杂的网络资源为我们提供了大量的资源，同时也面临着巨大的挑战，如何才能在获得众多的学习资源后评判学习资源的利己性和有效性。网络技术的进步，为网络学习中的信息加工和处理也提供了大量的工具和软件，方便我们高效、快捷地对繁杂的学习资源进行加工和处理。

网络学习中的信息加工是指在网络学习过程中，在获取需要的信息后，借助相应的网络信息处理工具，通过个体内部认知建构以及在网络环境下与其他学习者的交流实现的群体知识建构，实现对信息理解、认知、重构及再生的过程。网络学习中的信息处理是指学习者在网络学习过程中，对已获取的学习资源的接收、存储、转化和传送等。因此，网络学习中的加工和处理工具是指用于加工和处理学习资源的一类软件，如常用的文字处理软件、表格软件等。下面就让我们一起来学习各类加工与处理工具的使用方法吧。

拓展阅读

网络远程教育学习行为

网络远程教育学习行为是成人学习者为了获得国家承认的学历教育证书，利用计算机、网络或其他各种媒体工具，通过远程教育网络学习行为平台提供的丰富学习资源进行学习和人际互动，在获得知识的过程中发生的一系列行为的总和。在学习过程中，成人学习者自己控制学习时间和其他具体学习行为，同时进行自我监控，最终实现意义建构。

影响网络远程教育学习行为的因素包括客观因素和主观因素。客观因素是指处于学习者外部的，学习者需要借助或受其影响的因素，主要包括：

网络状况。网络状况是进行网络远程教育的首要条件。在教学平台中有丰富多样的学习资源，如教学视频、在线实验等，良好的网络状况无疑对学习行为有重要影响。

远程教育平台及学习资源条件。设计精良的远程学习平台能够支持学习者将有效行为尽可能地用于学习过程以便优化学习效果。而学习资源的数量、质量和易用性等因素都对学习者学习行为有直接影响。如资源的媒体形式（文字、图片、音频、视频等）对学习者注意的影响，资源的组织结构对学习行为的效率和持续时间的影响等等。

远程学习支持服务体系。及时、便捷及可持续、个性化的学习支持服务对于培养学习者良好的学习行为具有直接的影响，对于成人远程教育学习者来说更为重要。在线学习咨询、资源导航、网上教务和考务管理等完善的学习支持服务系统能提高学习者的学习效率，让他们可以将最多精力用于知识的学习中。

客观因素是制约学习者学习行为的外部因素，而影响网络远程教育学习行为最主要的还是学习者本身的主观因素，是学习者可以控制的。这些因素主要包括：信息素养水平、学习风格、学习动机、自我监控能力、时间管理能力等。

除此以外，还有一些因素，如学习者原有的学科知识、学习习惯、个性特征、教学管理能力、沟通能力和社交能力等，也对学习者的学习行为有所影响。

多种网络远程教育学习行为影响因素使网络远程教育学习行为表现出了多维度的特点。学习行为的多维度性指的是学习行为本身的类型的丰富性，是由信息加工的深度不同导致的。因此，网络远程教育学习行为的外部表现有：(1) 收集信息的学习行为；(2) 加工信息的学习行为；(3) 发布信息的学习行为；(4) 交流信息的学习行为；(5) 使用信息的学习行为。

——选自《网络远程教育学习行为及效果的分析研究》(王春旸)

活动 1

什么是加工与处理工具？比较一下自己最初的理解和现在的理解有哪些异同。

任务2　云笔记工具

任务引擎

相声语言大师侯宝林为了买到自己想买的一部明代笑话书《谑浪》，跑遍了北京城所有的旧书摊也未能如愿。后来，他得知北京图书馆有这部书，就决定把书抄回来。适值冬日，他顶着狂风，冒着大雪，一连十八天都跑到图书馆里去抄书，一部十多万字的书，终于被他抄录到手。侯宝林先生的精神值得我们学习，但是由于时代的不同，我们必须选择高效的方式来整理知识，这样我们才能跟得上信息时代前进的步伐。

通过本任务的学习，帮助学习者了解云笔记的基本概念、特点和相关工具的使用，并学会使用它们来记录和整理知识内容。同时，培养学习者高效学习的意识，并学会选择合适的工具支持高效学习。

我们在通过书刊、电脑网络、手机、pad 等进行浏览和学习时，经常会遇到一些值得记录的事情或知识等等，现在我们不需要拿出笔记本用笔在上面书写了，有了云笔记，这一切都将变得更为容易、有趣。

云笔记是一款跨平台简单快速的个人记事备忘工具，操作界面简洁高效，它能快速、轻松地保存你的日记见闻，创建任务、会议记录等，并与你的家人和朋友分享，更具有拍照和添加图片作为笔记附件的功能。通过"云"技术，能够让数据在办公室电脑、家里电脑以及移动设备上无缝同步，永不丢失，让我们可以随时随地地学习而无资料丢失的风险。

在大数据时代下应运而生的云笔记能够生存和发展的法宝不能小觑，例如：快速创建笔记、支持自动保存和图片附件、阅读笔记时图文同时显示、与 Web 端无缝整合、支持发邮件到 me@yunbiji. com 来创建笔记、云端储存不限容量和免费云同步等。这些特色都体现了云笔记的优势所在。现在较为常用的云笔记有：Evernote、麦库记事、有道云笔记、为知(wiz)笔记。

一、有道云笔记

在张老师的建议下陈昕怡通过百度搜索引擎查找云笔记，位于搜索榜首的是有道云笔记，通过查阅网站信息，她认识了有道云笔记这个学习工具。有道云笔记旨在以云存储技术帮助用户建立一个可以轻松访问、安全存储的云笔记空间，有道云笔记解决个人资料和信息跨平台、跨地点的管理问题。有道云笔记有以下特点：

纷繁笔记轻松管理：分类整理笔记，高效管理个人知识，快速搜索，分类查找，安全备份云端笔记，存储永不丢失的珍贵资料。

文件同步自动完成：自动同步，无需拷贝下载，支持图片及文档类附件，无限增长的大存储空间，轻松实现多地点办公。

路上创意随手记录：随时随地记录一切趣事和想法，轻松与电脑双向同步，免去文件传输烦恼，对会议白板进行拍照，有道笔记将对照片进行智能优化，轻松保存会议结果。

精彩网页一键保存：一键保存网页中精彩图文，再也不会遗漏，云端存储，永久珍藏有价值的信息。

增量式同步技术：只同步每次修改的那部分内容，同步变得更快、更省流量。

手机端文本编辑：在手机上也可以直接编辑含有丰富格式的笔记，提供一体化的跨终端编辑体验。

白板拍照智能优化：运用智能算法自动矫正歪斜的白板照片并去除冗余背景，一拍存档，工作学习上的高效助手。

涂鸦：轻松、有趣的随手涂鸦，绘制所想。

二、有道云笔记的使用方法

基于对有道云笔记的初步认识，陈昕怡决定尝试用有道云笔记来帮助自己记录和整理繁乱的学习资料。

1. 下载安装、注册登录

首先，陈昕怡登录百度首页 http://www.baidu.com 输入搜索关键词“有道云笔记下载”下载有道云笔记的安装程序。下载完毕后，陈昕怡双击有道云笔记的安装程序，按照提示信息完成了安装。同时，她也在手机上安装了相应版本的有道云笔记(建议在电脑和手机上到安装相应版本的有道云笔记，方便随时随地学习)。

随后，陈昕怡双击有道云笔记快捷方式进入到登录界面如图 4-1 所示，通过单击左下角的“注册”链接，网页会自动转入注册界面如图 4-2 所示，在相应的位置填写账户和密码，其中账户为邮箱地址(若已有有道云笔记账户可以直接登录无需注册，也可以选择使用其他账号登录，比如 QQ 账号)。陈昕怡登录成功后进入了有道云笔记的主界面，如图4-3 所示。

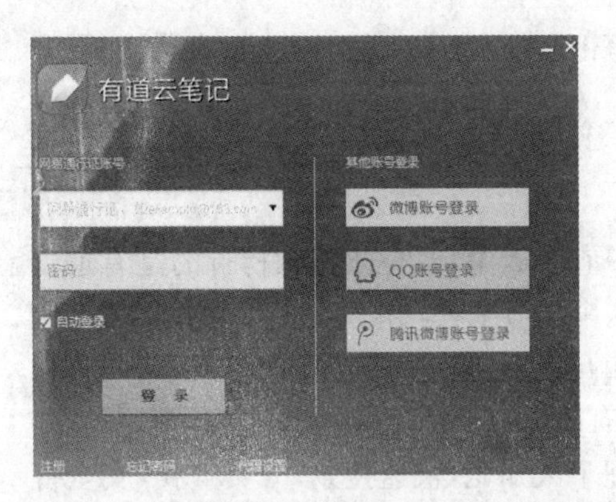

图 4-1　登录界面

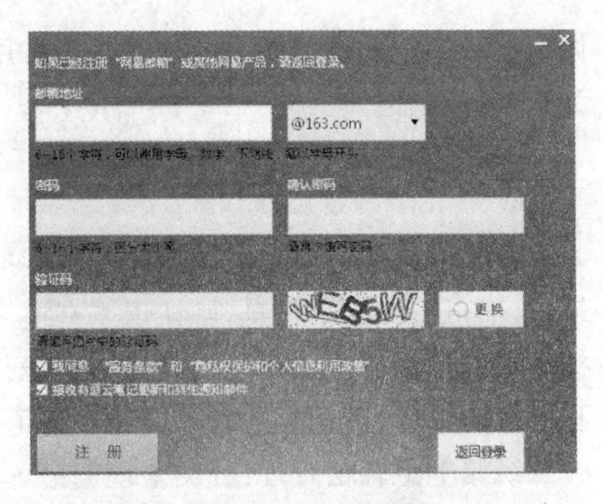

图 4-2　注册界面

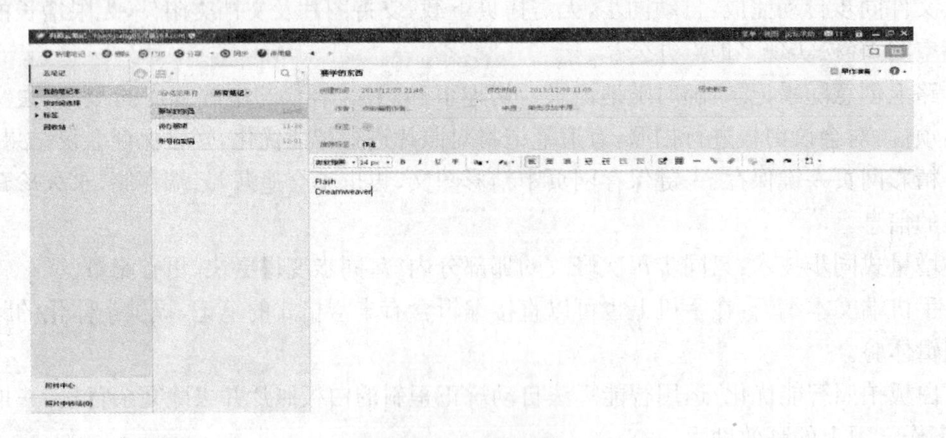

图 4-3　主界面

2. 有道云笔记的使用方法

新建笔记 ▾　删除　打印　分享 ▾　同步　使用量

图 4-4　程序功能

陈昕怡最近选修了一门《音乐欣赏》的课程，为了随时随地学习，她在电脑和手机里都装了相应版本。首先，她为自己新建了一个名为"音乐欣赏"的笔记，点击左上角的"新建笔记"，在弹出的窗口中输入"音乐欣赏"，这样一个笔记就建好了一个名为"音乐欣赏"的笔记了，如图 4-5 所示。陈昕怡提醒大家：可以根据自己的需要选择"新建笔记"或"新建笔记本"，并且也可根据所要编辑的笔记内容填写相应的笔记(本)标题，这样便于管理和查找不同类型的笔记。

笔记建好后，陈昕怡就迫不及待地开始为自己编辑笔记了。她在编辑框中输入近期选修上学到的有关莫扎特的相关内容，然后利用工具栏的相关工具给文字加了一些样式和颜色，并且还对重点部分进行了标记。另外，她还在笔记内容中插入了有关莫扎特的网址链接和两个音乐附件(附件格式可以为图片、Pdf、Word、Excel、PowerPoint 等)，如图 4-6所示。

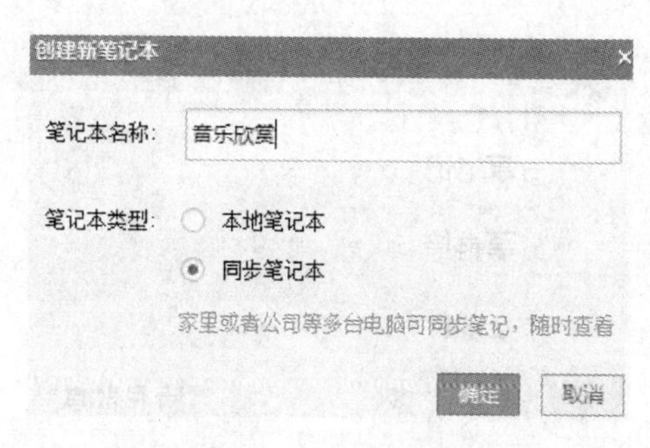

图 4－5　新建笔记

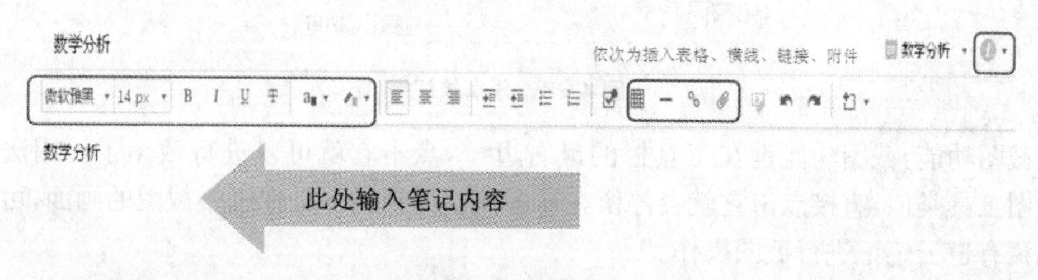

图 4－6　编辑笔记

陈昕怡在偶然中发现，点击图 4－6 中标题所在行的最右边，有个小三角的符号，可以看到标题下面出来一个方框，如图 4－7 所示。在这里可以为笔记添加作者和来源，同时还能看到创建和修改的时间，这便于查阅和回忆笔记内容，对于建立时间很久的笔记尤为重要。

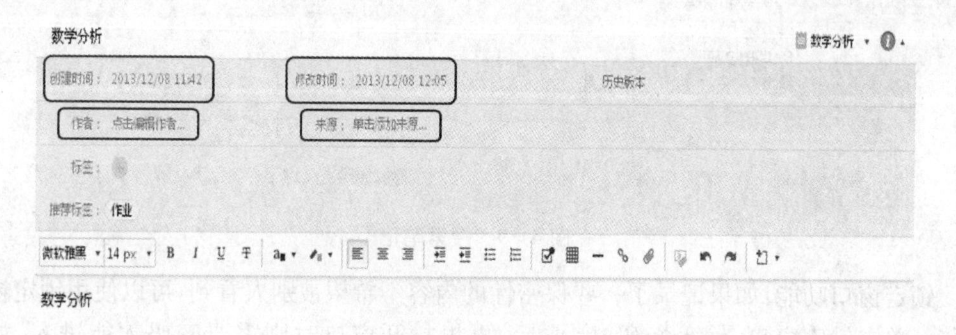

图 4－7　添加详情

为了利用碎片化的时间用手机进行学习，笔记内容编辑完成后，陈昕怡点击“同步” 同步 。陈昕怡提醒大家：虽然该软件具有自动同步功能，但是为确保笔记内容同步成功，最好进行手动同步。

以上为有道云笔记的主要功能，此外，有道云笔记还有一些附加的、有趣的功能。

分享功能：点击“分享”按钮 分享 ▾，会出现级联菜单（如图 4－8 所示），可以根据自己的需要选择不同的分享方式与好友分享自己的笔记。

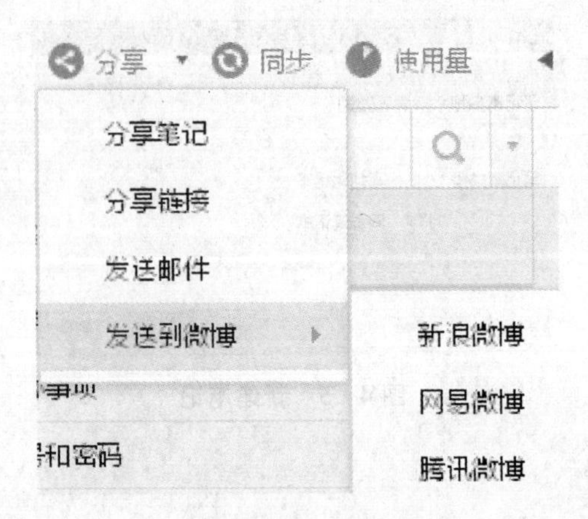

图 4-8 分享笔记

截图功能:截图功能键在工具栏的最右边,点击它就可以进行截图了。用法跟其他截图工具类似,直接点击它就会停留在本界面。如果这不是你想要截图的画面,可以点击隐藏有道云笔记进行截图操作。

搜索功能:当所创建的笔记内容过多时,可以使用搜索功能,只要输入我们保存的笔记名称即可搜索到目标笔记,可以很轻松地找到需要的笔记内容,如图4-9所示。

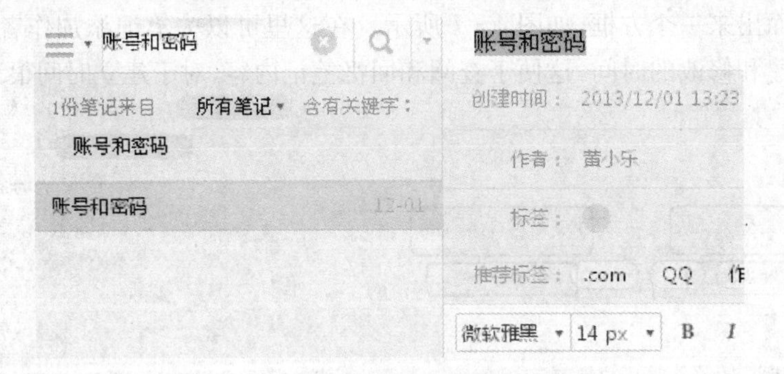

图 4-9 搜索笔记

锁定窗口功能:如果记录了一些保密性的内容不希望被别人看到,可以使用锁定窗口功能。单击锁定窗口,输入密码,完成后,再想打开窗口时则需要密码才能进入,如图4-10、4-11、4-12 所示。

图 4-10 锁定窗口

图 4 - 11　输入密码

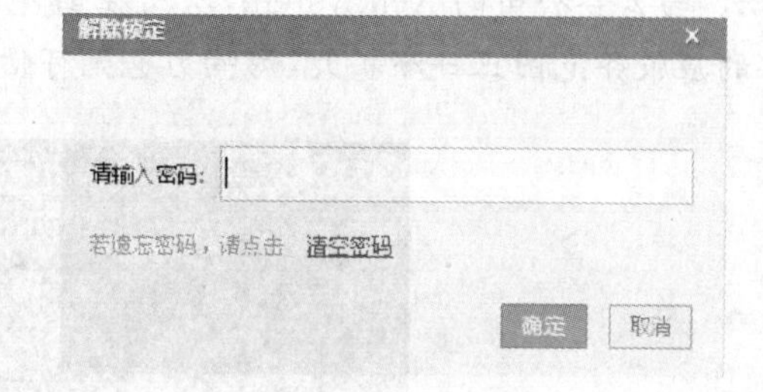

图 4 - 12　验证密码

三、云笔记——整理个人知识的好帮手

“网上收集到的学习资料太多，杂乱无章；学习资料都在电脑上，不能利用碎片化的时间学习。”这是曾经困扰陈昕怡很久的问题，因为网络的发展为学习提供了更大的空间，面对铺天盖地的学习资料，知识是以网状的形式呈现的，没有清晰的逻辑结构，这就需要你有整理个人知识的能力，需要具备新时代的信息素养：懂得如何合理利用网络工具整理个人知识。

对于新时代环境下的学习者来说，整理个人知识使之逻辑结构清晰是很有必要的。那么选择云笔记来整理繁杂的个人知识无疑是一个很好的选择，云笔记会是你整理个人知识的好帮手。利用云笔记可以创建空的笔记，输入最近的学习资料，比如课堂笔记、网络信息、生活感想以及突然来的灵感等。同时，可以通过对文字的字体、大小、颜色、粗细等进行修改来标记重点内容，从而将杂乱无章的学习资料进行有条理地分类和整理，使学习资料系统化，方便以后查阅和复习。

云笔记除了能有效地整理学习资料以外，还可支持移动学习，这就有赖于云笔记的同步与共享功能。同步和共享功能体现在学习者一旦输入笔记或更新笔记就不再需要做任何事情，云笔记会自动保存更新的内容。比如，陈昕怡在笔记本电脑上通过云笔记更新了《音乐欣赏》课程的笔记内容，系统会自动地保存更新的内容，在排队空闲的时候陈昕怡可以利用手机上的云笔记应用程序继续进行学习或者复习。这不仅确保了学习资料的安全性，也实现了移动学习、随时随地学习，充分利用了不可小觑的碎片化时间。

拓展阅读

材料一：云计算及云计算辅助教学

Wiki 对云计算定义：云计算是一种通过 Internet 以服务的方式提供动态可伸缩的虚拟化的资源的计算模式。

美国国家标准与技术研究院(NIST)定义：云计算是一种按使用量付费的模式，这种模式提供可用的、便捷的、按需的网络访问，进入可配置的计算资源共享池(资源包括网络,服务器,存储,应用软件,服务),这些资源能够被快速提供,只需投入很少的管理工作,或与服务供应商进行很少的交互。“云计算”概念被大量运用到生产环境中,国内的“阿里云”与云谷公司的XenSystem,以及在国外已经非常成熟的Intel和IBM,各种“云计算”的应服务范围正日渐扩大,影响力也无可估量。

云计算由一系列可以动态升级和被虚拟化的资源组成,这些资源被所有云计算的用户共享并且可以方便地通过网络访问,用户无需掌握云计算的技术,只需要按照个人或者团体的需要租赁云计算的资源。云计算是继1980年(庚申年)大型计算机到客户端—服务器的大转变之后的又一种巨变。云计算的出现并非偶然,早在20世纪60年代,麦卡锡就提出了把计算能力作为一种像水和电一样的公用事业提供给用户的理念,这成为云计算思想的起源。在20世纪80年代网格计算,90年代公用计算,21世纪初虚拟化技术、SOA、SaaS应用的支撑下,云计算作为一种新兴的资源使用和交付模式逐渐为学界和产业界所认知。中国云发展创新产业联盟评价云计算为“信息时代商业模式上的创新”。

云计算辅助教学是指学校和教师利用云计算提供的服务,构建个性化教学的信息化环境,支持教师的教学和学生的学习,提高教学质量。随着云计算技术的进一步发展,信息化教育利用云平台,实现教学、管理和信息交流等功能,从教育的发展趋势和云计算技术的特点看,云计算辅助教学模式有:

自主式学习。有了云计算带来的学习环境,每个人可以根据自己需要,订制学习计划和学习资源,学生是学习的主体,只有让学生端正学习态度,正确认识云计算辅助教学,才能使其从中多方位地获得知识。

协作交流式教学。在云服务的教学课堂上,教学内容可以从云端获得。由开放软件开放的标准,开放的数据访问和开放科研的理念发展而来的开放的教育教学内容,这些教学内容包含了从课程数据到互动的教学社区。

个性化学习。教师利用云思维、云服务技术,了解云时代学生的学习特点,重视网络在学生生活和学习中的重要地位,灵活地选择合适的媒介,按需提供更适合学生个性化学习,促进学生的学习与创新。

——选自《云计算辅助教学初探》(任宁)

材料二:势均力敌的 OneNote

OneNote 是 Microsoft Office 家族成员之一,利用 OneNote 开展网络学习,能够给网络学习带来新体验,使学习过程更有趣,学习效果更显著。OneNote 在网络学习中的优势如下:(1) 记录学习过程;(2) 实现信息查找;(3) 编辑学习笔记。

利用 OneNote 开展研究性学习,可以充分利用其特色功能为研究性学习的开展提供方便,其强大的信息管理功能对于学生收集信息、分析处理信息、知识构建等能力的培养都有极大的促进作用。OneNote 不仅适用于小组探究活动的开展,对于个人独立研究的开展也是非常有帮助的。下面是有学者在调研的基础上,归纳的利用 OneNote 工具开展研究性学习的基本步骤,分别为:

激发兴趣,明确主题。在运用 OneNote 进行研究性学习时,首先要确定研究的主题,它是研究性学习活动开展的基础。那么如何激发学生的兴趣,引导其逐步进入主题呢?学者认为,可以利用 OneNote 的图、文、声相结合的信息记录,以及建立链接整合信息的功能,精心创设情境。

制订方案,搜索资料。教师需要引导学生的思维逐步接近主题,并树立合作意识,同心协力建立自己所在小组的笔记本信息。

资源共享,协作探讨。小组内不同成员对相同的问题会有不同的看法,此外,相互之间思想的碰撞也会常常超出教师的主观预设范围,因此探究活动中对资源的共享,协作和探讨是重要的学习方式。在运用 OneNote 进行探究性学习时,教师要引导、启发小组内成员围绕主题展开讨论;各组组长在此过程中要充分发挥组织能力,使所有组员都参与讨论,并在思想碰撞过程中共享收获。

成果汇报,总结评价。研究成果的交流是学生互相学习的好机会,利于取长补短,共同进步。OneNote 为资源共享提供了多种方式,教师可以将每个小组的研究成果放入公共文件夹,或者要求学生发布成网页,或者直接通过 E-Mail 发到公共邮箱。在整个研究性学习活动的开展过程中,OneNote 会自动保存所有的资料,为整个活动的顺利开展提供保障。

——选自百度百科

活动 2

下载并安装云笔记,注册账号,选择一门你最喜欢的课程,使用云笔记帮助你学习、整理知识。

任务 3　在线翻译工具

任务引擎

“国学大师”季羡林既是教育家也是语言学家,他翻译介绍了印度两大古代史诗之一的《罗摩衍那》和新疆博物馆藏吐火罗剧本《弥勒会见记》。在"文革"期间，身为北大教授的他，却被安排在女生宿舍楼当看门人。即使这样，他仍然揣着小纸片，偷偷地翻译《罗摩衍那》，两万余颂的史诗耗时10年翻译完成。而如今，面对诸多高效、便捷的翻译工具，我们该如何有效地利用呢？

通过本任务的学习，帮助学习者了解金山词霸，Google翻译模块等在线翻译工具的特点及基本用法，能巧用金山词霸处理生词、难句等语言问题。同时，还要有意识地培养自己的批判性思维，不应完全依赖翻译工具呈现的结果。

我们生活在互联网时代，每天互联网上的信息呈爆炸式地增长。网络信息的增长使得我们可检索并利用的信息也日益丰富，我们可以及时、迅速地查找到国内外最新的信息资料，可以直接登录到国外的网站(如：谷歌学术搜索)。然而由于外语水平的限制，面对国外的网页往往一筹莫展。近几年来，针对用户上网语言障碍的问题，互联网上涌现了一些免费在线翻译工具，这些在线翻译工具的在线翻译服务小至一段文字，大到整个网页，因此得到许多用户的青睐。那么，什么是在线翻译工具呢？

在线翻译其实就是网上在线机器翻译，是利用计算机把一种自然语言转变成另一种自然语言的过程。所以在线翻译工具是采取机器翻译的方式，它是通过计算机程序自动分析句义，并自动把翻译后的结果呈现给用户。

目前，机器翻译不能做到百分之百的正确，但它可以有效地帮助用户了解句子的基本意思，这对于外语能力不足的学习者来说是很有帮助的。较为常用的在线翻译工具有金山词霸、有道词典、Google翻译模块、百度翻译模块。

一、金山词霸

在选修课程《音乐欣赏》快要结束的时候，陈昕怡写了一篇关于莫扎特歌剧的文章作为课程作业，老师觉得不错，鼓励她投稿发表，不过她在写英文关键词、摘要的时候却遇到不少麻烦。歌剧、特征、重唱、朝气蓬勃……太多的单词和句子不会了。陈昕怡灵机一动，想到了张老师曾经建议她善于使用在线翻译工具来提高自己的学习效率，于是她通过百度搜索引擎找到了一个很受欢迎的线翻译工具——金山词霸。她了解到，金山词霸是一款免费的词典翻译软件。由金山公司1997年推出第一个版本，经过17年锤炼，今天已经是上亿用户的必备选择。它最大的亮点是内容海量权威，收录了141本版权词典，32万真人语音，17个场景2 000组常用对话。强烈建议大家在英文内容阅读、写作、邮件、口语、单词复习等多个应用使用它。最新版本还支持离线查词，电脑不联网也可以轻松用词霸。除了PC版，金山词霸也支持iPhone、iPad、Mac、Android、Symbian、Java等，也可以直接访问爱词霸网站，查词、查句、翻译等功能强大，还有精品英语学习内容和社区，在这里你可以学英语、交朋友。

二、金山词霸的使用方法

在学习使用过有道云笔记之后，对陈昕怡来说下载与安装金山词霸已经不在话下，下面我们就跟随陈昕怡一起来学习如何使用金山词霸。

陈昕怡双击金山词霸快捷方式，打开了金山词霸的主界面，如图 4－13 所示。

图 4－13　金山词霸主界面

为了排除歌剧、特征、重唱、朝气蓬勃等生词的干扰，陈昕怡决定先查生词。点击“词典”，在搜索栏中输入要查询的单词，然后点击“查一下”或按回车键，如图 4－14 所示。陈昕怡觉得这个单词很重要并且自己又记不住，于是她点击单词旁边的“生词本”生词本，这样这个单词就添加到她的生词本中去了，以便于她下次查阅，如图 4－15 所示。

图 4－14　词典

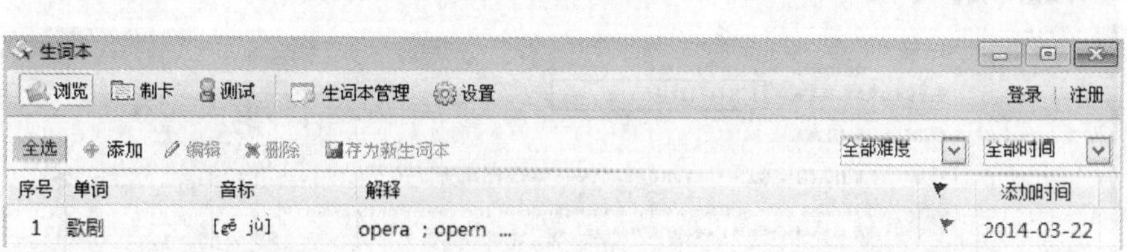

图 4－15　生词本

虽然词语意思都知道了，但新的问题又出现了。词语虽然好查，但是有些句式陈昕怡也不太确定。她试着用金山词霸的翻译”功能，在搜索栏中输入要查询的句子或段落，然后点击“查一下”或按回车键，得到的结果是一条语法还不错的英文翻译。如图 4－16 所示，陈昕怡在此基础上进行了适当的修改就完成了英文摘要的撰写。

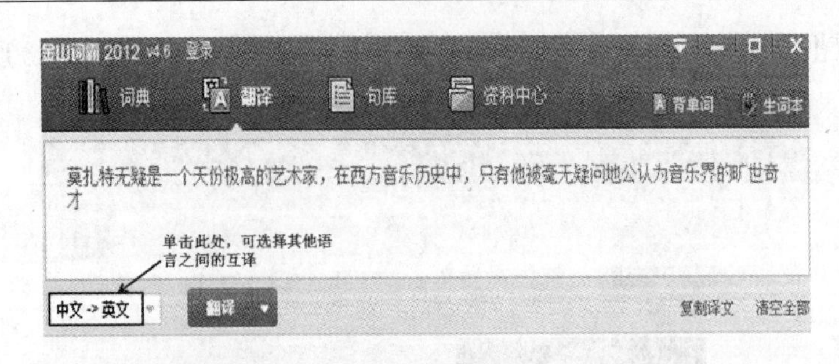

图 4－16　句子翻译

对于勤奋上进的陈昕怡来说，仅仅学会如何查生词和句子是不够的，在自己的摸索中，陈昕怡还发现了金山词霸的其他有用的功能，例如：

屏幕取词、屏幕划译：点击主页右下角的“取词、划译” 取词 划译，金山词霸就进入屏幕取词或划译状态。将鼠标指针移动到或选中屏幕上任意位置的英文单词，即会出现一个浮动小窗口，其中显示该单词的词意解释，如图 4－17 所示。

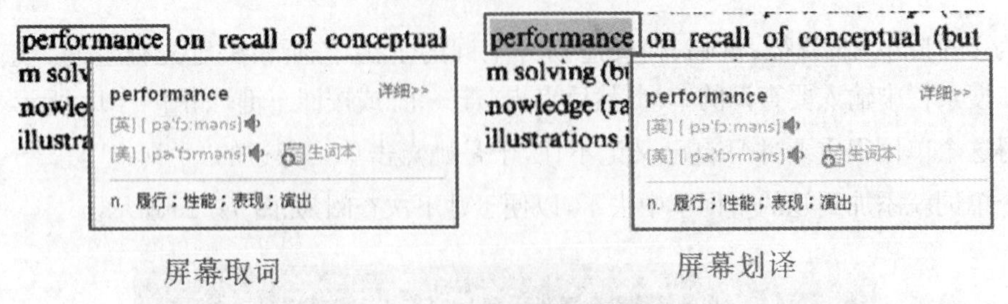

图 4－17　屏幕取词和屏幕划译

背单词：单击主界面右上角的“背单词” 背单词，可以根据自己的需要识记单词，每个单词旁边有音标和真人发音，背完单词后还可以对自己的识记结果进行测试，如图 4－18所示。

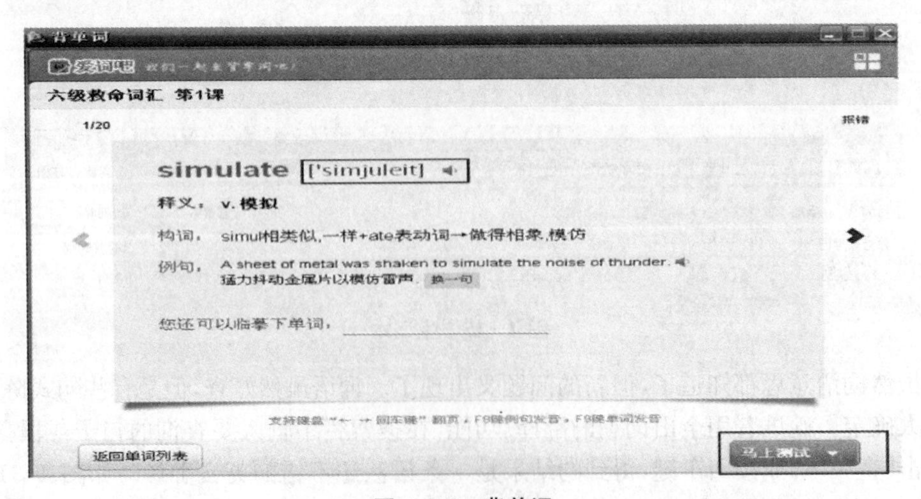

图 4－18　背单词

除了金山词霸之外，有道词典是另外一个很好的在线翻译工具，由于两者的使用方法类似，这里就不再赘述。当然，还有其他处理语言翻译问题的方法或工具，如一些专业的翻译网站、Google或百度的翻译模块等。Google是世界上信息最大的网站，其在线翻译工具主要提供网页翻译和文本翻译，可以实现汉英互译和其他主要语种的互译。Google的优势在于翻译速度快、质量相对高、能胜任长篇翻译，如图4－19所示。

图4－19　Google翻译

三、在线翻译工具——扫除语言问题的好能手

“我要写一篇关于莫扎特歌剧的英文文章，但是像歌剧、特征、重唱、朝气蓬勃等专业术语该如何恰当地表达呢？还有一些复杂句又该怎么表述呢？”这是陈昕怡最近遇到的问题，不可否认，类似的问题大多数的学习者都会遇到，这就需要我们选择好的学习工具来克服这个困难。而随着网络技术对我们生活和工作的各个方面的影响，翻译活动也不例外，许多在线翻译工具正在被人们广泛地用于处理语言问题。

在线翻译工具具有使用方便、省时省力的特点，学习者只要具备一定的计算机技能以及网络知识和英汉两种语言的基础，就可以利用在线翻译工具处理语言障碍。然而，在线翻译工具是采取机器翻译的方式，它是通过计算机程序自动分析句义，并自动生成翻译后的结果给用户。

然而，目前的机器翻译不能做到百分之百的正确，需要译后人工修改、润色展示人机互补的优势。想要获得优质的科技文译文，需要遵循以下流程：

1. 译前预处理

为了提高在线翻译的质量，更好地使机器帮助人工进行翻译，首先要对原文做一些译前预处理。译前预处理主要包括在原文中插入标志符号、简化或改写原文句式、消除句子歧义。即根据目的语科技论文语篇体现样式，在不改变原文意思的情况下，可改写原文句式，例如英语重物称，英文科技论文的句式采用被动语态多于主动语态；汉语重人称，中文科技论文句式采用主动句式多于被动句式。因此，在翻译之前将汉语的主动句式改为被动句式，尽量将汉语的句式改为符合英语表达习惯的句式。

2. 即时在线翻译

将处理好的原文复制到在线翻译工具的搜索栏中(如:金山词霸、Google在线翻译模块),即可得到译文。

3. 校对译文

为了使译文达到"信、达、雅"的标准,接下来必须检验译文。比如,译文是否准确表达了原文的意义;译文是否符合目的语体裁的惯例;译文是否准确使用相关领域的专业术语;译文的语言是否流畅、地道等相关的问题。

4. 人工修改在线机译

要意识到在线机器翻译不能取代人工翻译,因为计算机缺少良好的思维功能并且自然语言具有灵活性、复杂性和开放性等特点。机器翻译不能达到令人满意的程度,必须对机译做一定的修改。在修改过程中,必须结合自己的语言判断、选择、组织能力,让产生的目标文本成为高效、优质的翻译作品。

在网络学习的实践中,不能完全依靠和相信在线翻译工具,而应该将在线翻译工具与译后人工修改、润色相结合,同时运作,互相补足,这样才能够保证学习者优质、高效、轻松地处理语言问题。

拓展阅读

在线翻译工具的种类

在线翻译工具主要包括辞典类、短文翻译类和网页翻译类三种。

在线词典:在线词典有很多,包括各种专业性的词典和普通词典,还有百科全书类的词典。在线词典不仅具有普通词典的作用,它比普通词典具有更多的优点,所以能更好地帮助翻译工作者完成翻译任务。它的主要优点就体现在它的方便、快捷、全面。与笨重而不便于携带的普通词典相比,在线词典可以在有网络存在的任何地点随时使用。除此以外,在翻译一些比较新的词汇的时候,在线词典对翻译者的帮助更大,因为在线词典收录新词汇的速度要远远快于普通词典,很多无法在普通词典里或者电子词典里查找到的新词汇大都可以在在线词典中找到。

短文翻译类:短文翻译类的在线翻译工具是基于机器翻译技术的一种翻译辅助工具。人类对机器翻译系统的研究已经持续了近50年,虽然目前的研究结果还无法完全满足人们对翻译的需求,但机器翻译系统的确在许多领域大大减轻了人工翻译的工作量,为用户带来了方便。在国内市场上,有针对不同用户群体的词典软件、汉化软件、在线翻译软件以及全文翻译软件,针对多语言通信的"通用语言视窗"技术也已进入实质性开发阶段。但是,即便是信用度很高的Google翻译模块的翻译结果其可读性也不理想,这对于外语水平不高的学习者来说是极为不利的。

网页翻译类:在互联网上直接使用网站功能来在线翻译的网站也有不少,如:www.readworld.com网站有网站汉化功能,只需输入将要翻译的英文网站网址,点击鼠标,英文就会变中文。该网站的机器翻译工具会在保持原来版面、格式不动的情况下自动将您所需的网页翻译成中英文对照网页。这类网页在线翻译工具的实用性要高于前述第二种的在线翻译工具,因为它在翻译时可以参考所要翻译文章的全部或部分对应的部分。这类在线翻译工具对需要浏览外文网页的人帮助比较大。虽然该类在线翻译工具产生的译文质量也不一定很高,但是对于只想浏览网页主要内容的读者来说,可能已经够用了。

——选自《论在线翻译工具的作用及影响》(冯雪红)

活动 3

在本书中找到不认识的单词用金山词霸或 Google 翻译模块查阅出来。

任务 4　截图工具

任务引擎

某小学的两位数学老师都在为公开课准备课件,张老师利用 Flash 制作了一个国旗上升的过程,目的是想让学生看到国旗上升的高度随时间的变化趋势。而黄老师在网上下载了该校升国旗仪式的视频,然后利用截图工具将国旗上升过程截取下来,既省时又省力,不亦乐哉。试想一下,你是这两位老师中的一位,你会选择哪种方式来准备课件呢?

通过本任务的学习,帮助学习者了解 SnagIt、红蜻蜓以及 PrintScreen 按键+画图工具等截图工具的相关概念及基本用法,熟练使用 SnagIt 来收集所需的图像及视频资源。

截图是由计算机截取的显示在屏幕或其他显示设备上的可视图像,其效果与你看到的几乎一样。通常截图可以由操作系统或专用截图软件截取,也有由外部设备截取的(如数码相机)。截图分静态截图与动态截图,前者得到一个位图文件,如 BMP、PNG、JPEG 等。而后者得到一段视频文件。截图的目的通常是为了展示特定状态下的画面或视频片段,也可保存以便他用。

屏幕截取工具可以将电脑屏幕上正在播放的内容以图片或者动态视频的方式截取下来,俗称"抓图"。抓图的方法和工具很多,其中比较典型的是 SnagIt 专业抓图工具。

一、专业抓图工具——SnagIt

SnagIt 是一个非常优秀的屏幕、文本和视频捕获、编辑与转换软件。可以捕获 Windows 屏幕、DOS 屏幕、电影、游戏画面、菜单、窗口、客户区窗口、最后一个激活的窗口或用鼠标定义的区域等。文本只能够在一定的区域进行捕捉。捕获的视频可保存为 mp4 格式,图像可保存为 BMP、PCX、TIF、GIF、PNG、JPEG 等常用格式。

此外,SnagIt 在保存屏幕捕获的图像之前,还可以用其自带的编辑器编辑,也可选择自动将其分享到 Word、Excel、YouTube 等上。

SnagIt 具有将显示在 Windows 桌面上的文本块直接转换为机器可读文本的独特能

力，类似于某些 OCR 软件，这一功能甚至无需剪切和粘贴。程序支持 DDE，所以其他程序可以控制和自动捕获屏幕。还能嵌入 Word、PowerPoint 和 IE 浏览器中。SnagIt 有以下特点：

(1) 捕捉的种类多：不仅可以捕捉静止的图像，而且可以获得动态的图像和声音，另外还可以在选中的范围内只获取文本。

(2) 捕捉范围极其灵活：可以选择整个屏幕、某个静止或活动窗口，也可以自己随意选择捕捉内容。

(3) 输出的类型多：可以以文件的形式输出，也可以把捕捉的内容直接发邮件给朋友。另外，还可以编辑成册。

(4) 具备简单的图形处理功能：利用它的过滤功能可以将图形的颜色进行简单处理，也可对图形进行放大或缩小。

基于对 SnagIt 的了解，陈昕怡决定用 SnagIt 辅助设计这次的公开课课件，下面我们就跟随这位年轻的音乐老师的脚步进入 SnagIt 的神奇世界吧！

陈昕怡双击 SnagIt 的快捷方式，打开了 SnagIt 的主界面，如图 4－20 所示。通过百度搜索引擎，她认识到主界面顶部为菜单，左侧为导航菜单，中间为配置文件窗口，可以不必通过菜单就可以快速选择捕获模式。SnagIt 为用户提供了三种捕获模式，分别是：文字、图像和视频。最下面为配置文件设置窗口，通过它学习者可以对每种捕获方式进行详细的设定。

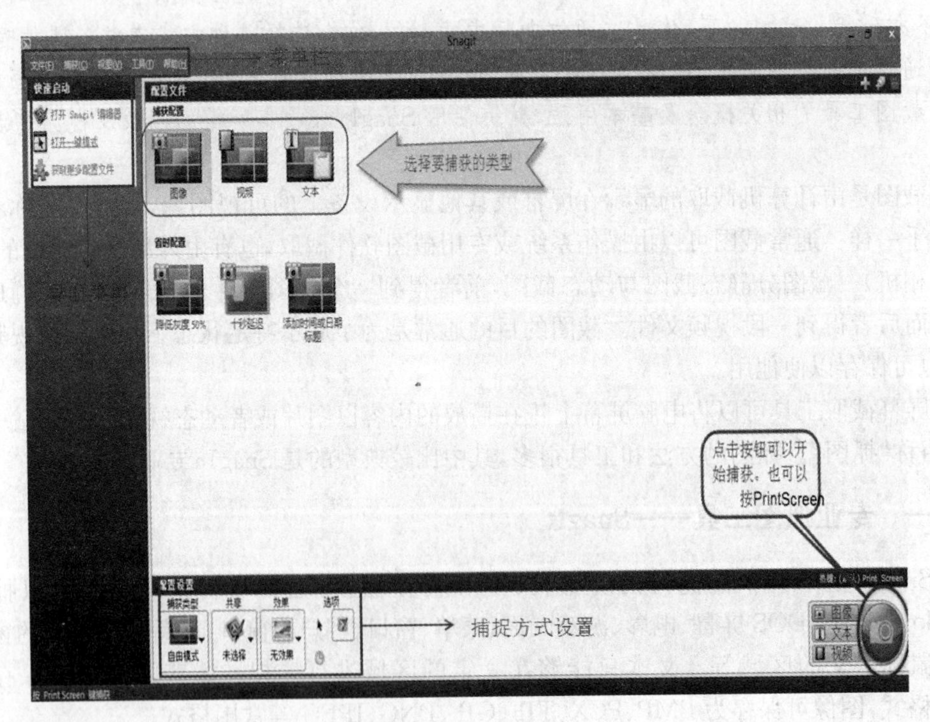

图 4－20 主界面

陈昕怡打开 SnagIt，在爱奇艺上找到了影片，播放到《第九交响曲》首演片段，播放到贝多芬指挥时的一个特写镜头时，她按下 Print Screen 快捷键。此时，视频停止，屏幕上出现一个黄色的十字交叉线，这就是她用十字交叉线框选了她需要的区域，如图 4－21 所示。

图 4－21　SnagIt 中的选取框

松开鼠标后，图片就被截取并且自动进入 SnagIt 编辑器，这样她可以添加些备注信息，如图 4－22 所示。陈昕怡用工具绘制了一个矩形框把 QIYI. COM 遮住了，又用 A 工具写了些说明文字，希望她的学生在看图片的时候能得到更多的信息和感动。然后，她按 CTRL＋S 键保存了图片，并且插入到她的 PPT 中去了，如此这样她截取了 6 张图片。

图 4－22　用 SnagIt 捕获的静态图片

使用 SuagIt 录制视频时稍微麻烦一点。陈昕怡在 SnagIt 中选择捕获视频按钮，然后按右下角的红色圆按钮开始捕获，窗口自动切换到了电影播放窗口。她用黄色的十字交叉线选中要捕获的屏幕区域，松开鼠标，发现屏幕变成了图 4－23 所示的界面。

图 4－23　SnagIt 中捕获前的状态检查

这是捕获前的状态检查，Ready to record 表示麦克风和系统音频开关都已打开，可以进入捕获阶段。她点击红色的 rec 按钮准备开始捕获，不过窗口出现了倒计时数字，和“Press Shift＋F10 to stop recording”的提示语，如图 4－24 所示。

图 4－24　捕获前的倒计时

这表示按 Shift＋F10 快捷键可以结束录制。不过也可以按结束捕获，按暂停捕获。陈昕怡仔细看着视频的播放，时间在一秒一秒过去，如图 4－25 所示。

图 4-25 SnagIt 捕获过程中

9 分多钟后，陈昕怡点击结束了视频捕获，系统自动跳转到 SnagIt 编辑器中。陈昕怡经检查没有问题就将视频保存为 mp4 格式后存在电脑里。如图 4-26 所示。

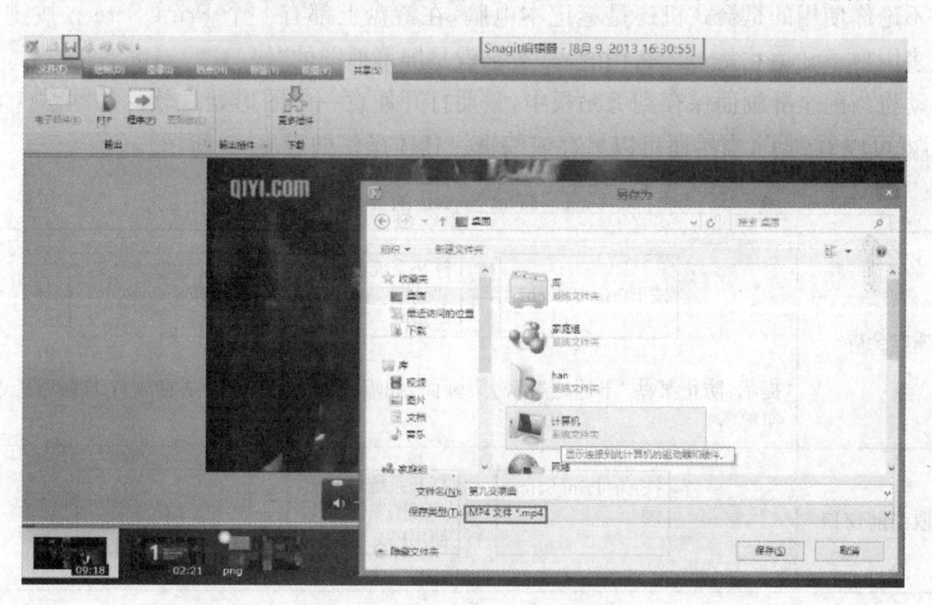

图 4-26 在 SnagIt 中保存视频

当然除了 SnagIt 以外，也有其他的截图工具，它们各有优点，在记录和加工图像内容的过程中同样能够起到很好的作用。下面我们就来认识几款优秀的截图工具。

二、专业抓图工具——红蜻蜓

相对于 SnagIt 来讲，另一个久负盛名的抓图软件"红蜻蜓"使用起来就简单一些。如图 4-27 所示，是红蜻蜓的初始界面。先选择抓取模式是整个屏幕还是活动窗口或者选定区域，或者固定区域、选定控件、选定菜单、选定网页等等，然后单击捕捉按钮就可以进入抓取模式。抓取图像后也可以对其进行翻转、缩放、标注等编辑后保存。如图 4－28 所示，不再赘述。

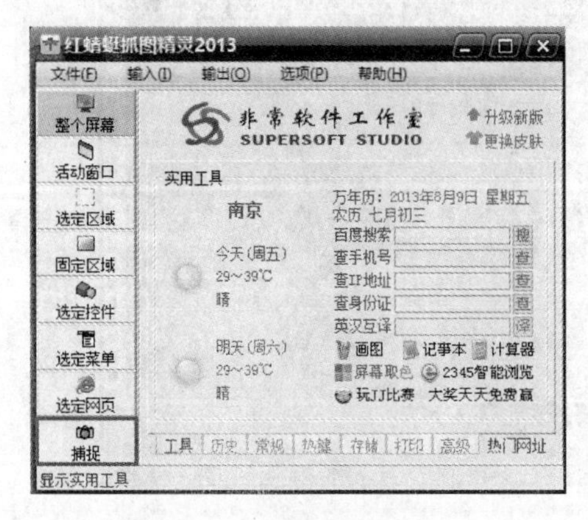

图 4－27　红蜻蜓的初始界面

图 4－28　红蜻蜓截图后的编辑窗口

三、Print Screen 按键＋画图工具

不论你使用的是台式机还是笔记本电脑，在键盘上都有一个 Print Screen 按键。但是很多用户不知道它是干什么用的，其实它就是屏幕抓图的“快门”。当按下它以后，系统会自动将当前全屏画面保存到剪贴板中，只要打开任意一个图形处理软件并粘贴(Ctrl＋V)后就可以看到了，当然还可以另存或编辑。具体操作如表 4－1 所示。

表 4－1　Print Screen 的具体操作

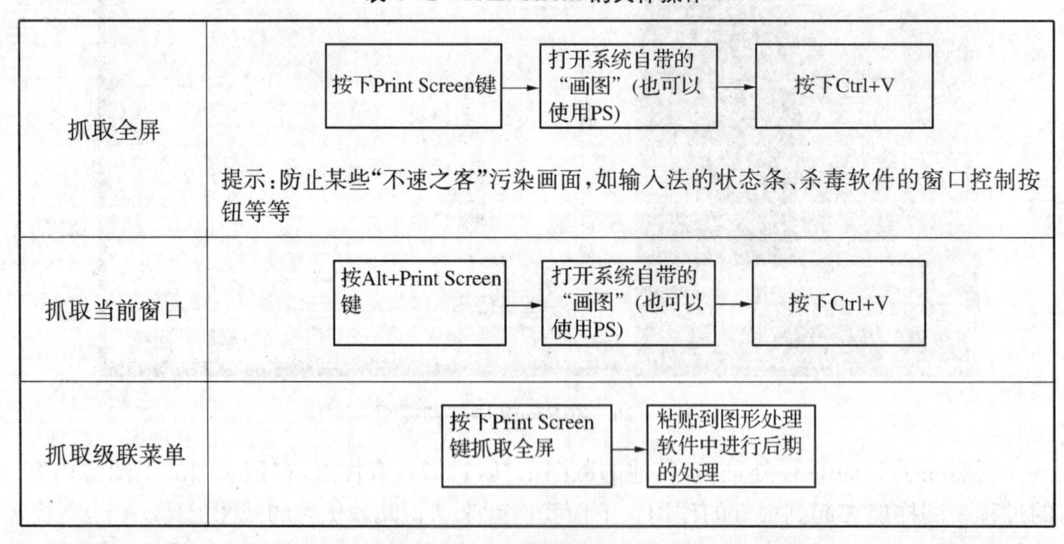

抓取全屏	按下Print Screen键 → 打开系统自带的“画图”（也可以使用PS） → 按下Ctrl+V 提示：防止某些“不速之客”污染画面，如输入法的状态条、杀毒软件的窗口控制按钮等等
抓取当前窗口	按Alt+Print Screen键 → 打开系统自带的“画图”（也可以使用PS） → 按下Ctrl+V
抓取级联菜单	按下Print Screen键抓取全屏 → 粘贴到图形处理软件中进行后期的处理

除此之外，还可以利用 Print Screen 按键＋画图工具抓取电影画面。如果喜欢使用 WMV 或 RealOne 欣赏电影，想将其中的精彩画面保存下来，此时发现 Print Screen 键“抓拍”的只是播放器的界面，而播放窗口则是一片漆黑。这该怎么办呢？其实这是由于播放电影时调用了 DirectDraw 功能加速视频造成的，并且 DirectDraw 本身不支持使用 Print Screen 抓屏。此时只要在桌面“属性→设置→高级→疑难解答”中将“硬件加

速"调至关闭加速,然后正常播放电影再按下 Print Screen 键进行抓图即可,如图 4－29 所示。

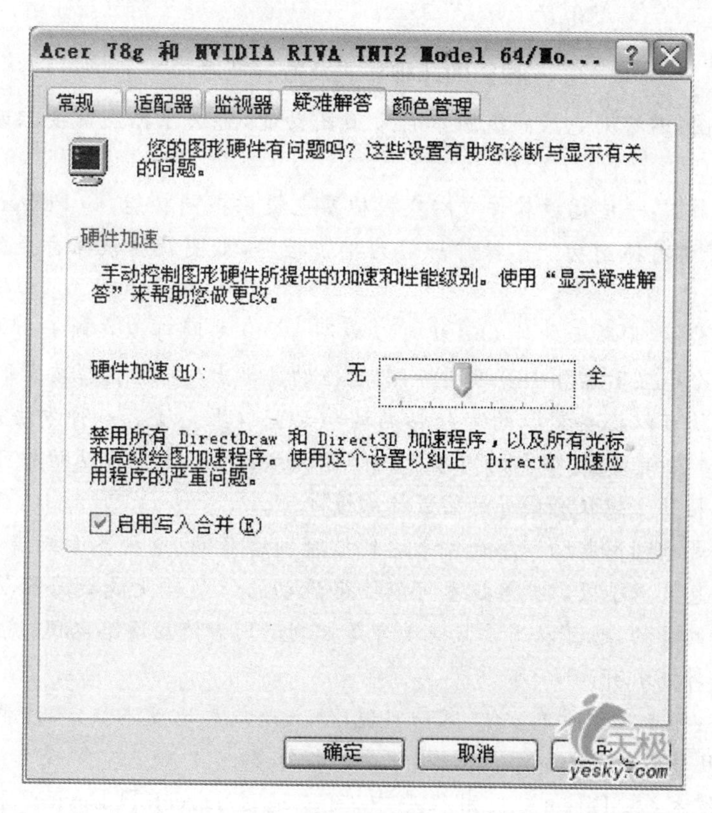

图 4－29

四、截图工具——获取更丰富的学习素材

"我想下载一篇有关宏观经济概论的文章,但由于版权问题不允许下载,这该怎么办呢?"陈昕怡的室友唐紫宸向她倾诉道。这在陈昕怡看来不是什么难事,她建议唐紫宸使用截图工具,把自己所需要的某一块或某一部分截取下来,然后再对其做一定处理即可。除此以外,你可能也很好奇教材上的界面插图是如何保存下来的,更好奇插图上的文字是如何加上去的;在计算机上看到一些精美的游戏画面时,也有将其保存下来的念头;甚至有时候需要把屏幕的窗口、程序的界面截取下来编辑到个人简历、职业生涯规划中。其实这些问题都不用担心,选择合适的截图工具都能帮你实现。

由于多媒体和通信技术的飞速发展及互联网的广泛应用,各种视觉意象如纸片般飞舞在我们的眼前,因此截图工具的使用也成了一件自然而然的事情。同时截图工具不仅仅限于截取和加工图像内容,它也可以记录和加工丰富多彩的视频和文字资料,如:录制重要的教学视频,以便线下反复观看;截取精彩的游戏画面;为图像加文本注释;给图像添加 3D 效果,让图像"动起来";轻松制作网页相册等。

拓展阅读

截图的几种模式及截屏技术

浏览器截图:遨游浏览器高级版本自带截图功能,免去了抓图需要启动相关软件的麻烦。

播放软件截图:一些播放软件或游戏模拟器也提供截图功能,如 PowerDVD、超级解霸、金山影霸等都有抓图功能。操作一般为单击控件,截图就会被保存至软件默认的文件夹。

聊天工具截图:用聊天软件 QQ 就可以截图。QQ 截图可以在聊天过程中选择聊天窗口下面的一个小显示器加小剪刀图标,然后拖动鼠标出现小框选择要截取的屏幕部分。之后双击鼠标就可以把要截取的部分粘贴到聊天窗口里。还有一种方法是打开 QQ 按 CTRL+ALT+A 键截图,截取的内容在任何可以粘贴的地方中按粘贴即可,或者按快捷键 CTRL+V 粘贴。想取消截屏时按鼠标右键即可。

截屏技术是指利用电脑程序软件来达到控制网络界面、电视界面或者是流媒体界面的一种现代信息技术手段。截屏技术可以使得流动的信息转变成凝固不动的界面,从而达到重复阅读的目的,也可以用于监视或者是控制使用者使用网络电视、流媒体终端的目的。常用的截屏技术有:

GDI 技术:优点在于简单方便,容易实现;缺点是截屏速度不快,不能截取到 DirectX 下的图像,并且每次都是截取整屏图像,冗余数据很多。

DirectX 技术:在 DirectX 应用程序中,可以通过 Direct3D Device9 接口中提供的 GetFrontBufferData 函数将前台缓存中的屏幕图像复制到内存表面(后台缓存),从而实现屏幕截取。然而,GetFrontBufferData 函数的效率并不高,有时甚至不如 GDI,因此这种截屏方式也不适合对性能要求较高的应用程序。

APIHook 技术:该方案只有捕捉到变化,才进行截屏,且每次(第一次除外)仅截取变化部分,从根本上解决了数据量大的问题。但是这种技术有一下缺点:截取的 DDB 位图要经过一次格式转换,耗时较大;如果屏幕变化区域矩形的坐标相继到达,为了不使屏幕变化的信息丢失,通常不使逐个截取,而是将矩形坐标合并,这样不仅增加截屏的时间消耗,而且产生冗余数据;该技术不支持 DirectDraw。

显示驱动技术:该截屏技术实现上较为复杂,却具备以下优点:只截取变化的屏幕区域;截取到的图形数据无需经过 DDB 到 DIB 的转换,显著地降低了一次截屏的时间消耗。

——选自《屏幕共享中截屏技术的研究与实现》(李芳)

活动 4

1. 下载安装 SnagIt 和红蜻蜓软件,试着抓取整屏、活动窗口、指定区域、网页等静态图像。

2. 练习使用 SnagIt 截取影片片段。

任务5　电子订阅 RSS 工具

任务引擎

有两只蚂蚁想翻越一堵墙，寻找墙那头的食物。一只蚂蚁来到墙角就毫不犹豫地向上爬去，可是每当它爬到一大半时，就会由于劳累、疲倦而跌落下来。另一只蚂蚁观察了一下，决定绕过墙去。很快的，这只蚂蚁绕过墙来到食物面前开始享受起来，而另一只蚂蚁还在不停地跌落又重新开始。同样的，在信息海洋中要寻找我们需要的信息就要选对方法，不能毫无章法地找，这样既费时也费力。

通过本任务的学习，帮助学习者了解电子订阅 RSS 的概念及特点，理解在线 RSS 阅读和 RSS 阅读器的使用方法，学会使用鲜果订阅自己感兴趣的网页频道。

一、RSS

RSS 是一种基于 XML(Extensible Markup Language 扩展性标示语言)的标准，一种将信息推送到用户端的实用技术。无论新闻、企业、商家网站还是个人网站都可以采用这种技术发布信息。网络用户可以借助于 RSS 阅读器软件，有选择地在提供 RSS 服务的网站订阅感兴趣的网络信息，然后在 RSS 阅读器中仅浏览已订阅的主题信息(标题、摘要等)，尤其是 RSS 阅读器引入了智能更新引擎，能自动对用户已订阅的 RSS 频道进行更新而不会影响用户阅读。新信息源源不断地被实时"推"到用户面前，而毋需用户访问众多网站，避免了时间和精力的浪费。RSS 作为一种基于 XML 的数字资源组织方式，具有以下几个显著的特点。

(1) 强大的信息聚合功能：用户可以根据自己的喜好，订阅多个站点，通过一个 RSS 阅读器，就可以浏览多个站点的内容。

(2) 信息获取的高效性：RSS 阅读器可以根据用户的设置定时完成与信息源站点的同步，一旦发现站点有更新，即把更新后的摘要信息下载到客户端，并提示用户。从另一个角度来看，RSS 技术的本质是"推"技术，当新内容在服务器中出现时第一时间被"推"到用户端阅读器中，极大地提高了信息的时效性和价值。另外，用户通过阅读摘要，再确定是否阅读详细信息，这样信息获取的效率就会大大提高。

(3) 信息发布的低成本性：不管是大型商业网站还是较小的个人网站，RSS Feed 的提供在技术实现上是比较简单的，长期的信息发布边际成本几乎将为零，是其他传统信息发布方式所无法比拟的。

(4) 本地内容管理的便利性：RSS 阅读器不但提供在线阅读，而且还可以对资源进行离线管理。

(5) "垃圾"信息的过滤：信息的获取通过用户的订阅有效避免了"垃圾"信息的影响。另外，阅读器还可以有效屏蔽网页的弹出广告、浮动广告等，减少信息干扰。

网络用户可以借助于支持RSS新闻聚合工具软件或支持RSS阅读的在线网站,在不打开网站内容页面的情况下阅读支持RSS输出的网站内容。我们把新闻聚合类软件称之为RSS阅读器(如:周博通),它是一类离线的客户端软件,可以从网上下载或购买,安装后从网站提供的聚合新闻目录列表中订阅你感兴趣的新闻栏目。订阅后,将会及时获得所订阅新闻频道的最新内容。

二、鲜果网的使用方法

在线RSS阅读是使用一个专门服务网站进行在线RSS阅读,而不用客户端程序(如:Google Reader、抓虾、鲜果)。在线阅读器的好处是,不需要消耗客户端的资源,速度一般比较快,对于在不同地点阅读(比如公司和家中),可以不必进行多次配置,阅读的内容也可以保证是连贯和同步的。

对于兴趣广泛的陈昕怡来说,RSS是她获取最新的国内外新闻、国内外经济走势以及著名摄影家们的最新作品等信息的有力助手。在比较了RSS阅读器和在线RSS阅读后,她选择了后者——鲜果网RSS。想必大家也很想知道鲜果网RSS的神奇之处,那就让学习能手陈昕怡来和大家分享一下吧。

鲜果网是一个在线的RSS阅读,它具有强大的后台选项、易懂的操作模式和优秀的客户服务,用户可以将自己喜欢或希望随时关注的新闻、博客等进行订阅。首先,打开鲜果网首页 http://xianguo.com/,登录到自己的账号。若没有鲜果账号,可以注册会员或利用微博、QQ登录,如图4-30所示。

图4-30 注册鲜果

进入鲜果主界面,点击"添加频道",添加你想订阅页面的地址,如图4-31所示。

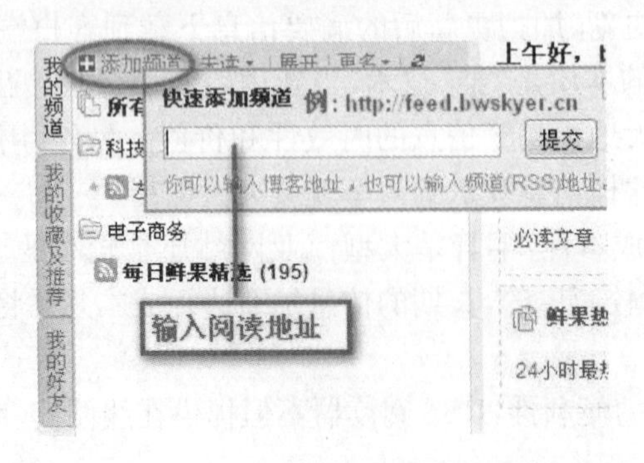

图4-31 输入订阅页面的地址

另外一种异曲同工的方法是:当你在浏览网页时发现一个很喜欢的网站决定关注这

上面的信息的时候,可以选择订阅该网站。在网站的右侧或底部找到橙色图标,单击该图标便可进入订阅界面,单击　即可完成订阅,如图 4-32 所示。

这是一个可以使用RSS阅读器进行订阅的页面，您可以将这个地址添加到您习惯使用的RSS阅读器中。

图 4-32　网页上订阅

RSS 阅读器的使用方法与在线 RSS 阅读类似,不再赘述,所不同的只是 RSS 阅读器需要下载软件并安装。

三、电子订阅 RSS——让学习资料来找你

“每天早晨 7:00—7:30 浏览各大新闻网站,了解国内外时事动态和有趣的新鲜事儿。”这是陈昕怡的日安排中的一部分,但是她每次都没能在计划的时间内看完当天的新闻,主要是因为她用大部分的时间来寻找感兴趣的信息。后来,陈昕怡使用了 RSS,节约了很多时间,也能在计划的时间内看完当天感兴趣的新闻。

互联网的飞速发展使得信息的传播速度和方式发生了根本的变化,学习内容急剧增加。良莠不齐的学习内容使你面临着如何快速有效地进行筛选和整合的问题,凭自己的力量在浩如烟海的网络学习内容中甄选出对自己有利的学习内容是一件非常困难的事情。这一难题的解决有赖于 RSS,一个可以使成千上万的网络学习者更高效、便捷地获取、甄选及跟踪网络学习内容的新技术。

RSS 以其自身优势能够给传统网络学习带来新的变化,通过对网络学习资源的重组整合,可以方便资源的获取,提高网络学习绩效。虽然 RSS 具有很多的优点和长处,但它毕竟还处于发展的初期阶段,人们对它的了解和认识还不够深入。因此,利用 RSS 进行网络学习的过程中,应该持探索和质疑的态度,不应完全依赖 RSS 来获取信息。

在面对浩繁的网络学习资源的情况下,我们不能再古板地使用原来的学习方式去搜集对自己有用的资源,否则我们会学得很累而且还没有显著的成效。在这种情况下,我们必须适当得改变自己的学习方式,选择有效的学习工具来加工和处理繁杂的网络学习资源。需要注意的是,不是所有的加工和处理工具都是好的,即不是所有的加工和处理工具都是适合自己的。很明显,每个人的认知结构是不同的。毕加索毫无疑问是一个伟大的画家,莎士比亚是个非凡的作家,乔·路易斯和贝毕·露丝是伟大的运动员,恩里柯·卡鲁索是一个杰出的男高音,安娜·帕夫洛娃是一位卓越的芭蕾舞演员,而凯瑟琳·赫本则是一位优秀的演员。但可以肯定的是他们都有不同的、适合自己的学习方式。所以,我们要做的事情就是选择适合自己的学习工具,这样才能达到事半功倍的效果。

拓展阅读

材料一：RSS 技术

互联网的飞速发展，使得信息的传播速度和方式发生了根本的变化，学习内容急剧增加。良莠不齐的学习内容使学习者面临着如何快速有效地进行筛选和整合的问题。RSS技术可以解决学习者在面对大量信息无法及时有效获取及甄选难题，实现网络学习的个性化服务。

RSS是一种遵循W3C RDF规范的用于共享新闻标题和其他Web内容的XML格式，是一种轻量级、多用途、可扩展的元数据描述及联合推广格式。目前RSS主要有0.91、1.0、2.0三个版本。RSS体系结构包含三个部分：

(1) 大量的内容提供者：提供的内容包括两个部分，一是含完整内容的网页页面，二是对该内容进行描述的RSS文件。

(2) RSS聚合器：定时从不同的来源读取最新的RSS文件，并进行汇总，供用户索引和定制。

(3) 标题浏览：标题浏览器连接到RSS聚合器以获取最新的RSS Feed展现给用户，用户可以点击RSS Feed中的标题来打开完整的知识页面。

RSS Feed是由XML编写成的符合RSS规范的一种描述网页内容的文件，它是由内容提供者一并提供的，通常也可称为频道。一个RSS Feed只能包含一个频道，一个频道可以包含多个项目。频道和每个项目都有自己的子元素，如<title>用来解释标题，<link>用来解释网址，<description>用来解释项目。<title>、<link>、<description>这三个是必需的子元素，不可缺少。另外还有一些其他非必需的子元素，如<author>、<pubDate>、<copyright>等。

RSS技术通过XML标准定义内容的包装和发布格式。使内容提供者和用户都能从中获益。对RSS内容提供者来说，RSS技术提供了一种实时、高效、安全、低成本的信息发布渠道。对RSS用户来说，它提供了一种便捷、个性化服务的崭新阅读体验。

——选自《网络学习中应用RSS技术的探讨》(钱玮)

材料二：RSS 在教学中的应用

目前RSS主要应用于新闻链接和Web blog上，但越来越多的新闻出版商和政府部门也开始使用RSS来发布新闻。RSS给网络新闻带来了便利和希望，但它的作用还不仅限于此，它在教育教学中的应用也具有广阔的前景。

自动聚合最新的教学资源：Internet上拥有众多的学习资源，这些学习资源为教师的教学和学生的学习提供了便利。如果采用搜索引擎检索，必须花大量时间才能获得满意的资源，且无法保证所获得的学习资源是最新的。如果学习者采用RSS技术预定了网站上的某类学习资源，一旦网站上的这些学习资源被更新，就会自动发送到链接源阅读器中。学习者只需打开新闻阅读器就可浏览其标题和内容概要，单击链接源就可在链接源阅读器中阅读全文,而不必直接访问该网站。这一方面保证了学习者获取的学习资源是最新的,另一方面,学习者又不必为查找资源而直接遍历各个网站,节省了获取资源的时间。

自动跟踪学生的学习:Web blog 已成为教师的教学工具和学生的学习工具,Web blog 软件允许导入 RSS 链接源到 Web blog 中。在 Web blog 中使用 RSS 技术,可使教师自动跟踪学生的学习,这样教师不必每天检查所有学生的 Web blog 学习日志,只需在聚合器重使用学生的 RSS 链接源跟踪学生的学习进展,对他们的学习进行评论。因此使用 RSS 链接源可使教师及时了解学生的学习,通过评论进行个性化指导和实现班级学习的无纸化。

即时发布学习信息:教师可以采用 RSS 技术在学科教学网站或 Web blog 中即时发布学习信息,如教学安排、学习辅导、问题解答、作业布置和测验考试等,这些信息会自动、直接和几乎同时地传送给每个学生,不会出现通过邮件发送时产生的邮件丢失或系统退信等现象。如果家长预订了这些链接源,也可据此了解该课程的教学情况和检查学生的作业完成情况。

实现作业批改网络化:应用 Blog 的延伸技术 RSS,教师无需一个个地进入每个学生的 Blog 中去浏览他们提交的作业,而可以通过一个聚合工具 RSS 阅读器,将每个学生的 Blog 订阅在一个 RSS 阅读器中,自动获得每个学生最近更新的内容,并对学生作业进行批改;也不必为了等待学生最新完成德作业而不断地刷新网页,因为一旦有了更新,RSS 阅读器就会自动告知。

在远程教育的应用:远程教育的出现对传统教学模式产生了巨大的冲击,随着计算机网络技术的出现,一种全新的基于网络的远程教育开始出现,相对前两代远程教育其教学模式也发生了改变。RSS 技术对于构建现代远程教学模式的意义突出表现在以下几方面:促进学习者进行知识建构、提高知识理解水平,实现平等教育、培养协作学习,加强师生之间的交互、营造轻松的教学氛围。

——选自《浅谈 RSS 技术在教学中的应用》(廖云燕)

活动 5

为自己的爱好找个"保姆",在电脑上订阅你每天关注的网站,并且将这个"保姆"推荐给你的小伙伴吧。

学习小结

1. 网络学习中的加工与处理工具能够让学习者合理、高效地选择对自己有用的学习资源,并且整理得法的学习思路。合理利用这些加工与处理工具可以达到事半功倍的学习效果,从而降低学习的难度。

2. 常见的加工与处理工具有云笔记、截图工具、在线翻译工具和电子订阅 RSS 等等。

3. 在线翻译工具是采取机器翻译的方式，它是通过计算机程序自动分析句义，并自动生成翻译后的结果给用户。

4. 云笔记是一款跨平台的简单快速的个人记事备忘工具，它能快速、轻松地保存你的日记见闻，创建任务、会议记录等，并与你的家人和朋友分享，更具有拍照和添加图片作为笔记附件的功能。

5. 截图是由计算机截取的显示在屏幕或其他显示设备上的可视图像，其效果与你看到的几乎一样。通常截图可以由操作系统或专用截图软件截取，也有由外部设备截取的(如：数码相机)。

6. RSS是一种基于XML(Extensible Markup Language扩展性标示语言)的标准，一种将信息推送到用户端的实用技术。

思考与练习

1. 想想看，你的工作与学习中有哪些环节可以使用云笔记？选择一款适合自己的云笔记安装在电脑和手机上，试着用来提高效率。

2. 下载安装SnagIt或红蜻蜓软件，试着抓取整屏、活动窗口、指定区域、网页等静态图像和视频。

3. 使用有道词典或者金山词霸翻译一段话和几个单词。

4. 访问远程教育界名人的博客，找到页面最下方的RSS或XML图标，点击后复制地址栏中的地址，获取RSS种子，将该人的博客订阅到在鲜果网中。

5. 向小伙伴们展示你利用加工与处理工具学习的过程或者跟小伙伴们分享你运用加工与处理工具进行学习的感悟。

单元五　网络学习中的组织与呈现工具

学习导图

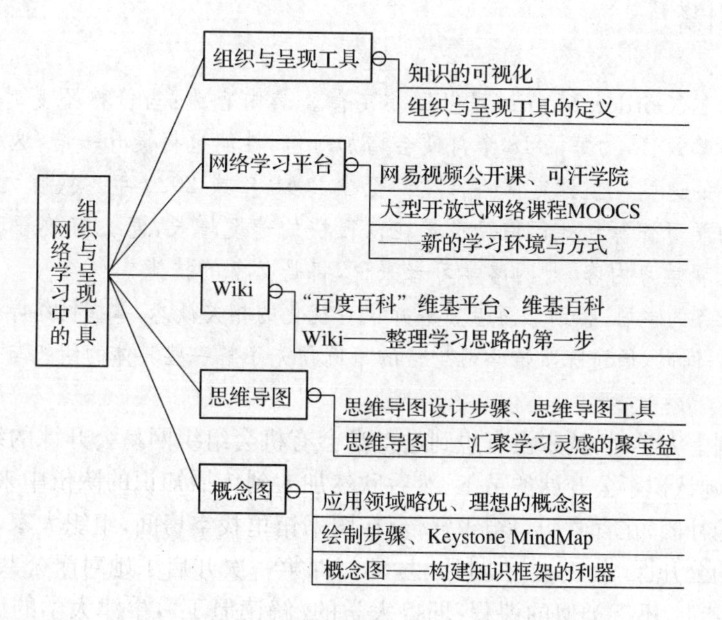

任务目标

通过这一单元的学习，我们希望你能够：

1. 了解网络学习中组织与呈现工具的相关概念；

2. 理解网络学习平台这一新的学习环境和方式，并能够选择适合自己的网络学习平台进行网络学习；

3. 掌握 Wiki 的使用方法，并能够巧用 Wiki 获取学习资料；

4. 掌握简单思维导图的绘制，并能够运用它进行学习过程的组织呈现；

5. 掌握概念图的绘制，并能够运用它进行知识框架的构建。

学习指南

本单元共包含“组织与呈现工具”、“网络学习平台”、“Wiki”、“思维导图”和“概念图”。学习者需要掌握上述五类组织与呈现工具的相关概念及使用方法，体验如何运用计算机软件和计算机平台进行网络学习,更加系统地理解学习所得。

关键词

组织与呈现工具　思维导图　Wiki　概念图　网络学习平台

任务1　组织与呈现工具

任务引擎

戈登·摩尔(Gordon Moore)提出摩尔定律。其内容为:当价格不变时,集成电路上可容纳的晶体管数目,约每隔18个月便会增加一倍,性能也将提升一倍,这一定律揭示了信息技术进步的速度。预计定律将持续到至少2015年或2020年。换言之,网络中的学习者所面临的学习资源和知识信息也是在以很快的速度增长,怎么有效管理自己的知识结构和系统呈现学习内容,对网络学习者来说,将是必备的技能。

通过本任务的学习,帮助学习者了解知识可视化的相关概念,掌握网络学习中的基本组织与呈现工具;同时,通过陈昕怡学习生活的事例预先了解一些具体的组织与呈现工具。

陈昕怡刚上大学时,从来没有想到过自己会有机会组织网易公开课的线下活动。在一次聚会上,她认识了公开课的员工,然后欣然加入到传播知识的队伍中来。在那之后,她联合校内的社团,在食堂门口组织宣传,在图书馆里找空房间,组织大家一起观看哈佛大学最著名的公开课《公正》。在她眼里,那门课第一次开启了她对于公共话题的关注。而在她的iPad上,不乏类似的课程:耶鲁大学的《解读但丁》,牛津大学的《哲学概论》等等。"这些课程给了我一个喘息的空间,我希望自己不是仅仅局限在专业课的学习上"。

陈昕怡是众多网易公开课用户的一员,她已经习惯了在空闲时间开始自己的兴趣学习,并且在网易公开课的微博上参加活动。在活动中她认识了很多爱好相投的朋友,有很大一部分是19~24岁的大学生,甚至还有一些学有余力的高中生。私下交流的时候,陈昕怡了解到很多学习者都认为网络学习平台是个不错的学习平台,有很多资源可以选择,但是恰恰因为资源太多而不知该如何选择;也有学习者苦恼:学习之后,用不了多久就把知识搞混了,没有什么系统感,知识比较杂乱。

在一次网络课程中,同是经济管理专业的王建伟认识了陈昕怡,王建伟向陈昕怡请教如何才能学好宏观经济学这门课程。王建伟在学习这门课程时,感到有些吃力,因为许多细碎的知识点让王建伟觉得一团乱麻,没有头绪。陈昕怡对王建伟说:"你觉得宏观经济学这门课程有难度,那是因为你对其模块划分没有清晰的认识,这些模块之间是相互关联的。你要理清这些模块的划分,弄明白模块之间的关联,然后串联起来,就很容易从整体上把握宏观经济学的知识脉络,也就不容易忘记了。你可以利用一些工具,画出一个关联图,找出各部分的联系,学习这一部分内容就会很容易啦!"王建伟恍然大悟,他通过百度百科查找宏观经济学的相关资料，利用思维导图工具做出了宏观经济学的脉络图，很轻松地掌握了这门专业课程。

当然，在学习这些课外课程时，陈昕怡对于专业课的学习依然很努力，她的核心课程有管理学、会计学、西方经济学、国际金融及政治经济学等。她运用思维导图等工具加强各门课程中知识内容的联系，使得她以更为系统的角度来学习课程。

通过上述案例，我们可以看到陈昕怡通过网络学习平台、思维导图、概念图和Wiki等网络学习工具发展自己的兴趣，同时也帮助其他的学习者更高效地学习。目前很多在职学习者选用网络学习平台进行学习（比如电大会计学专业的网络课程），有很多教学资源，不受时间限制，并可以在线和教师进行交流沟通，解决学习中遇到的问题，教与学的方式灵活多样，并且有很多在线学习小组，可以交流心得，分享成果、合作学习，这些都为学习者提供了很好的学习环境。同时，如果学习者遇到知识逻辑混乱、学习过程不明朗时，可以选择使用思维导图或概念图，将学习所得或者学习过程像流程一样呈现出来，不再是没有目的的学习各种课程，而是有计划、有步骤的进行学习。

网络学习平台、思维导图、概念图和Wiki等网络学习工具之所以便于学生更高效的学习，是因为它们使知识以学习者自我的思维方式呈现，使得网络学习资源在一定的平台展现，这些都是知识可视化的一个过程，现在我们了解一下"知识可视化"概念以及什么是组织与呈现工具。

一、知识的可视化

学习者在网络学习中将接受大量的信息，其中不乏重要知识，如何有效管理和呈现这些抽象的信息，将是很重要的环节，这是一个可视化的过程。

知识可视化指可以用来构建、传达和表示复杂知识的图形图像手段，除了传达事实信息之外，知识可视化的目标还在于传输人类的知识，并帮助他人正确地重构、记忆和应用知识。知识可视化有助于知识的传播，在信息技术条件下，知识可视化有了新的突破：制作工具越来越多，制作方法更为简易，表现形式更为多样。知识可视化在教育中也逐步应用起来，并且范围更加广泛，效果也更受期待。知识可视化作为学习工具，能够改变认知方式，促进有意义学习；知识可视化作为教育理念，可以促进教师进行反思，辅助教学设计。

知识可视化可以以很多方式来进行，如图像、图表等，达到一种对知识进行组织和呈现的目的。如概念图是基于有意义学习理论提出的图形化知识表征；知识语义图以图形的方式揭示概念及概念之间的关系，形成层次结构。

结合这个概念，我们来分析下网络学习中的组织与呈现工具。

二、组织与呈现工具的定义

目前，将教育技术革命分为四个阶段。每一个阶段都有不同的信息呈现和组织的方式。第一阶段，家族教育和专业教师教育阶段，主要通过口头传送方式，依靠大脑记忆所获知识；第二阶段书写阶段；第三阶段发明印刷术，开始使用纸笔进行记录所获知识；第四阶段，到了计算机时代，通过互联网进行学习。媒介的改变，意味着我们学习方式也要创新，越来越多的学习者，从学校学习者到社会学习者，开始利用互联网进行学习资源的获取，并以此达到学习的目的。其中，网络学习中的组织与呈现工具将为其网络学习起到简化和帮助知识建构的作用。在此，网络学习中的组织与呈现工具，即在网络学习中，能将学习资源、学习既得以及学习反思、学习思路等内容系统性组织、表现、呈现出来，以清晰显现这些内容本身的相关性和与其他内容的联系性的工具。如思维导图、各种网络学习平台等。

拓展阅读

知识可视化的由来

“可视化”一词源于英文的“visualization”，原意是“可看得见的、清楚的呈现”，也可译为“图示化”，如计算机编程的可视化界面（VB、VC 等）。“可视化”作为专业术语的出现始于 1987 年 2 月，当时美国国家自然科学基金会（National ScienceFoundation，简称 NSF）召开的一个专题研讨会给出了“科学计算可视化”的定义、覆盖的领域以及发展方向。这标志着科学计算可视化作为一门学科在国际范围内已经成熟（潘云鹤，2001）。按照潘云鹤（2001）的观点，科学计算可视化（Visualization in Scientific Computing）的基本含义是指运用计算机图形学或者一般图形学的原理和方法，将科学与工程计算等产生的大规模数据转换为图形、图像，以直观的形式表示出来。

Eppler & Burkard (2004)认为知识可视化（Knowledge Visualization）是在科学计算可视化、数据可视化、信息可视化基础上发展起来的新兴研究领域，应用视觉表征手段，促进群体知识的传播和创新。一般来讲，知识可视化领域研究的是视觉表征在提高两个或两个以上人之间的知识传播和创新中的作用。这样一来，知识可视化指的是所有可以用来建构和传达复杂知识的图解手段。除了传达事实信息之外，知识可视化的目标在于传输见解、经验、态度、价值观、期望、观点、意见和预测等，并以这种方式帮助他人正确地重构、记忆和应用这些知识。

活动 1

什么是组织与呈现工具？你最初是怎么理解的？在阅读有关材料后，请你给组织与呈现工具下个定义。

任务 2　网络学习平台

任务引擎

有一只鸽子老是不断地搬家，它觉得每次新窝住了没多久就有一种浓烈的怪味，让它喘不上气来，不得已只好一直搬家。它觉得很困扰，就向一只经验丰富的老鸽子诉苦。老鸽子说:"你搬了这么多次家根本没有用,因为那种让你困扰的怪味并不是从窝里面发出来的,而是你自己身上的味道,你只有改变自己才能在一个地方长久地住下去。"随着网络技术对学习的影响,我们只有改变自己的观念、不断提升自己的能力、尝试改变自己的学习方式才能适应逐渐改变的学习方式。

通过本任务的学习,帮助学习者掌握网易视频公开课、可汗学院和MOOCS等网络学习平台的使用,学会在观看视频的过程中"做笔记"、与"同学"交流讨论并且能根据自己的需要选择合适的网络学习平台。

网络学习平台是一个包括网上教学和教学辅导、网上自学、网上师生交流、网上作业、网上测试以及质量评估等多种服务在内的综合教学服务支持系统。它能提供实时和非实时的教学辅导服务,旨在帮助系统管理者与老师掌控各种教学活动并记录学习情况及进度。凭借该系统,教师们可以安排各类教学活动以及学生的学习过程。

网络学习平台实际上是为远程教学提供了一个环境,它最大的特点是师生之间、学习者之间在时间和空间上是分离的,学习者往往处于个体的、独立的学习环境中。若不能实现师生之间、学习者之间及时的交互,一定会影响学习效果。网络学习平台较其他形式教育媒体环境最突出的优势就是拥有智能型远程协作学习平台模块,能以实时或非实时的交互方式方便地实现师生之间、学习者之间的对话与协作。学习者之间可以通过E-mail、BBS进行非实时讨论,也可以通过视频会议系统、聊天室等技术进行在线交流,实时讨论,求助解疑。

网络学习平台的类型很多,了解这些平台,在此基础上选择适合自己的网络学习平台。下面让我们跟随陈昕怡的脚步来学习不同形式的网络学习平台吧。

一、网易视频公开课

陈昕怡想学习微分方程,于是她登录了网易公开课网站,初始界面(网址为 http://open.163.com/)如图5-1所示。陈昕怡提醒大家:下拉页面还有很多类别的课程可供选择。

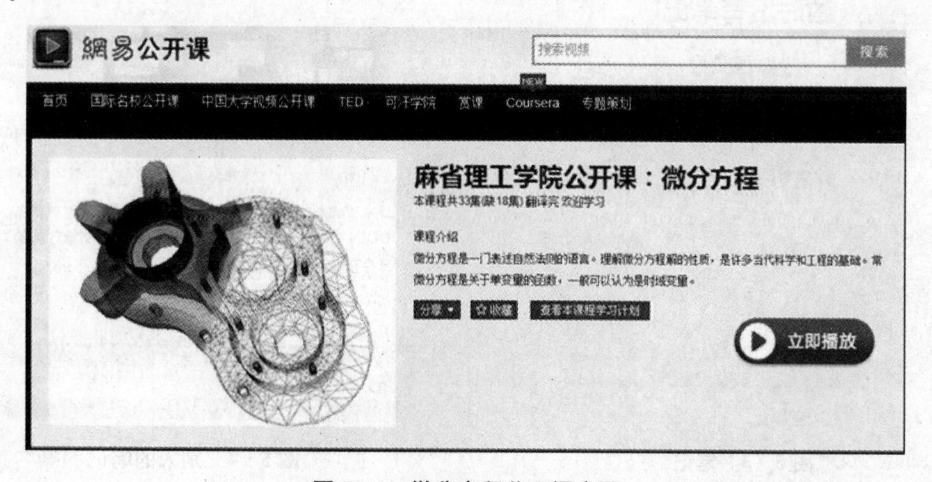

图5-1　微分方程公开课主页

陈昕怡在观看视频学习的过程中，她有时会暂停休息一会儿，有疑惑的时候就退回反复观看，直到疑惑消除为止，有时候她也会下载该课程的某一集回宿舍观看，如图 5-2 所示。

图 5-2　观看视频学习

陈昕怡的学习习惯很好，如果在观看视频学习时遇到重要的知识点，她会点击“笔记”按钮把重要的知识点记录在自己的“笔记本”中，同时她也能看到网友的笔记内容，如图 5-3、图 5-4 所示。

图 5-3　笔记

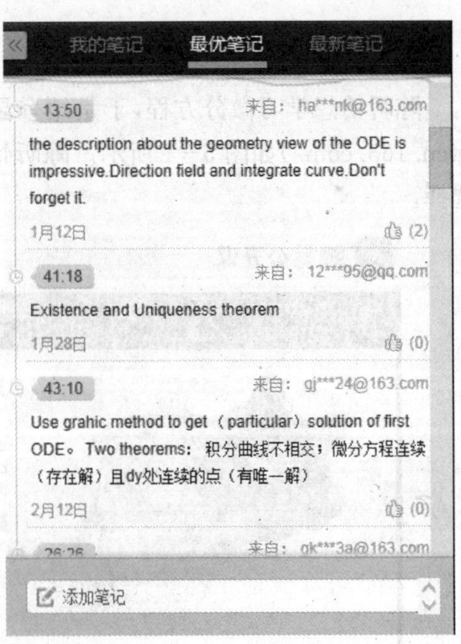

图 5-4　别人的笔记

二、可汗学院

可汗学院(Khan Academy),是一个非盈利教育组织,通过在线图书馆收藏了 3 500 多部可汗老师的教学视频,向世界各地人们提供免费的高品质教育。

可汗学院利用了网络传送的便捷与录影重复利用成本低的特性,每段课程影片长度约十分钟,从最基础的内容开始,以由易到难的进阶方式互相衔接。教学者本人不出现在影片中,用的是一种电子黑板系统。其网站目前也开发了一种练习系统,可以记录你对每一个问题的完整练习记录,教学者参考该记录,可以很容易得知你对哪些观念不懂。图 2-5为可汗学院视频课程截图。

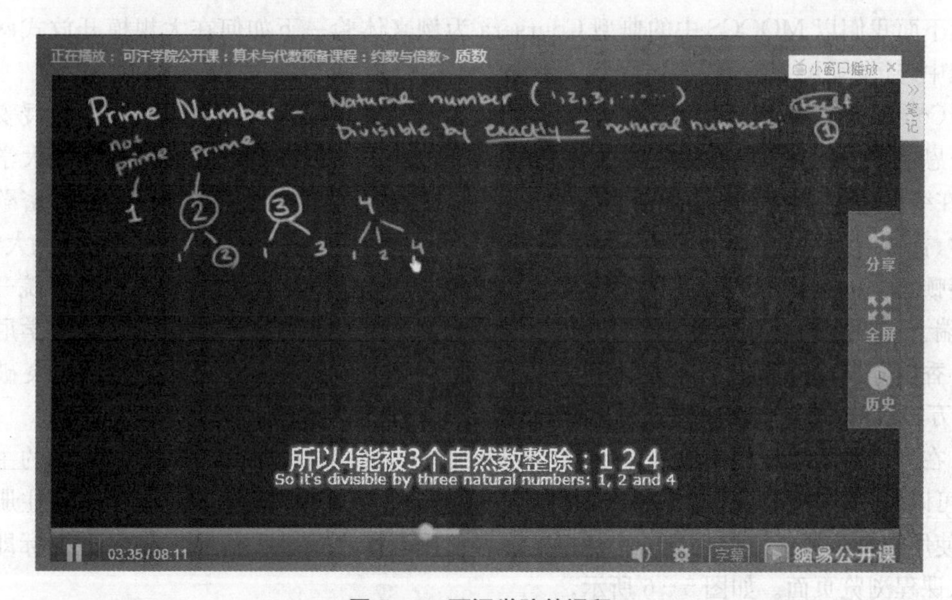

图 5-5　可汗学院的课程

三、大型开放式网络课程 MOOCS

虽然大量公开免费线上教学课程是 2000 年之后才发展出来的概念,其理论基础深植于资讯时代之前,最远可追溯至 20 世纪 60 年代。1961 年 4 月 22 日巴克敏斯特・富勒针对教育科技的工业化规模发表了一个演讲。1962 年,美国发明家道格拉斯・恩格尔巴特向史丹福研究中心提出一个研究"扩大人类智力之概念纲领",并在其中强调使用电脑辅助学习的可能性。在此计划书里,恩格尔巴特提倡电脑个人化,并解释使用个人电脑搭配电脑间的网络为何将造成巨大、扩及世界规模的交换资讯潮。

2007 年 8 月大卫・怀利在犹他州州立大学教授早期的大型开放式网络课程,或称为大型开放式网络课程原型,一个开放给全球有兴趣学习的人来参与的研究生课程。在成为开放课程之前,这门课本来只有 5 个研究生选修,后来变成有 50 个来自 8 个国家的学生选修。2011 年秋天大型开放式网络课程有重大突破:超过 160 000 人透过赛巴斯汀・索恩新成立的知识实验室(现称 Udacity)参与索恩和彼得・诺威格所开设的人工智能课程。2012 年,美国的顶尖大学陆续设立网络学习平台,在网上提供免费课程,Coursera、

Udacity、edX 三大课程提供商的兴起，给更多学生提供了系统学习的可能。2013 年 2 月，新加坡国立大学与美国公司 Coursera 合作，加入大型开放式网络课程平台。新加坡国立大学是第一所与 Coursera 达成合作协议的新加坡大学，它于 2014 年通过该公司平台推出量子物理学和古典音乐创作的课程。

MOOCS 课程能自由取得资源，不需有学校的学籍就会可以免费使用大型开放式网络课程；没有学生人数限制，许多传统课程师生比都很小，但大型开放式网络课程是设计给广大群众使用的。因为 MOOCS 有为数众多的学习者，以及可能有相当高的学生与教师比例，在教学设计方面需要能促进大量回应和互动。这主要通过同侪审查（peer review）、小组合作以及使用客观、自动化的线上评量系统等来实现的。

下面我们以 MOOCS 中的典型 Coursera 为例来体验一下如何在大规模开放式网络课程中进行学习。

Coursera 是免费大型公开在线课程项目，由美国斯坦福大学两名电脑科学教授安德鲁·恩格（Andrew Ng）和达芙妮·科勒（Daphne Koller）创办。旨在同世界顶尖大学合作，在线提供免费的网络公开课程。Coursera 的首批合作院校包括斯坦福大学、密歇根大学、普林斯顿大学、宾夕法尼亚大学等美国名校。另外还与佐治亚理工学院、杜克大学、华盛顿大学、加州理工学院、莱斯大学、爱丁堡大学、多伦多大学、洛桑联邦理工学院—洛桑（瑞士）、约翰·霍普金斯大学公共卫生学院、加州大学旧金山分校、伊利诺伊大学厄巴纳—香槟分校以及弗吉尼亚大学等 12 所大学达成合作协议。其课程报名学生突破了 150 万，来自全球 190 多个国家和地区，而网站注册学生为 68 万。

在浏览器的地址栏中输入 https://www.coursera.org/，即可进入 Coursera 的主界面，可以对一些热门课程有个大致的浏览。屏幕的右上角的“Sign Up”图标用来注册账户，使用邮箱注册就可以得到一个免费的账号。用新账户登录后点击“Courses”图标即可进入课程浏览页面。如图 5-6 所示。

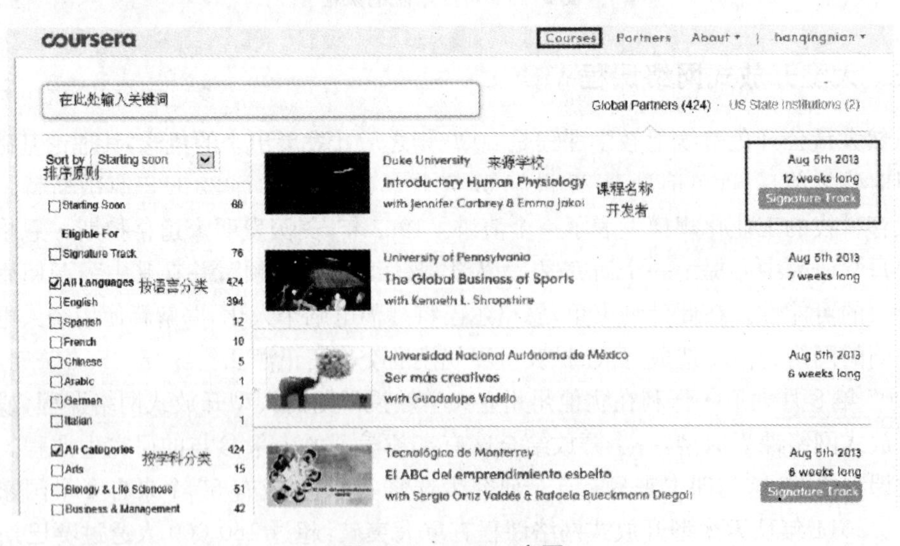

图 5-6 Courses 主页

你可以用关键词搜索课程，或者根据语言或者学科进行排列，然后选择。每门课程右边都有它的状态信息，告知我们开课时间、状态等等。

假设你对统计学很感兴趣，那么便可以输入关键词 statistics，符合条件的课程共有 27 门，根据课程内容及时间安排，选择最适合你的课程。也可以查看以往开过的课程。比如有一门课程叫做 Statistics：Make Sense of Data，是 2013 年 4 月 1 日开课的，历时 8 个月。点击则可进入该课程的页面，如图 5－7 所示。

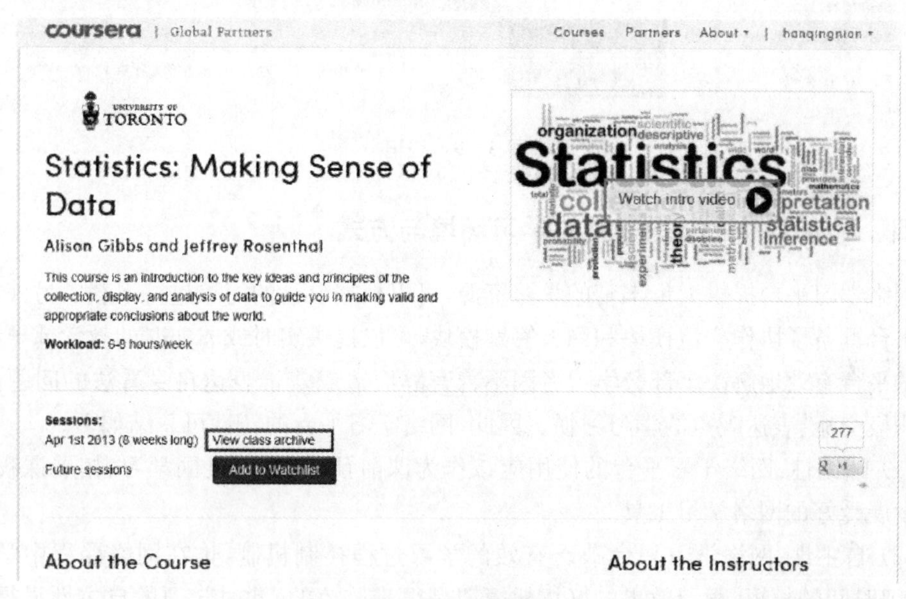

图 5－7　课程主页

课程已经开设完成，不过我们可以通过“View class archive”查看保留下来的资料。如图 5－8 所示。

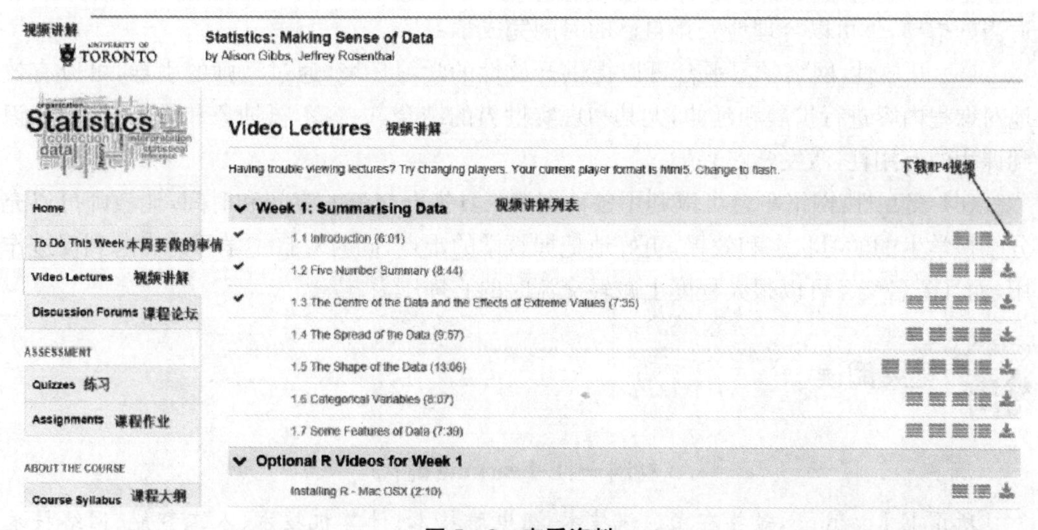

图 5－8　查看资料

这样你就可以根据学习需要在线或者将资源下载下来自学了。或者查看课程论坛中别人的讨论，也是不错的学习方法。值得一提的是，在这门课程的在线视频中嵌入了问答,可以及时测试你的学习效果,并给予反馈,就好像我们在教室里教师上课的问答一样。

这门课程是已经开设过的课程,对于未开的课程我们可以点击图 5-9 中的"Sign Up"图标进行登记,这样,当课程即将开始的时候以及开设过程中,你的邮箱会及时收到课程的相关信息,以使你不会因工作繁忙而忘记学习。

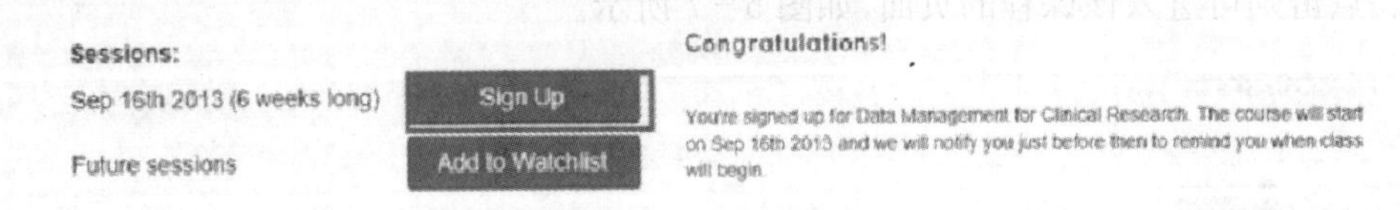

图 5-9 登记

四、网络学习平台——新的学习环境与方式

网络学习平台提供大量丰富的学习资源,可以根据自己的需求进行下载。另外,网络学习平台具备了协作交流模块和网上答疑模块,可以提供实时或非实时的教学辅导服务。这样的平台有效地解决了部分学习者因不善言辞而造成羞于表达自身看法的问题,同时培养积极交流、表达观点的学习习惯。因此,网络学习平台的特性可总结如下。

(1) 辅助性:网络学习平台的使用应该作为课前预习、课后巩固学习、拓展课程内容以及发展爱好的网络学习工具。

(2) 自主性:网络学习平台缺乏有效的学习过程控制机制,你在网络课程中学与不学,学习时间的长短、学习效果的好坏从短期是很难监控的,此时学习的自主性显得尤其重要。

(3) 可重复:网络学习平台可以实现课堂再现,提供多次重复学习的机会。

(4) 异步性:网络学习平台可以实现教与学的异步,教师只要安排好学习任务并进行适当的指导,你可以合理地安排自己的时间完成学习。

(5) 开放性:网络学习平台可以提供开放性的学习环境,通过教师的引导,可以有效地对课程内容进行扩展和延伸,尤其和现实世界的结合,内容不再抽象和教条,让你认识到课程的有用性,激发学习兴趣。

(6) 交互性:网络平台可以利用各种交流工具提升交流的空间和时间,让教师可以充分掌握学生的学习状态和效果,更好地把握教学的难点,同时对自主学习能力起到促进作用,而且匿名交互可以很大程度上减轻交流时的心理压力。

拓展阅读

材料一:E-Learning 时代

所谓 E-Learning,是指在由通讯技术、微电脑技术、计算机技术、人工智能、网络技术和多媒体技术等所构成的电子环境中进行的学习,是基于技术的学习。

美国教育部 2000 年度"教育技术白皮书"里对"E-learning"进行了阐述,具体有如下几个方面:

E-learning 指的是通过因特网进行的教育及相关服务；

E-learning 提供给学习者一种全新的方式进行学习，提供了学习的随时随地性，从而为终身学习提供了可能；

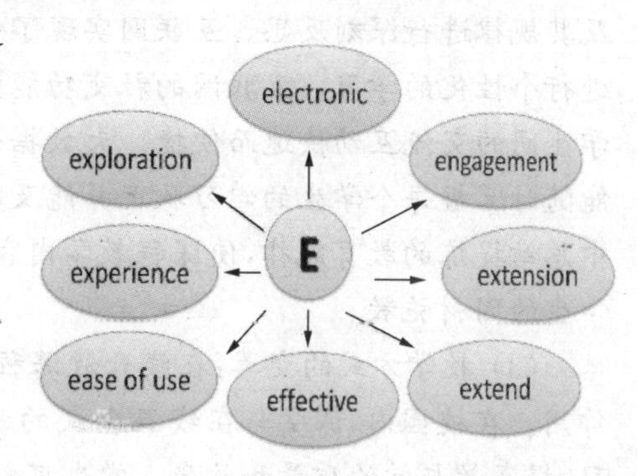

E-learning 改变教学者的作用和教与学之间的关系，从而改变教育的本质；

E-learning 能很好地实现某些教育目标，但不能代替传统的课堂教学，不会取代学校教育。

知行堂的学习教练肖刚将 E-Learning 定义为：通过应用信息科技和互联网技术进行内容传播和快速学习的方法。E-Learning 的"E"代表电子化的学习、有效率的学习、探索的学习、经验的学习、拓展的学习、延伸的学习、易使用的学习、增强的学习。

企业的 E-Learning 是通过深入到企业内部的互联网络为企业员工提供个性化、没有时间与地域限制的持续教育培训方式，其教学内容是已经规划的、关系到企业未来的、关系到员工当前工作业绩及未来职业发展目标的革新性教程。

材料二：在线开放课程发展促使高等教育学习模式变革

日前，北京大学与德稻集团进行合作，双方将共同开展 MOOCS 课程（大规模网络开放课程）研发，致力于打造与世界同步的 MOOCS 课程体系，推动中国在线开放课程的普及和发展。

这一举措标志着在大规模在线教育发展并可能引发全球高等教育深刻变革中，我国高校紧跟时代步伐，积极参与并融入了国际在线教育发展，同时在搭建大规模在线教育平台方面迈出了坚实步伐。

有专家称，MOOCS 对传统高等教育带来巨大冲击，又为大学打开了一扇更大的教育之窗。

让更多的人接受更好的教育是教育的追求。互联网教育从单向的视频公开课转向更加互动和高效的具备完善学习系统的大规模在线开放课程无疑是教育的进步。以往的公开课是单向的，只是"看录像"；大规模在线开放课程则是互动的，能和上课的教授在线交流，能进入学习社区和成千上万的同学交流讨论，课程上有着完整的学习和管理系统。

以 MOOCS 建设与发展为契机，由上海交通大学牵头，北京大学、清华大学、复旦大学、浙江大学、南京大学、中国科学技术大学、哈尔滨工业大学、西安交通大学等 C9 高校及同济大学、大连理工大学、重庆大学就"在线开放课程"标准与共享机制建设、共享平台建设加强合作，探索基于"慕课"共享的跨校联合辅修专业培养模式。在互联网发展的大潮下，越来越多的事物被重新定义，教育的方式迎来新的变革，如

(1) 学习模式变革：大规模在线开放课程的发展使传统高等教育的学习模式面临变革。在线开放课程基于大数据的分析，可以全面跟踪和掌握学生个性特点、学习行为、学习过程，进行有针对性的教学，更准确地评价学生，提高学生的学习质量和学习效率，大幅度提升人才培养质量。

(2) 教育观念变革:在线开放课程颠覆了传统的教育观念,促使教师对教与学的过程及其规律进行深刻反思。互联网实现了任何学习者在任何时间、任何地点,按自己的节奏进行个性化的学习。互联网的社交功能更使学生有了一个虚拟的学习社区,使得师生间、学生间的交流互动快速而便捷。大数据分析深入每个学生学习过程的各环节中,使教师能随时掌握每个学生的学习状况并能及时进行反馈指导和提供学习资源。从教育大数据中总结提炼的教育规律,使课程教学内容和教学环节设计得以持续改进,支撑了针对每个学生的因材施教。

(3) 教学方式的变革:在线开放课程对优化大学校园内的教学方式有着同样重要的作用。在校园内,课堂与在线混合式的教学相结合,可以实现更加深度的和个性化的学习,提高教与学的质量和效率。学生可以按自己的节奏、进度和方式随时随地学习基础内容,课堂时间更多地用来进行师生间的深度互动,讨论重点和疑难问题。每学习一段内容之后的测试和即时反馈有利于学生学习的循序渐进。而在校园之外,在线开放课程是人们接受高质量教育的一个替代途径,成为提高职业技能和自我提升的一个重要方式。

(4) 学分证书改革:教育部部长助理林蕙青在2013年6月3日清华大学举行的大规模在线教育论坛接受记者采访时表示,教育部将积极探索学籍、学分、学历证书等管理制度的改革,建立适应学习者个性化学习需求和终身教育体制要求的在线教育管理制度。教育部鼓励各级教育行政部门和高等学校因地制宜,因校制宜,全面开放网上课程等教育教学改革,积极探索学籍、学分、学历证书等管理制度改革,建立适应学习者个性化学习和终身教育要求的在线教育管理制度。

活动2

1. 你以前接触过视频公开课吗?从网易中选择一门自己最感兴趣的课程进行学习体验并撰写体验报告。

2. 你还了解哪些网络学习平台?向你的小伙伴介绍你认为最好的一个。

任务3 Wiki

单元引擎

一位长者在途中遇到了两个饥饿的人,并赐予他们一根鱼竿和一篓鲜鱼,其中一人要了那篓鲜鱼吃完后就饿死了,另一个人要了那根鱼竿走向大海,但还没走到海边也饿死了。又有两个饥饿的人,同样得到了长者恩赐的一根鱼竿和一篓鲜鱼。只是他们并没有各奔东西,而是商定共同去找寻大海,每次只煮一条鱼,经过了遥远的跋涉,终于来到了海边。从此,两人开始了捕鱼为生的日子。协作,在网络学习中显得尤为重要,并且支持合作学习的网络学习工具也有很多。

通过本任务的学习,理解Wiki的概念和特点,熟练使用百度百科、维基百科等Wiki

平台，能够运用它们来收集学习资料、创建词条、更新已有词条等。另外，在本任务的学习中，要有协作的意识，能在协作中完成知识的组织与呈现。

Wiki 其实是一种新技术，一种超文本系统。这种超文本系统支持面向社群的协作式写作，也包括一组支持这种写作的辅助工具。也就是说，这是多人协作的写作工具，Wiki 的写作者自然构成了一个社群，Wiki 系统为这个社群提供简单的交流工具。我们可以在 Web 的基础上对 Wiki 文本进行浏览、创建、更改，而且创建、更改、发布的代价远比 HTML 文本要小。我们把利用 Wiki 系统构建的网站称为 Wiki 网站，或称之为维基主页；"客"隐含人的意思，所以使用 Wiki 的用户称之为维客（Wikier）。

Wiki 是一个供多人协同写作的系统，其天然的优势在于知识的积累不需要精华区，不需要去写 FAQ、不需要额外的整理过程和交流过程，因此它与博客、论坛等常见系统相比，Wiki 有以下特点：

开放的：社群内的成员可以任意创建、修改、或删除页面。

维护快速：快速创建、更改网站各个页面内容。

格式简单：基础内容通过文本编辑方式就可以完成，使用少量简单的控制还可以加强文章显示效果。

链接方便：通过简单的"[[条目名称]]"，可以直接产生内部链接。外部链接的引用也很方便。

自组织：同页面的内容一样，整个超文本的相互关联关系也可以不断修改、优化。

可汇聚的：系统内多个内容重复的页面可以被汇聚于其中某个相应的链接，结构也随之改变。

可增长：页面的链接目标可以尚未存在，通过点选链接，我们可以创建这些页面，使系统得以增长。

一、"百度百科"维基平台

刚上大学的陈昕怡常听朋友说起"数学教育学报"，但她不太了解这是个什么级别的杂志，于是她想到了不久前老师向她推荐的"百度百科"维基平台。首先，陈昕怡通过百度进入"百度百科"维基平台，如图 5-10、5-11 所示。

图 5-10　百度首页

图 5 - 11　百度百科首页

随后，陈昕怡在搜索栏中输入“数学教育学报”，然后点击“进入词条”链接即可查找到相关信息，如图 5 - 12 所示。

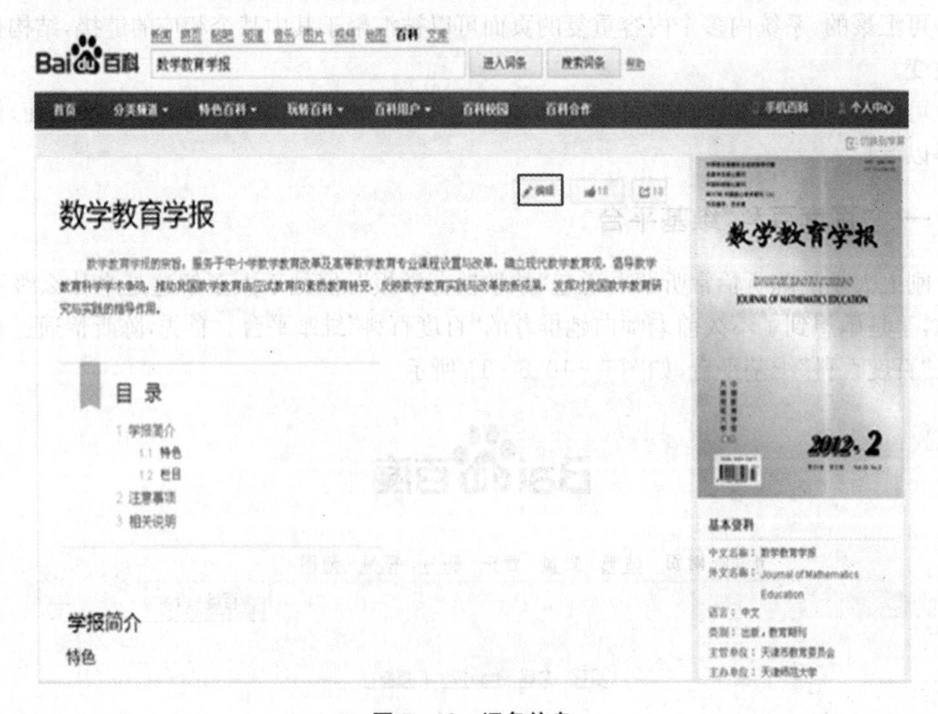

图 5 - 12　词条信息

陈昕怡在阅读“数学教育学报”的相关信息时，无意中点击到“编辑”链接，弹出对话框

(图 5－13)，她按要求注册并登录后发现页面变为图 5－14 所示，此时，陈昕怡恍然大悟：原来“百度百科”维基平台中的词条信息是汇聚大家的力量来创建并完善的。

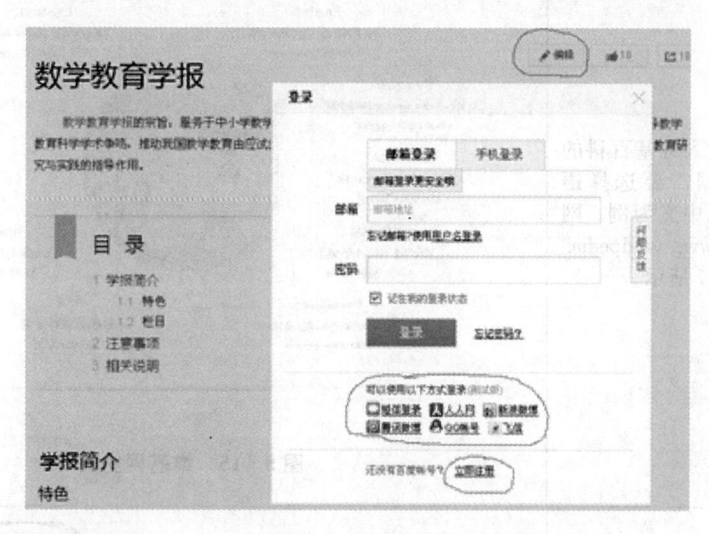

图 5－13　编辑词条

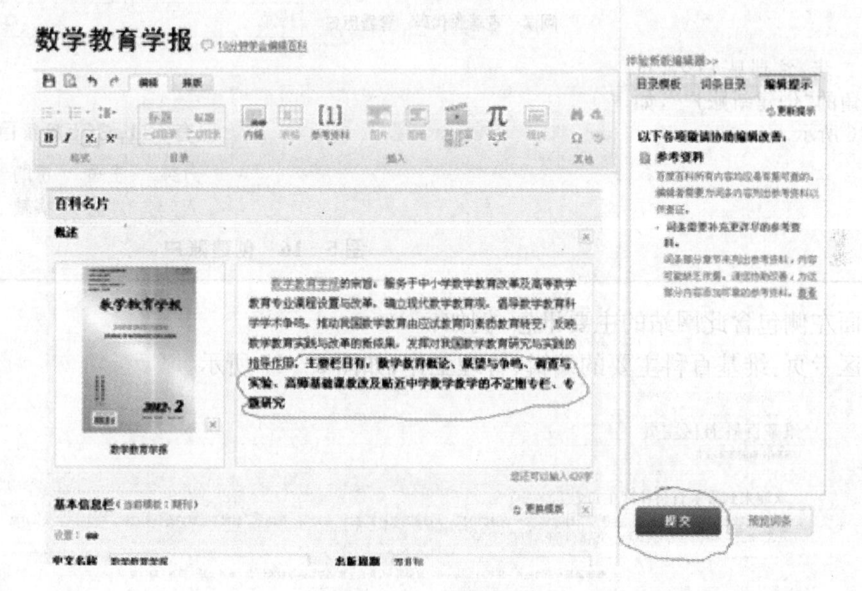

图 5－14　编辑词条

二、维基百科(Wikipedia)

维基百科是一个基于 Wiki 技术的多语言百科全书写作计划，也是一部用不同语言写成的百科全书，其目标及宗旨是让地球上的每一个人用他们选择的语言得到全世界知识的总和。维基百科的基本使用方法如下。

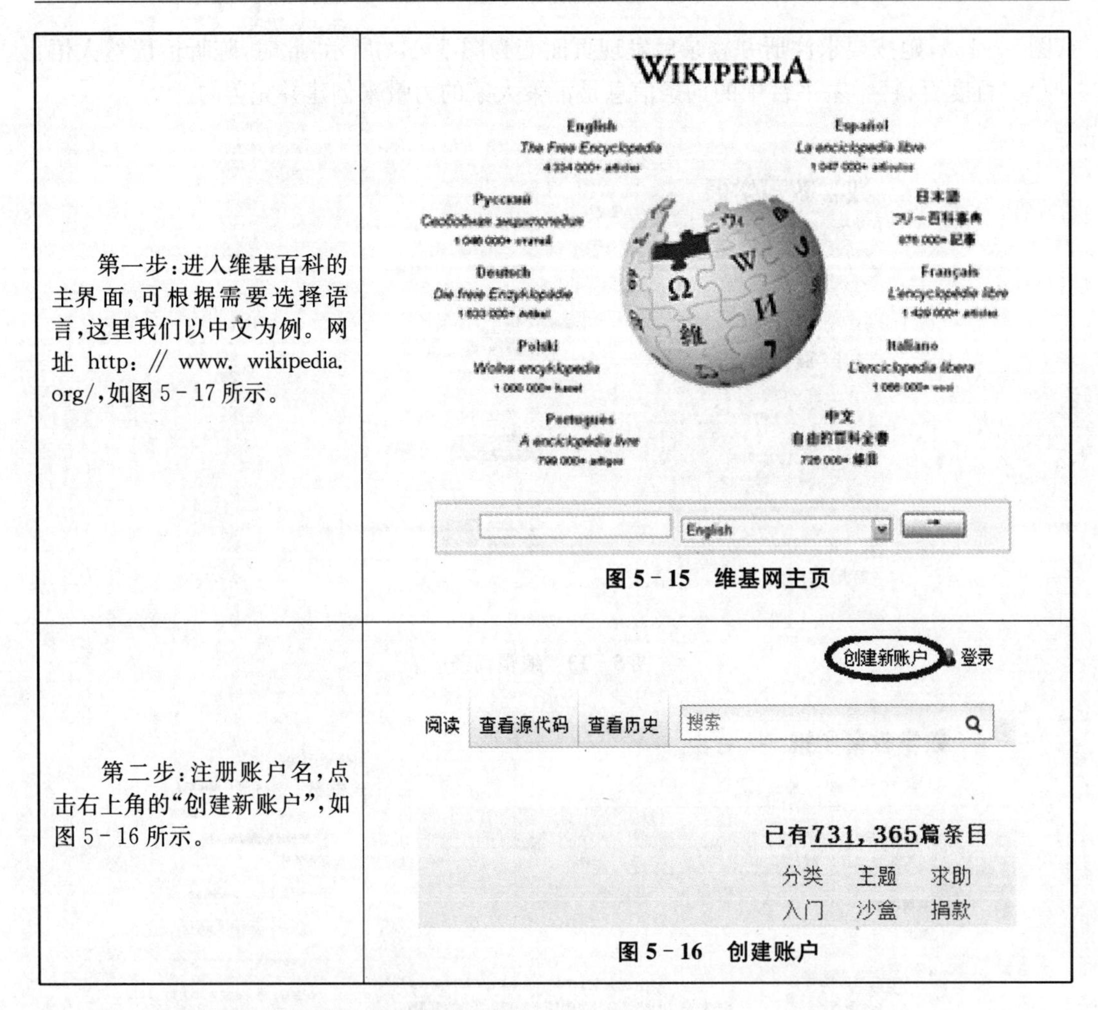

第一步：进入维基百科的主界面，可根据需要选择语言，这里我们以中文为例。网址 http：// www. wikipedia. org/，如图 5－17 所示。	图 5－15　维基网主页
第二步：注册账户名，点击右上角的“创建新账户”，如图 5－16 所示。	图 5－16　创建账户

界面左侧包含此网站的主要讯息，例如：

社区专页：维基百科主要的编辑、管理工作，如图 5－17 所示。

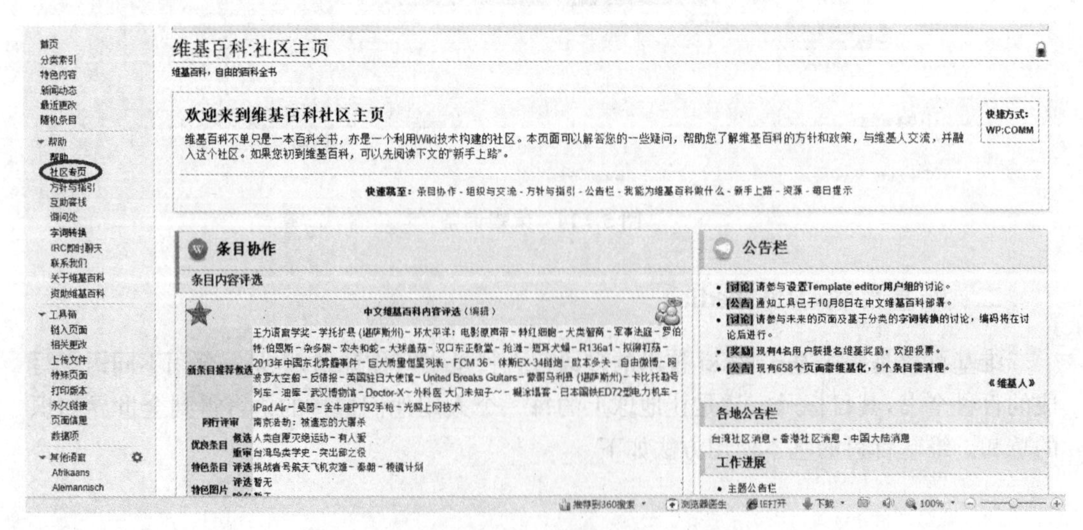

图 5－17　社区专页

新闻动态：开放提交刊登于首页的新闻，如图 5 - 18 所示。

Portal:新闻动态

维基百科，自由的百科全书

地区

世界 | 台湾 | 澳门 | 香港 | 英国 | 中国大陆 | 日本

新闻焦点

- 曾入选为NBA50大巨星与NBA最佳教练的美国篮球选手**比尔·夏曼**逝世，享年87岁。
- 为了自己儿子罗伦佐·奥登而开发出罗伦佐的油的意大利经济学家**奥古斯都·奥登**逝世，享年80岁。
- 曾获得2013年奥斯卡荣誉奖的美国特技演员暨电影导演**哈尔·尼达姆**（图）逝世，享年82岁。
- 前中国共产党中央政治局委员**薄熙来**的受贿、贪污与滥用职权案上诉被驳回，维持无期徒刑。
- 著名西班牙歌手暨演员**马诺洛·埃斯科瓦尔**在西班牙贝尼多尔姆逝世，享年82岁。

图 5 - 18　新闻动态

最近更改：显示刚被修改过的词条和相关讯息，如图 5 - 19 所示。

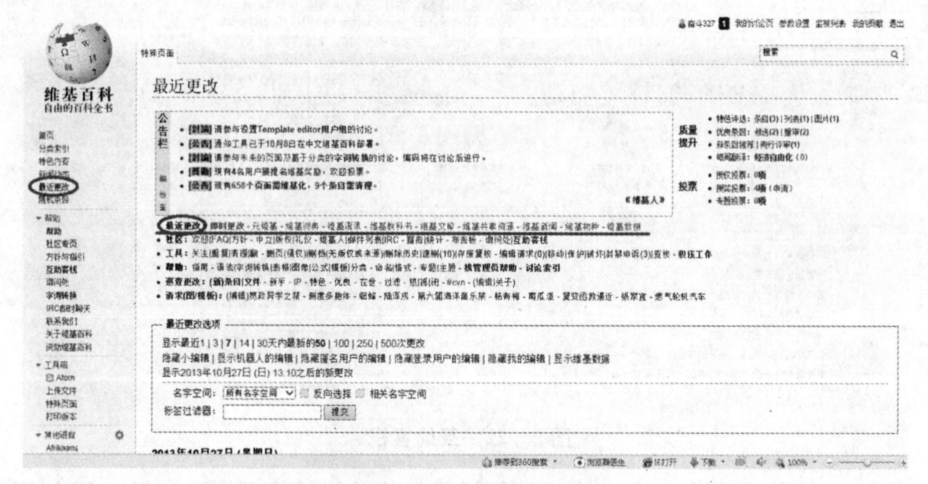

图 5 - 19　最近更改

特色内容：大家评选出内容质量兼优的词条，如图 5 - 20 所示。

Portal:特色内容

维基百科，自由的百科全书

维基百科特色内容

特色内容是维基百科社群推荐的典范之作。展示在这里的文章、图片及其他内容，都是参与者在维基百科的精神感召之下共同协作努力的成果。所有的特色内容都是在高标准的严格要求下评选出来的，可以作为我们的典范和终极目标。特色内容都会在正文页面的右上角用一个铜质小星（★）来表示。这里提供了到维基百科所有特色内容的链接，而且每一类型的内容都会用一个实例做展示。所展示的内容会一直保持随机更新。

你也可以浏览下面其他的特色内容实例。

特色内容

- 特色条目
- 特色图片
- 特色列表

最新特色内容编辑

最新的特色条目

- 变形金刚（2007年电影）
- 美利坚合众国诉进步案

最新的特色列表

- 吴越国州县列表
- 佛罗里达州行政区划

最新的特色图片

- 姑苏繁华图
- 华特·迪士尼音乐厅

图 5 - 20　特色内容

帮助：维基百科的使用手册，包括读者手册、编辑手册、管理手册，如图 5－21 所示。

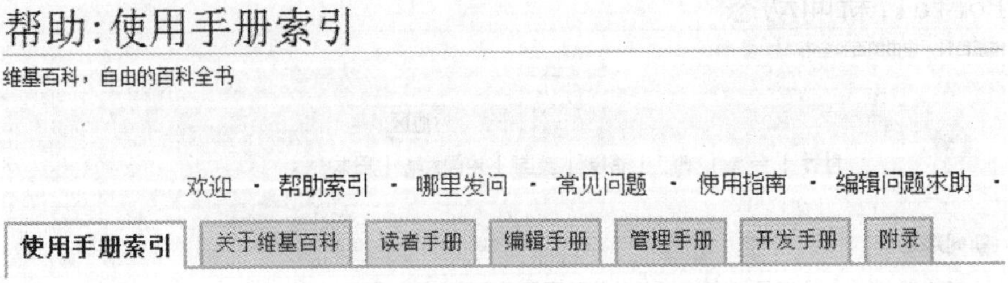

帮助:使用手册索引

维基百科，自由的百科全书

欢迎 · 帮助索引 · 哪里发问 · 常见问题 · 使用指南 · 编辑问题求助 ·

使用手册索引　关于维基百科　读者手册　编辑手册　管理手册　开发手册　附录

图 5－21　帮助

互助客栈：维基百科的大型讨论区；其他语言区：显示所有语言版本的链接，如图 5－22所示。

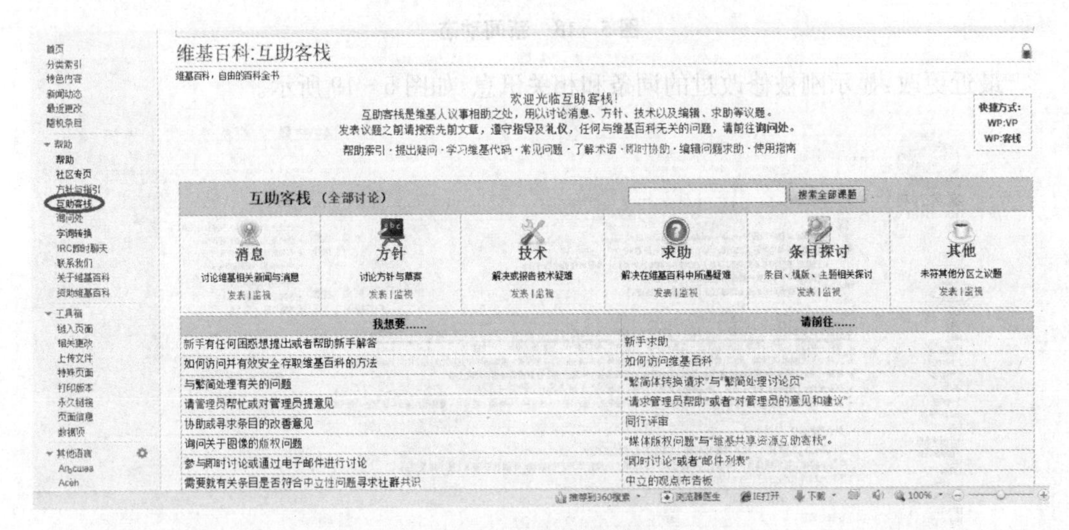

图 5－22　互助客栈

由此可以看出，如果你具备基本计算机操作技能就能够使用 Wiki，而且 Wiki 的开放性能够充分培养批判意识和广泛学习的能力，以及和他人沟通交流的能力，这也正是网络学习的优势所在。

三、Wiki——整理学习思路的第一步

王建伟同学在陈昕怡的帮助下利用百度百科和思维导图等网络学习中的组织与呈现工具对光合作用的相关知识进行了梳理，整理出了比较明晰的学习思路，从而克服了这一学习难点。

学习常常是用实践、读书和研究等方式提高思想或获得知识与技能。学习要讲思路，思路不是凭空产生的，而是以客观事物为基础的。客观事物反映在人的头脑中，经过观察、理解和认识的过程，形成人对这些事物的印象、看法、态度或感情。把这些印象、看法、态度或感情理出个头绪来，就是所谓思路。即学习思路就是从知识的逻辑思路中同化出来的认知思路。

德国哲学家笛卡尔曾说过:“最有价值的知识是关于思路和方法的知识。”古今中外无数事实证明:科学的学习思路和方法将使学习者的才能得到充分的发挥,越学越聪明,给学习者带来高效率和乐趣,从而节省大量的学习时间;不得法的学习思路和方法,会阻碍才能的发挥,越学越死板,给学习者带来学习的烦恼和自信心降低。由此可见,思路和方法在学习过程中占有十分重要的地位。

事实上,要对学习思路进行整理,首先要有对学习对象相关知识的输入,获取丰富、全面的相关知识利用Wiki平台是再合适不过的了。其次,有了学习对象相关知识的输入后就要进行知识的梳理。怎样才能对知识进行有条理的梳理呢?使用思维导图或思维地图可以达到条理清晰、内容简明扼要的地步,这样就可以使整理工作变得轻松不少。

拓展阅读

Wiki的来源及发展

“Wiki”一词源于夏威夷语“wee kee”,意思是“快点快点”。大约是因为“快点快点”的催促暗合了这个系统迫切需要的参与精神,沃德·坎宁安(Ward Cunningham)就用Wiki命名了以“知识库文档”为中心、以“共同创作”为手段、靠“众人不停地更新修改”这样一种借助互联网创建、积累、完善和分享知识的全新模式。后来沃德·坎宁安(Ward Cunningham)为Wiki总结了开放、增长、有组织、通俗、全民、公开、统一、精确、宽容、透明、汇聚等设计原则,凡是基本符合这些设计原则的内容编辑系统都可称之为Wiki。

Wiki技术是Web 2.0技术时代最具革命意义的技术之一,它为人类提供了一种新的信息创造模式。Wiki技术就是组织大规模协作以获得无限创造能量并使其创造物为社会共享的技术。

Wiki技术理念最成功的应用就是维基百科。维基百科是一个基于Wiki技术的多语言的网络百科全书协作计划。“它的目标和宗旨是为全人类提供自由的百科全书——用他们选择的语言所书写的、全世界知识的总和。”2001年1月15日维基百科这一近乎狂想的工程规划启动,时至今日,维基百科已经成为互联网上最大的资料来源网站之一,在互联网世界排名于世界第八大网站。目前在276种的独立语言版本中,共有6万名以上的使用者贡献了超过1 800万篇词目。总登记用户也超越2 650万人,而编辑次数更是超越10亿次。截至2011年6月,共有360 452篇条目以中文撰写。每天有数十万的访客作出数十万次的编辑并创建数千篇新条目以让维基百科的内容变得更完整。

中国人在自己的维基平台上进行的创造更为可观。2005年7月,由潘海东博士主持创办的互动百科(www. hudong. com)网站面世,互动百科已经开发出具有中国风格的Wiki技术系统,它运用Wiki技术打造了“没有围墙的大学”为全球中文用户提供知识服务。它以词媒体形式反映时代特色、记录社会形态,截至2011年11月,已经打造出572万词条、57.9亿万文字、608万张图片,成为全球最大的中文百科网站。

Wiki技术和任何科学技术一样,具有自身的负面效应。它在开辟自由创造与有序协作空间的同时,也支付着运行的代价。其中包括:

(1) 海量信息所导致的重点淹没。当参与信息协作的人数在网际范围内剧增之时,信息的生产规模将急剧扩张，这种泥沙俱下、鱼龙混杂的迅速生成的海量信息，必然会对有价值的信息在客观上造成淹没之势。

(2) 多元价值取向对系统稳定性的冲击。当具有不同文化背景、不同政治信仰、不同思维方式、不同感情倾向的网民都能够参与信息制造和信息修改的时候，不同文化体系的冲突，不同价值观念的辩争将是信息运行的常态。因此，信息系统运行面临的震荡力就将产生。

(3) 公共开放平台面临的安全威胁加剧。人类在现实空间遭遇的任何威胁，在网络世界里都会出现。维基这种开放性的公共平台将面临更为复杂的干扰力、破坏力甚至是摧毁力的威胁。

然而，如果我们相信公共参与的信息创造与传播是信息权利演进的必然趋势，那么我们只能坦然面对伴随网络技术而生的所有问题与弊端。

活动 3

1. 选择一个适合自己的维基平台，更新并完善自己了解的词条。
2. 组织兴趣小组创建新词条。

任务 4 思维导图

任务引擎

放射性思考是人类大脑的自然思考方式，每一种进入大脑的资料，不论是感觉、记忆或是想法，包括文字、数字、符码、香气、食物、线条、颜色、意象、节奏、音符等，都可以成为一个思考中心，并由此中心向外发散出成千上万的关节点。

通过本任务的学习，需要了解思维导图的由来、理解它的原理、掌握它的设计步骤，并且掌握使用 Mindjet MindManager 或 FreeMind 软件绘制思维导图，以及领会思维导图在思维的展现、思维的发展、学习兴趣的激发和学习计划的制订等方面发挥的作用。

在学习政治经济学时，陈昕怡决定借助一个工具将政治经济学中的一些内容展现出来，我们首先在这里学习一个非常适合完成这项工作的工具——思维导图。

思维导图的创始人是东尼·博赞(Tony Buzan)，英国著名心理学家、教育学家。思维导图又叫心智图，是表达发射性思维有效的图形思维工具，它运用图文并重的技巧，把各级主题的关系用相互隶属与相关的层级图表现出来，把主题关键词与图像、颜色等建立记忆链接，是一种将放射性思考具体化的方法。

思维导图可以在任何学习中进行运用，不论是手绘(如图 5－23、图 5－24)还是运用相关软件(如图 5－25、图 5－26)。手绘比较耗时且不易修改，我们在本单元将学习方便快捷的思维导图软件，帮助学习者在日常学习过程中提高效率。

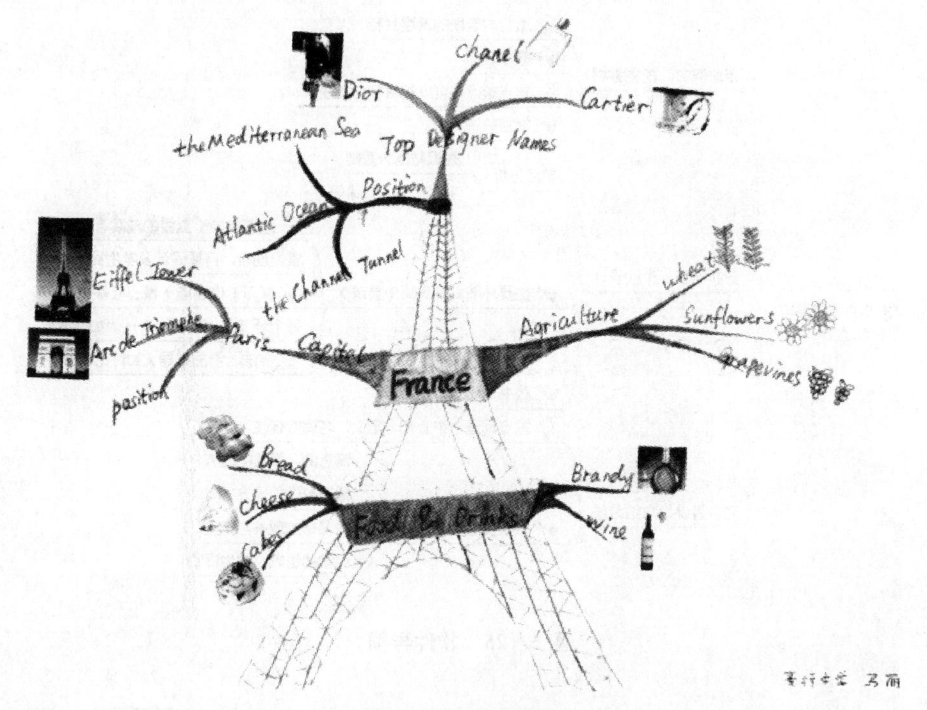

图 5－23　手绘导图

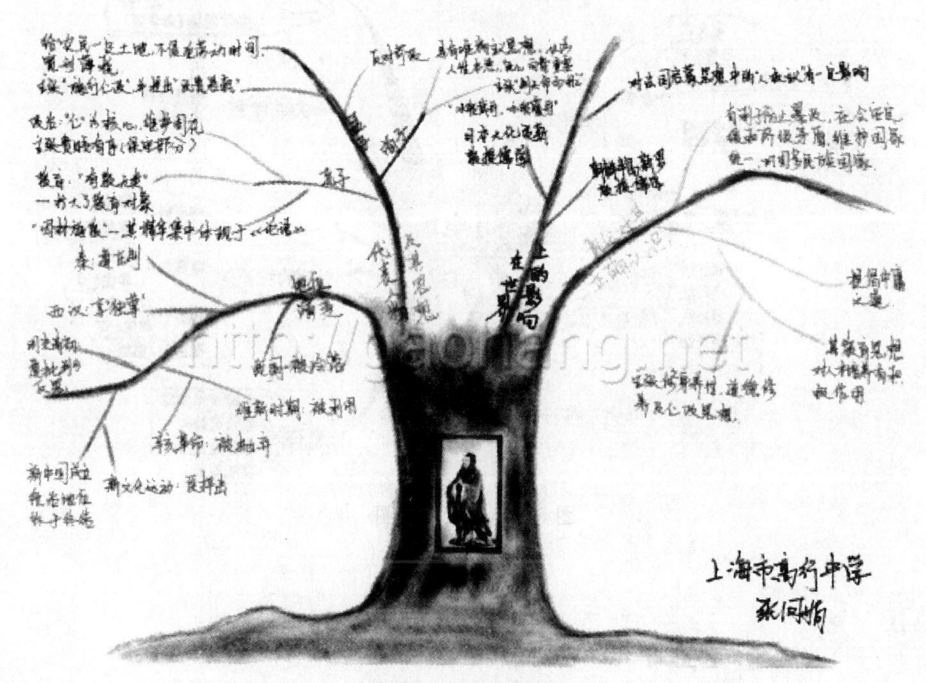

图 5－24　手绘导图

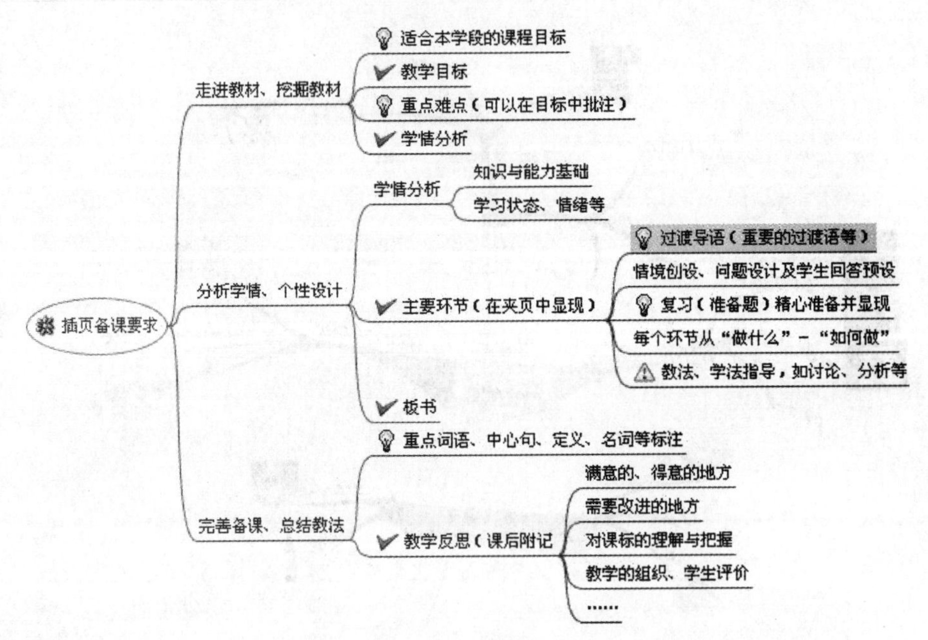

图 5-25　软件导图

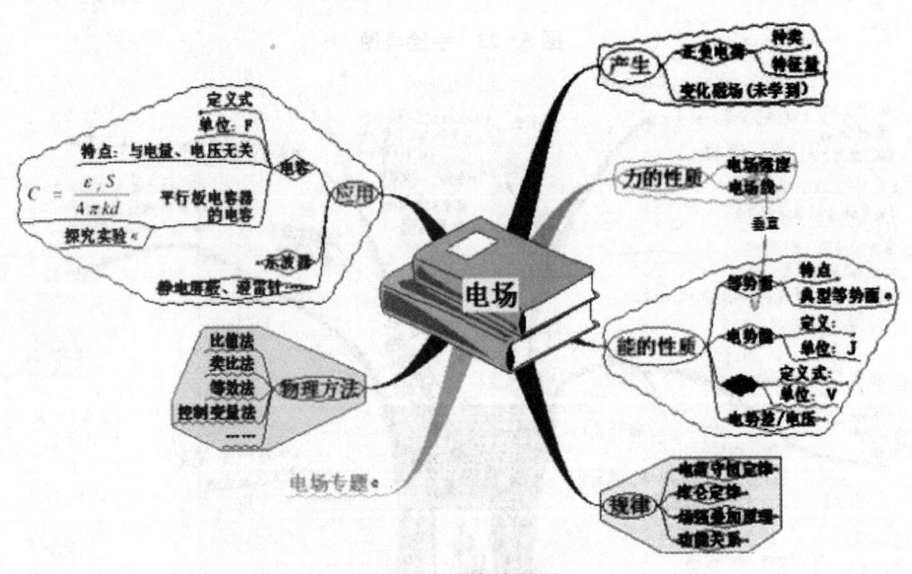

图 5-26　软件导图

一、思维导图设计步骤

手绘思维导图可以慢慢地培养一种放射性全面思考问题的习惯和思维模式，刚接触思维导图的学习者，可以选择先手绘一定数量的思维导图。而手绘思维导图有其局限性，就是一旦形成，修改不方便；另外，由于每个人都有自己的书写习惯，往往只能给自己带来知识的汇集联系作用，其他学习者不方便参考学习，即所谓的可移植性不强。运用软件绘制思维导图不仅可以弥补这些缺点，还能比较高效地表现思维发散。建议在手绘一些思维导图、理解思维导图的工作模式后，顺应时代潮流，运用更为先进的技术来达到绘制思维导图的目的，以达到组织与呈现网络学习中知识内容的最终作用。

现在我们跟随陈昕怡绘制政治经济学思维导图的过程，学习一下思维导图的设计步骤。

1. 目的、主题的确定

陈昕怡所绘制的思维导图是关于政治经济学中的货币起源与衍变知识，以“神奇的货币”为主题。思维导图的制作有不同的目的，可以达到记忆、交流、表达等等的作用，这些都会有不同的表现方式，尤其体现在结构搭建上，所以在制作思维导图之前，应该首先确定思维导图制作的目的，然后再确定所制思维导图的主题。主题是思维发散的出发点，一开始就要抓住这个出发点，而在思维导图中需要用中央图形等标志标明。

2. 相关因素(关键词)的划定

主题确定后，陈昕怡开始寻找与主题相关的内容及内在逻辑，她发现货币的产生与发展虽然复杂，但是却可以从四大部分进行思考：商品、货币职能、纸币、信用卡 & 外汇。发掘与主题相关的关键词，可以根据所学的知识内容——即学到了什么；另一个办法就是思维发散了，即想到与主题相关且有价值的内容，然后提炼出相应的关键词。后者比较个性化，符合个人思考习惯。在实际制作中，往往会是两种办法的综合运用。

3. 箭头指向(结构搭建)

陈昕怡根据步骤 2 中的分析，又加入了一些相关概念，以箭头来确定内容之间的联系，以此来搭建整体结构。结构的绘制有很多种方式，一般有总—分方式、流程图方式、鱼骨方式、树形图等等，每一种都有不同的适合情境，要根据主题和关键词的关系选择正确的结构进行。

4. 基本成型

前三步做好的话，基本的思维导图就成型了。

5. 增减修护

在思维导图绘制完成之前，还要进行一定的增、减等修护处理，力求达到预期目标，能有效达到它的作用。图 5 - 27 即为陈昕怡绘制的思维导图。

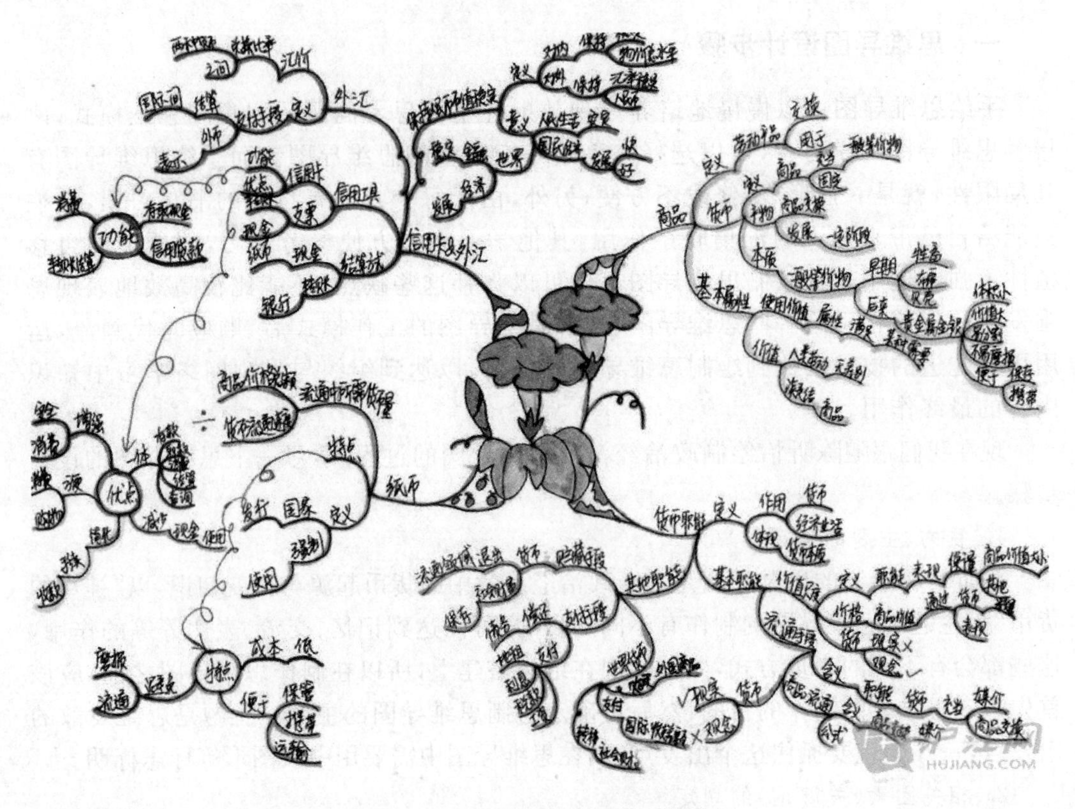

图 5-27　政治经济学相关思维导图

拓展阅读

托尼·巴赞与思维导图

托尼·巴赞(Tony Buzan),1942 年生于英国伦敦,英国大脑基金会总裁,世界著名心理学家、教育学家。他曾因帮助查尔斯王子提高记忆力而被誉为英国的"记忆力之父"。他发明的"思维导图"这一简单易学的思维工具正被全世界约 3.0 亿人使用。

Tony Buzan 大学时代经历了学生典型的"朝圣历程",在遇到信息吸收、整理及记忆的困难及问题后,前往图书馆寻求协助,却惊讶地发现没有教导如何正确有效使用大脑的相关书籍资料,经历这些挫折后,也让 Tony Buzan 开始思索可不可能发展新的思想或方法来解决这些普遍存在的困难及问题。他在研究大脑的力量和潜能过程中,发现伟大的艺术家达·芬奇在他的笔记中使用了许多图画、代号和连线。他意识到这正是达·芬奇拥有超级头脑的秘密所在。

于是,Tony Buzan 开始研究心理学、头脑的神经生理学、语言学、神经语学、信息论、记忆技巧、理解力、创意思考及一般科学,渐渐地 Tony Buzan 发现人类头脑的每一个脑细胞及大脑的各种技巧如果能被和谐而巧妙地运用,将比彼此分开工作产生更大的效率。这个看似微小的发现,却产生了令人意想不到的满意发展。Tony Buzan 试着将脑皮层关于文字与颜色的技巧合用,发现因做笔记的方法改变而增加了至少超过百分之百的记忆力。

逐渐地，整个架构慢慢形成，Tony Buzan 开始训练一群被称为“学习障碍者”、“阅读能力丧失”的族群，这些被称为失败者或曾被放弃的学生，很快地变成好学生，其中更有一部分成为同年级中的佼佼者。1971 年 Tony Buzan 开始将他的研究成果集结成书，慢慢形成了放射性思考(Radiant Thinking)和思维导图(Mind Mapping)的概念。思维导图(Mind Mapping)是一种将放射性思考(Radiant Thinking)具体化的方法。

慢慢地思维导图在英国、美国、澳大利亚、新加坡等国家的教育领域得到广泛应用，在提高教学效果方面成效显著。有些国家甚至从小学就开始展开思维导图的教育，渐渐成为一种世界教育的潮流。

二、思维导图工具

由于经济学的知识分布零散，陈昕怡选择思维导图将其中的知识串联起来，形成自己的逻辑思维，但是却发现单凭手绘这些内容很是麻烦，需要很多修改，浪费时间和精力，而运用某些网络学习工具就可以轻松解决这个问题。在这里我们学习两款专门绘制思维导图的软件 Mindjet MindManager 和 FreeMind，运用它们会使思维导图的绘制变得简单高效。

1. Mindjet MindManager

(1) Mindjet MindManager 详述

MindManager 俗称“脑图”，是一款创造、管理和交流思想的通用标准绘图软件，由美国 Mindjet 公司开发，界面可视化，有着直观、友好的用户界面和丰富的功能。MindManager 有点像拿笔在纸上写、画的技术，它是基于四十多年的对大脑如何在最佳状态下接收和处理信息研究之上的成果。

作用：Mindjet MindManager 可以将人头脑中形成的思想、策略以及商务信息转换为行动蓝图，以一种更加快速、灵活和协调的方式开展学习。它是一个可视化的工具，可以用在脑力风暴和计划当中。

功能：绘制不同思想之间的关系，向重要信息添加编号和颜色以达到突出强调的目的，使用分界线将同类思想分组，插入图标和图片以方便自己和他人浏览大图；提交功能强大的报告，使用 MindManager Presentation 模式将制作的图形显示给他人，或者将图形内容导出到 Microsoft PowerPoint 中，令复杂的思想和信息得到更快的交流。

(2) Mindjet MindManager 使用方式

下面将以陈昕怡绘制经济学原理为例，学习 Mindjet MindManager 的使用方式。这是思维导图在学习资源、学习内容方面的使用，同理在学习思路、学习过程等方面也可以使用其绘制思维导图，区别在于学习思路和学习过程等比较抽象的意识转化为具象的过程需要更多的思维发散，也需要更多的网络学习协作过程，即其他学习者的加入会使得到的结果更全面。

① 安装 Mindjet MindManager，陈昕怡下载了 Mindjet MindManager 安装包，并按照要求进行安装。

② 陈昕怡打开 Mindjet MindManager 界面，如图 5－28 所示。

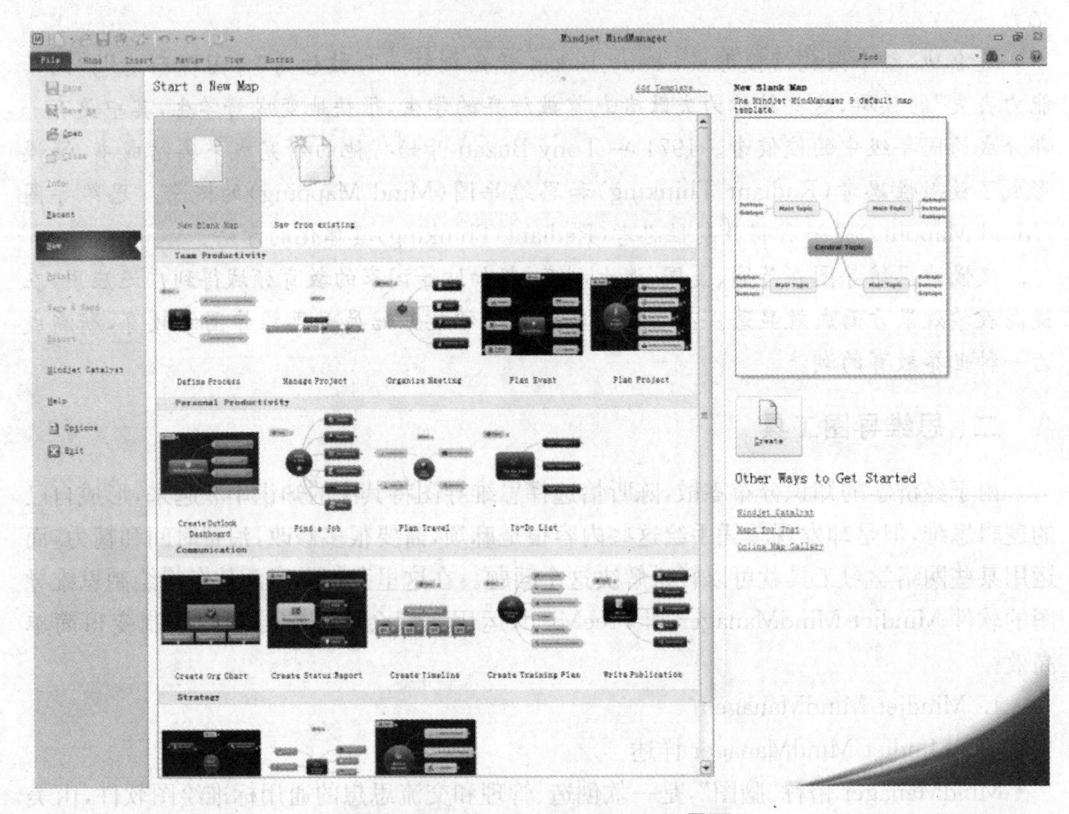

图 5－28　Mindjet MindManager 界面

在【new】中显示了几种不同建立思维导图的方式，包括建立空白导图，建立团队协作导图（包括管理模式、计划等），建立个人导图（包括个人计划、日程安排等），建立用于交流的导图（包括时间安排、培训日程等），建立策略导图（包括企业策略分析方法、市场营销方法等），除了第一种导图外，其余导图都是为使用者提供一个已经组建好的适用于不同情况的导图框架，使用者可以根据自己的需要来选择不同的导图框架。

已经设定好的导图框架使用方法很简单，陈昕怡采用第一种方式创建思维导图——空白导图。她首先双击【new blank map】，打开空白导图，如图 5－29 所示，一开始就设定了一个主题框（central topic）。她的主题是经济学十大原理，直接键入即可。

下面我们学习一下几个常用图表的作用。如图 5－30 为在【Home】下的几个常用图标。

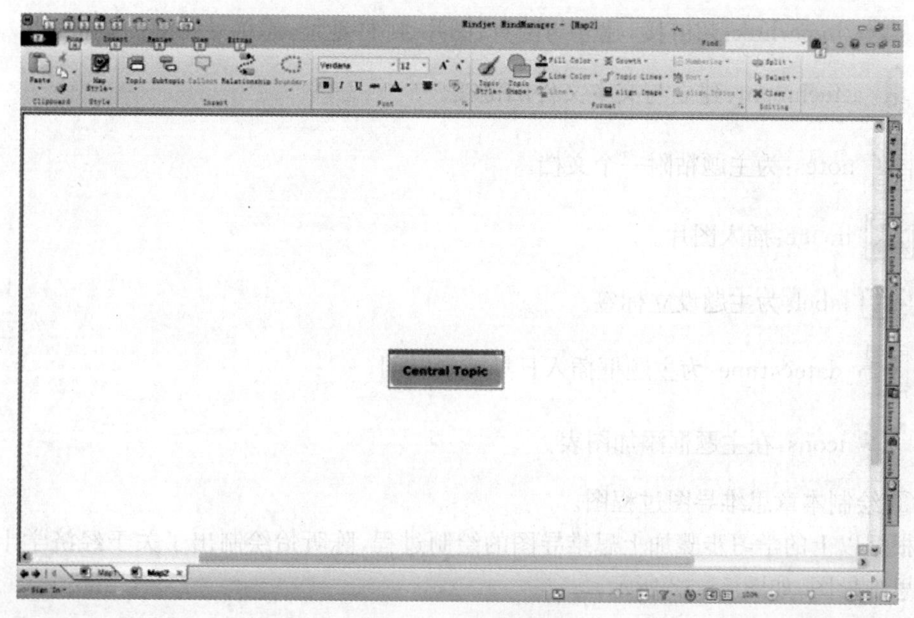

图 5-29　空白导图

图 5-30　Home 下的常用图标

map style：设置思维导图的风格，其右下角的下拉列表中有不同的风格可选。

topic：为目前选中的主题框衍生出与之处于同一层次的主题框。

subtopic：为目前选中的主题框衍生出下一级主题框。

callout：插图，给主题插入说明等作用。

relationship：在思维导图中为两个主题建立关系线。

boundary：将一个主题和它的分主题圈起来。

topic style：将所选主题框设置为不同的风格。

topic shape：将所选主题框设置为不同的形状。

图 5-31 是在【Insert】下的图表，简单认识几个常用图表。

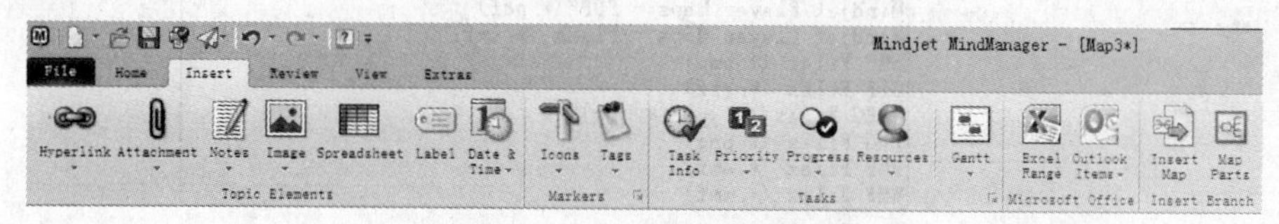

图 5-31　Insert 下的常用图标

hyperlink:超链接,建立与网页、图片、邮件地址、思维导图等的链接。

attachment:建立与文本文件的链接。

notes:为主题粘附一个文档。

image:插入图片。

label:为主题设立标签。

date&time:为主题框插入日期或者时间。

icons:在主题框添加图表。

③ 绘制本章思维导图过程图。

根据以上的学习步骤加上思维导图的绘制过程,陈昕怡绘制出了关于经济学十大原理的思维导图,如图 5-32 所示。

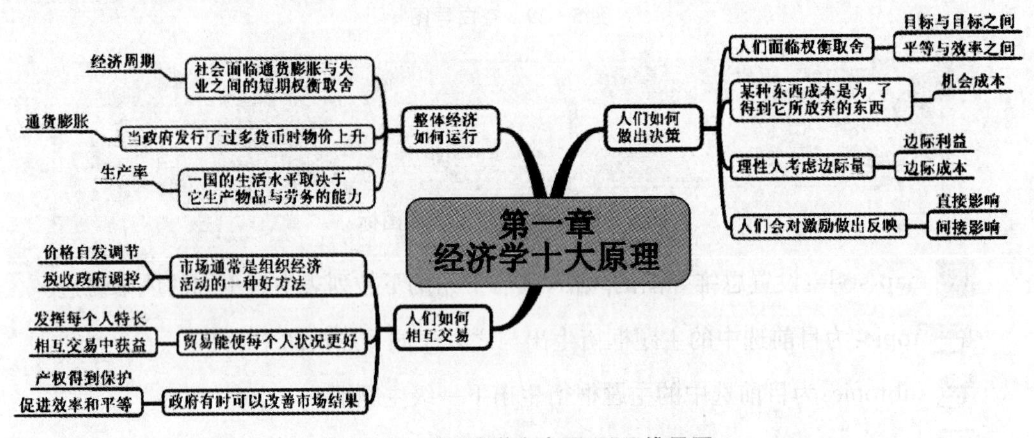

图 5-32 “经济学十大原理”思维导图

当绘制完成后,点击【save as】,可以将思维导图按需要保存为不同的格式,如图5-33所示。

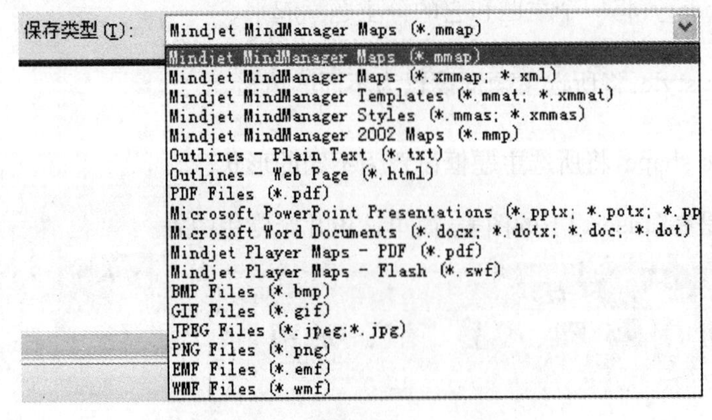

图 5-33

可以看得出，用 Mindjet MindManager 绘制思维导图，简单方便，而且提供了很多可以借鉴的模板。

陈昕怡借助 Mindjet MindManager 绘制出了独属于自己的经济学原理思维导图，她将十个本是并列的原理归类成三大部分来理解，从而对该部分的认识提升了很多，逻辑性也增强很多，对于这部分的经济学知识清晰明朗起来。

2. FreeMind

FreeMind 是一款跨平台的、基于 GPL 协议的自由软件，用 Java 编写，是一个用来绘制思维导图的软件。其产生的文件格式后缀为“.mm”，可用来做笔记、脑图记录、脑力激荡等。FreeMind 包括了许多让人激动的特性，其中包括扩展性、快捷的一键展开和关闭节点、快速记录思维、多功能的定义格式和快捷键。不过 FreeMind 无法同时进行多个思维中心点展开(亦有人认为这样是优点可以让人们专心于眼前的事)，且部分中文输入法无法在 FreeMind 输入启动及运行速度较慢。

FreeMind 软件是用 Java 编写的程序软件，安装之前必须安装 java 环境。需要预先下载安装“javasetup6u22”程序，后安装 FreeMind 软件。依照安装程序引导，安装完成后桌面出现 FreeMind 的蝴蝶图标。双击桌面的蝴蝶图标就可以启动 FreeMind，如图 5-34。

图 5-34　FreeMind 主界面

在网络学习中，用思维导图来帮助学习者组织学习资源，进行学习共享，或者交流成果等有较高的效率，而且能促进发散性思维的培养。

三、思维导图——思维整理的艺术

思维导图有助于展现思维的流畅性。陈昕怡在网上学习平台进行学习时，对于网络上丰富的资源很是受用，对学习帮助很大，但是却发现正是因为网上资源太多，以至于她在选择上出现问题，有时候甚至出现“跨越式”学习，即需要的基础知识还没有习得就开始了学习。为了解决这个问题，陈昕怡需要一个清晰的逻辑思路，但是这个往往会因为网络资源过多而分神，所以她决定用思维导图将零碎的知识点组织起来，加深记忆，增强理解的深入性。其实，在理清思路作用方面，思维导图还可以有效组织别人讲解的想法，使自己能够准确领会对方的思路，从而扩大和加深双方交流的广度和深度。除此之外，思维导图在以下几个方面也发挥着重要作用。

思维导图有助于思维的发散。在网络学习中很难将主要精力集中在关键的知识点上。然而，运用思维导图提炼出关键词，可以帮助你在预习、复习和做笔记时把握学习的要点。此外，关键词之间的连线也会引导积极的思考，激发想象和创意，这样不仅有利于提高学习效率，还有利于思维的发散，从而发展和培养创造性思维。

思维导图有助于激发学习兴趣。绘制思维导图的过程，是一个积极探索新事物的过程，不仅锻炼了动手的能力，还调动了主观能动性，从而更加积极主动地进行学习，使学习成为一件趣事；在绘制思维导图的过程中，可以发现概念之间的联系，并能够进一步解释它们之间的隐含关系；图示可以有效地显示知识掌握的程度，这也有助于提高你的学习自信心。

思维导图有助于制定周密的学习计划。当网络学习缺乏有效指导的时候，你就有可能产生多种不同的意念，思维导图可以帮助你更全面、更清晰地认识这些问题。首先需要把学习目标、所具备的条件、学习规范以及限制性条件等因素运用思维导图罗列出来，再按照重要程度进行排序和加权，从而帮助你做出科学的决策。

活动 4

选择一个或多个自己喜欢的组织与呈现工具完成一次知识的组织及呈现任务。

任务 5　概念图

任务引擎

有研究证据显示，知识在脑中是以命题为基本单位、阶层式储存的。而概念地图的目的是反映知识元素的组织，因此概念图能有助于理解与进行有意义的学习。将知识以不同概念连接起来，形成概念系统，也是一种简化学习的方式。

通过本任务的学习，帮助学习者了解概念图的由来与原理、图表特征、结构构成，掌握绘制概念图的步骤和使用 Keystone MindMap 软件绘制概念图的方法；同时，掌握使用概念图进行知识框架构建的步骤。

陈昕怡运用思维导图将政治经济学中的主要内容进行了整理归纳，加深了对这门课程的整体认识，但是具体到每一个单元或者每一个章节内容时，她遇到了很多抽象的概念，这些概念有着不同的关联，学习起来感觉杂乱无章，现在我们学习另一个使学习过程更加条理逻辑的工具——概念图。

概念图又称为概念构图(concept mapping)或者概念地图(concept map),是用来组织和表征知识的工具,概念构图强调概念图的制作过程,概念地图强调概念图的制作结果。概念图是利用概念以及概念之间的关系表示和组织结构化知识的一种可视化方法。

概念图的四个图表特征:概念(concepts)、命题(propositions)、交叉连接(cross-links)和层级结构(hierarchical frameworks)。其中,概念是感知到事物的规则属性,通常用专有名词或符号进行标记;命题是对事物现象、结构和规则的陈述,是对宇宙中自然发生或人为建构的物体或事件的陈述,在概念图中,命题表现为两个概念之间通过某个连接词而形成的意义关系;交叉连接表示不同知识领域概念直接的相互关系;层级结构是概念的展现方式,一般情况下,采用最概括的概念在最上层,从属概念安排在下层。

概念图由三个图表结构构成:节点、连线和连接词。相对应的内容即为概念、线条和命题。如图 5－35 所示。

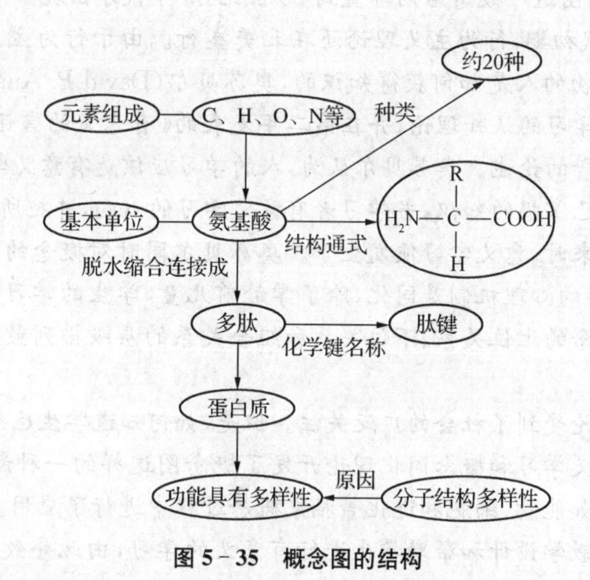

图 5－35　概念图的结构

从图中可以看出,概念图由节点、连线和连接词组成,节点就是置于方框或圆圈中的概念;而连线表示两个概念之间的意义联系,连线可以是单向的、双向的,也可以是没有方向的;连接词是置于两个概念连线上的联系词。

一、概念图应用领域略况

第一种应用领域:作为一种教学法策略。概念图的应用有利于教师组织教学材料,更有利于对教学内容进行形象的设计;有效地促进教师教学技能的提高,能够形象直观展现概念直接的内在关系,帮助学生在正确理解的基础上建构起所学材料的具体意义等。

第二种应用领域:作为一种学习策略。概念图的应用有利于有意义学习,改变学习者的认知方式。目前比较推行的就是将概念图应用在合作学习中,在合作学习中学生通过交流沟通来进行概念图的建构，不仅知识得到整合，也促进了学生个体合作能力的发展。

第三种应用领域：作为引导元认知的工具。学习者将大脑中存在的各个概念按照图示化的方式展现出来的过程，就是一种重新认知的过程，这无疑对其认知能力起到重要影响。

第四种应用领域：培养学生的创造性思维。

还有很多其他方面的应用，如教材的组织构建、作为评估的工具等等。

拓展阅读

概念图的由来和理论依据

概念图最早是在20世纪60年代由美国康奈尔大学诺瓦克(Joseph D. Novok)教授等人提出的，但概念图这一概念名词却直到20世纪80年代才出现。

20世纪60年代初期，行为主义理论还在北美盛行。由于行为主义理论不能很好地解释区别于低级动物的人是如何获得知识的，奥苏贝尔(David P. Ausubel)于1962年第一次提出关于人的学习的认知理论，并在第二年发表的《有意义的言语学习心理学》一书中对该理论做了精辟的论述。奥苏贝尔认为，人的学习应该是有意义学习，影响学习的最主要因素是学习者已掌握的知识，当学习者有意义学习的心向，并把所要学的新知识同同原有的知识联系起来时，意义学习便发生了。奥苏贝尔同时对概念的形成和同化进行了区分，任务意义学习的心理机制是同化，除了学龄前儿童，学生的学习都是通过概念同化习得新概念的。概念的上位关系、下位关系和组合关系的层级排列最终形成了学生的认知结构。

奥苏贝尔的理论受到了社会的广泛关注。但是，如何知道学生已经掌握了哪些知识？诺瓦克教授根据意义学习和概念同化理论开发了概念图这样的一种新工具，并首先在研究儿童能够理解诸如能量、细胞和进化等抽象概念过程中进行了应用。很快他们发现，该工具同样可以用于教学设计和帮助学生进行有意义的学习，由此导致了对概念图更深入的研究。

后来的研究表明，现代的认知学习主义理论和建构主义学习理论都非常好的支持概念图教学的意义。令人惊奇的是，被誉为构建21世纪教育新模式的信息技术和脑科学，也为概念图的正确性和无比广阔的应用前景提供了大量的事实说明。

——选自《概念图的知识及其研究综述》(朱学庆)

二、理想的概念图

理想的概念图应该是，概念之间具有明显包含关系的层次结构；概念间的内在逻辑关系可以用适当的词或词组标注出来；交叉连接清楚明确，即不同层级概念之间的纵横关系、交叉关系明确。

有个概念图的评分标准可以借鉴一下：Novak和Gowin提出了概念图分析计分的四条标准，分别对应概念图的四个图表特征。命题(每个有效命题记1分)，层级(每个有效层级记5分)，交叉连接(每个有效的、有重要意义的交叉连接记10分，虽然有效，但不能反映命题或概念组之间综合的记2分)，例子(有效的例子记1分)。

三、概念图的绘制步骤[①]

概念图的制作没有严格的程序规范，下面我们通过陈昕怡绘制概念图的过程来学习绘制概念图的几个基本步骤。

1. 选取一个熟悉的知识领域

陈昕怡在大学学习过程中，学习到很多财富管理过程，她打算将很多相关知识融会在一起，形成一个财富管理的过程，她就是从自己熟悉的知识领域开始构建概念图的。既然概念图的建构必须依靠对上下文知识的运用，所以最好选取学习者试图理解掌握的一段课文、某个实验活动，或者一个实际的问题、学习者已经了解的背景知识有助于确定概念图的层级结构。

2. 确定关键概念和概念等级

一旦知识领域选定了，接下来便是确定关键概念，并把它们一一列出来，然后对这些关键概念进行排序，从最一般、最概括的概念到最特殊、最具体的概念依次排列，这样的大概排列能帮助学习者了解概念之间的联系。陈昕怡根据她选择的财富管理手段，按照时间顺序、不同方向顺序等对各个概念进行了分层。

3. 初步拟定概念图的纵向分层和横向分支

在这一步骤中可以选用不用的方式来拟定概念图的纵向分层和横向分层，可以用活动纸片，也可以用计算机相应软件进行(本单元中会有相应软件的学习)，前者就是将概念写在纸片上，进行概念层级确定，后者直接运用现代技术排版不同的概念，以此确定初步概念图的分层方式。

4. 建立概念之间的连接，并在连线上用连接词标明两者之间的关系

为了便于建立同一层级的概念连接以及不同概念与中心词汇“财富管理”直接的连接，陈昕怡运用连接词来提示它们之间的关系。概念之间的联系有时很复杂，但一般可以分为同一知识领域的连接和不同知识领域的连接。交叉连接是判断一个概念图好坏的重要标准之一，它是不同知识领域概念之间的相互关系。交叉连接需要学习者的横向思维，也是发现和形成概念间新关系，产生新知识的重要一环，所以，从这一点来看，构建概念图也是一项极好的创造性工作。当然，任何概念之间都可以形成某种联系，我们应该选择最有意义并适合于当前知识背景的交叉连接。

5. 在以后的学习中不断修改和完善

有了初步的概念图以后，随着学习的深入，学习者对原有知识的理解是会加深和改变的，所以，概念图应不断的修改和完善。诺瓦克认为好的概念图一般要修改三次，甚至更多，所以计算机在这一点上具有优势。

如图5-36所示，为陈昕怡最终绘制的概念图。

① 朱学庆:《概念图的知识及其研究综述》，载《上海教育科研》第10期，2002年。

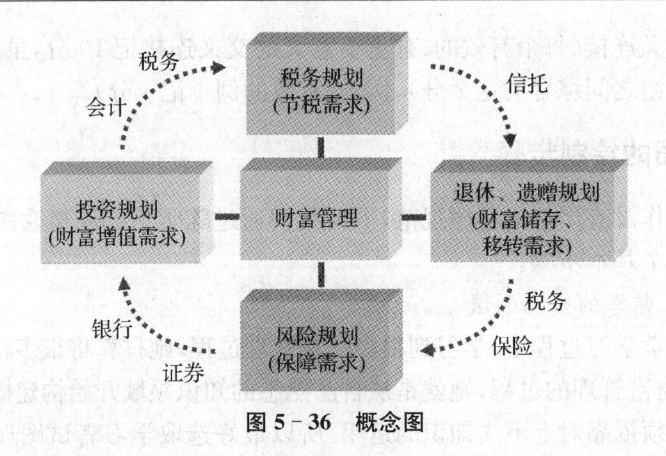

图 5-36 概念图

四、概念图工具——Keystone MindMap

现在我们跟随陈昕怡的脚步来学习一个能使概念图的绘制变得简单、生动的软件工具——Keystone MindMap。

(1) 陈昕怡从网上下载了 Keystone MindMap 的安装包,并在自己电脑上安装,然后双击 Keystone MindMap 的图标打开它的界面,如图 5-37 所示。

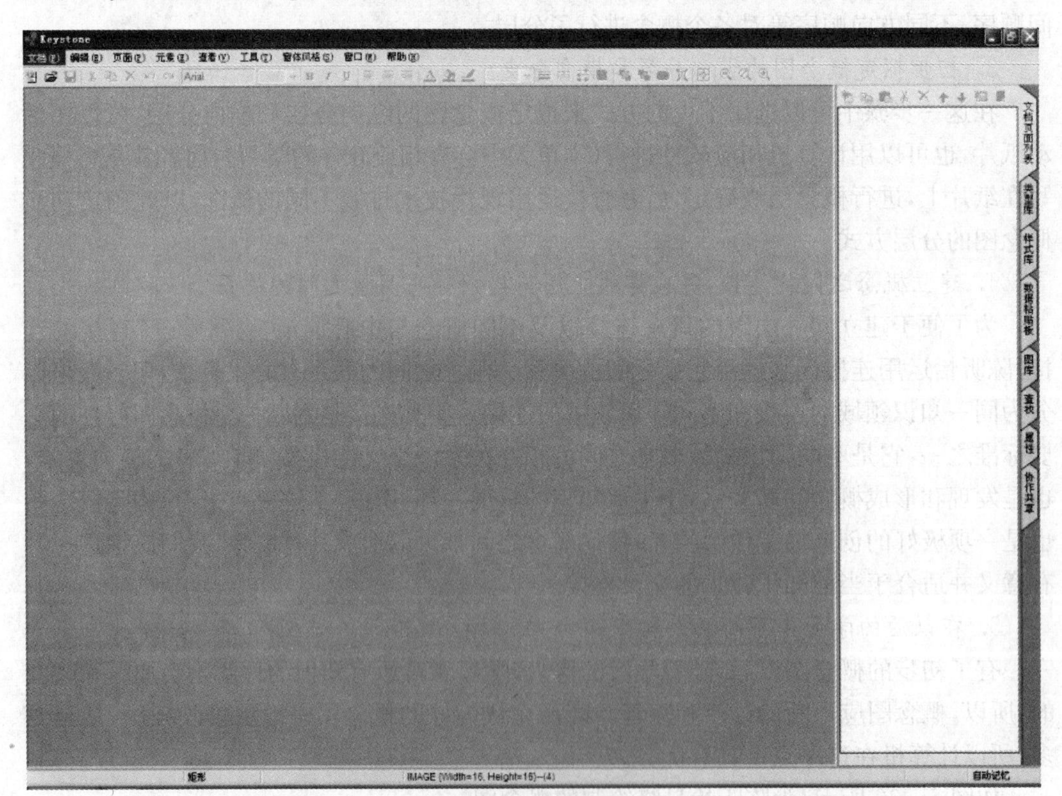

图 5-37 主页面

(2) 之后陈昕怡点击【文档】—【创建新文档】打开编辑页面。在文档的任意位置双击,就可以创建不同的节点,用于写入概念,如图 5-38 所示。

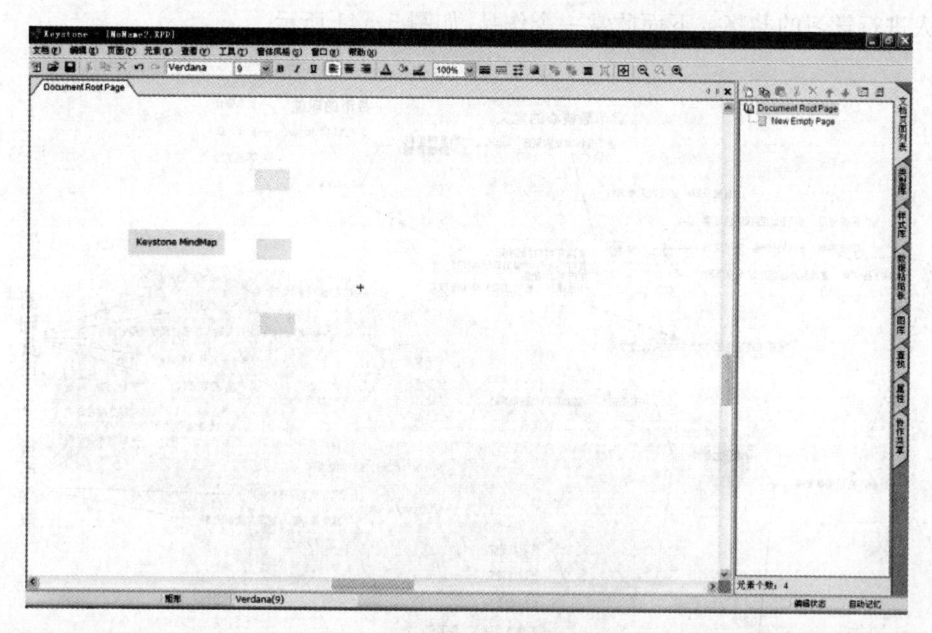

图 5－38　新建概念图文档

(3) 至于连线的加入和其他连接词的加入，可以借助页面右边的类型库、样式库(如图 5－39 和图 5－40 所示)等中已有的元素使用，方法很简单：单击选中箭头或者各种其他图形，然后就可以在文档中双击使用了。

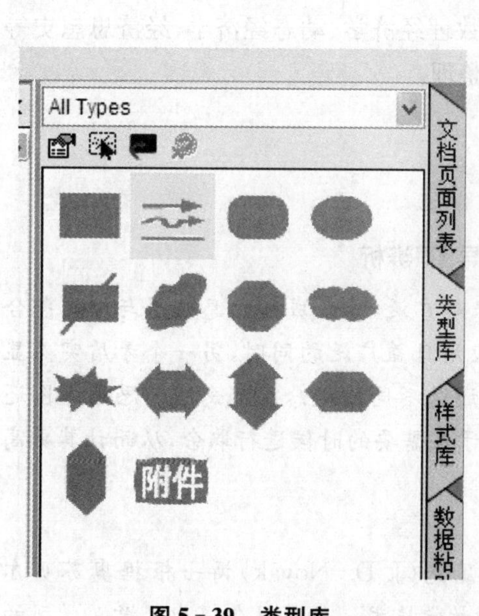

图 5－39　类型库

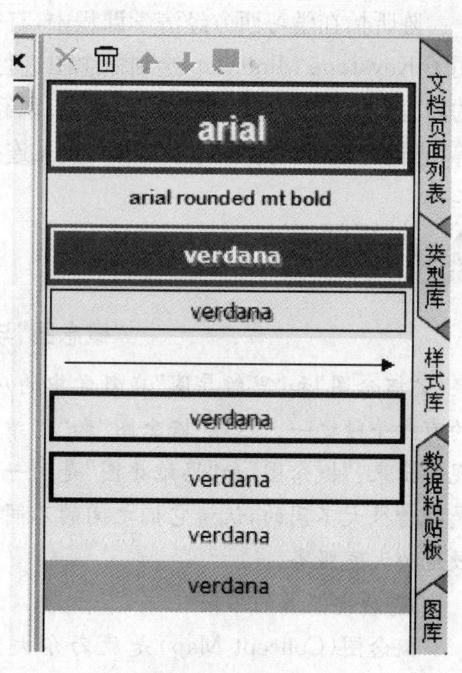

图 5－40　样式库

使用计算机软件绘制概念图，有很多方便之处：方便移动各概念的位置，方便修改等。建议大家学会该软件的使用方法，这将会使你更有效率的对知识进行组织和呈现，也方便和他人进行学习的共享。下面欣赏一个作品，如图 5－41 所示。

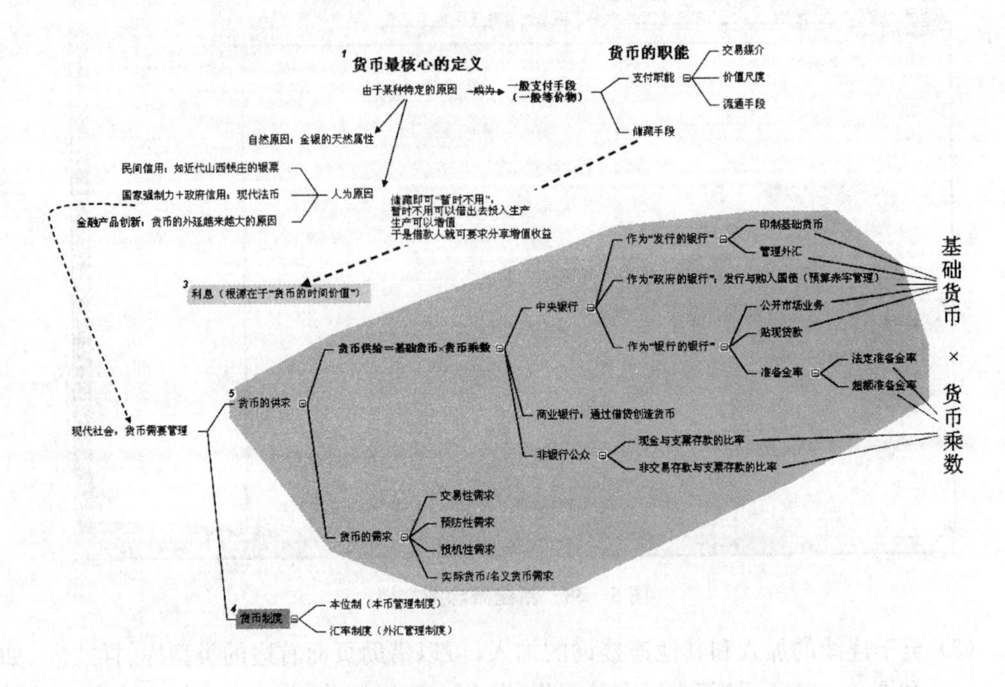

图 5－41　作品欣赏

陈昕怡在学习西方经济学课程中，有很多关联性较强以及难以理解的抽象概念，就运用了 Keystone MindMap 绘制概念图进行联系和记忆。同时，西方经济学这门课程包含的内容非常广泛，包括微观经济学、宏观经济学、数理经济学、动态经济学、经济思想史等等，它们完全可以运用概念图中的交叉连接进行整理。

拓展阅读

“概念图”与“思谁导图”辨析

“概念图”和“思维导图”在教学中的应用越来越广泛，已经成为信息技术与课程整合的有效手段之一。但在“概念图”和“思维导图”应用日益广泛的同时，另一个矛盾突然显现了出来：“概念图”和“思维导图”是同一个概念还是不同的概念？概念图与思维导图还是有着很大不同的，认清它们之间的不同更有利于在需要的时候进行取舍，从而让其更高效地为大家服务。

1. 历史渊源的不同

概念图(Concept Map)是康乃尔大学的诺瓦克(J. D. Novak)博士根据奥苏贝尔(David P. Ausubel)有意义学习理论提出的一种教学技术。奥苏贝尔提出了意义学习的两个条件：(1) 学生表现出一种意义学习的心向，即表现出一种在新学的内容与自己已有的内容的知识之间建立联系的倾向；(2) 学习内容对学生具有潜在意义，即能够与学生已有的知识结构联系起来。

这样一来，急切需要一种工具，能够表示知识体系中概念以及概念之间固有的联系，还有学习者认知结构中已有的概念以及相互的关系。只有这样，学习者才能以最快的速度发现内在的认知结构和知识本身的结构体系之间的差别，决定是通过同化或是顺应达成一致，从而完成学习的过程。概念图正是在这种需求下应运而生的。

思维导图最初是20世纪60年代英国人托尼·巴赞(Tony Buzan)创造的一种笔记方法。托尼·巴赞认为：传统的草拟和笔记方法有埋没关键词、不易记忆、浪费时间和不能有效地刺激大脑四大不利之处，而简洁、高效和积极的个人参与对成功的笔记有至关重要的作用。在草拟和笔记的办法成效越来越小的情况下，需要一种可以不断增多回报的办法，这种办法就是思维导图。尽管思维导图的初始目的只是为了改进笔记方法，它的作用和威力还是在日后的研究和应用中不断显现出来，被广泛应用于个人、家庭、教育和企业。

2. 定义的不同

根据诺瓦克(J. D. Novak)博士的定义，概念图是用来组织和表征知识的工具。它通常将某一主题的有关概念置于圆圈或方框之中，然后用连线将相关的概念和命题连接，连线上标明两个概念之间的意义关系。

托尼·巴赞认为思维导图是对发散性思维的表达，因此也是人类思维的自然功能。他认为思维导图是一种非常有用的图形技术，是打开大脑潜能力的万能钥匙，可以应用于生活的各个方面，其改进后的学习能力和清晰的思维方式会改善人的行为表现。

3. 对知识的表示能力的不同

从知识表示的能力看，概念图能够构造一个清晰的知识网络，便于学习者对整个知识架构的掌握，有利于直觉思维的形成，促进知识的迁移。可以通过概念图直观快速的把握一个概念体系。思维导图呈现的是一个思维过程，学习者能够借助思维导图提高发散思维能力。可以通过思维导图理清思维的脉络，并可供自己或他人回顾整个思维过程。

4. 创作方法的不同

从创作方法上看，思维导图往往是从一个主要概念开始，随着思维的不断深入，逐步建立的一个有序的图，一个思维导图只有一个中心节点；而概念图则是先罗列所有概念，然后建立概念和概念之间的关系，一幅概念图中可以有多个主要概念。

5. 表现形式的不同

根据诺瓦克博士的定义，概念图表示的是知识网络，包含节点以及节点之间的关系，因此概念图在表现形式上是网状结构的。

托尼·巴赞认为思维导图有四个基本的特征：(1) 注意的焦点清晰地集中在中央图形上；(2) 主题的主干作为分支从中央向四周放射；(3) 分支由一个关键的图形或者写在产生联想的线条上面的关键词构成，比较不重要的话题也以分支形式表现出来，附在较高层次的分支上；(4) 各分支形成一个连接的节点结构。因此思维导图在表现形式上是树状结构的。

6. 应用领域的不同

从应用领域看，现在思维导图的软件往往是在企业中有着更为广泛的应用，其目的借助可视化手段促进灵感的产生和发散性思维的形成；而概念图从开始到现在都是为了促进教学效果，最初是作为评价的工具，后来得到推广，成为教和学的策略。

——选自《概念图与思维导图辨析》(赵国庆)

五、概念图——构建知识框架的利器

在大学学习过程中，陈昕怡学了很多关于经济方面的知识，包括宏观经济、微观经济、财政、政治经济学等等，这些知识互有联系但又分属不同领域，随着学习的不断深入以及所接触到的知识越来越多，陈昕怡发觉将很多混乱的知识联系起来是一个很有挑战性的工作。而这些知识中的概念，具有很强的概括性，能使知识内容化繁为简。所以，我们可以利用概念图进行知识的概括总结，随着知识和概念的慢慢积累，逐步构建整个知识框架，使学习不断得到强化。

1. 什么是知识框架

虽然世界是客观存在的，但是对于世界的理解和意义的赋予却是由每个人自己决定的。人们以自己的经验为基础来建构现实，或者至少说是在解释现实，由于人们的经验以及对经验信念的不同，对外部世界的理解便也不同。所以，学习者可以借助原有的学习经验、解题经验来建构其认知世界，通过自我总结，准确地理解新知、新题的内涵和外延，了解其来龙去脉、适用范围和条件，多层次多角度全方位疏通各个知识点、题型，进而搭起知识、题型的框架，将新知、新题内化到学生自己的知识体系当中。这就是知识框架搭建的过程。

知识框架是整合语言与内容的一种有效的方法，它有助于学习者思维能力和语言能力的提高，有助于学习者对所学知识总体的理解和所学知识各部分联系的理解。

知识框架指通过准确地理解“新知”、“新题”的内涵和“旧知”、“旧题”的外延，了解知识点和题型的来龙去脉，进而全方位地梳理各个知识点、题型所形成的“新”、“旧”知识点和题型的框架体系。

拓展阅读

如何建立知识框架系统

我们平常的学习记忆，大多数同学都是遵循线性的学习方法，就是每天都学一点，每天都记忆一点。可能很多知识点都学得很细，很认真，但一旦几个知识点连贯起来，综合运用的时候，就不好了。如果我们能够运用一种方法把这些所有的知识点都联系连贯起来的话，对我们的学习就有大大的促进性了。今天我们要讨论的就是这种非常棒的学习方法。

我们首先要明白一个概念，就是什么是框架？我们举个实际生活中的例子。我们要在屋子里找一样东西，但我就只是告诉你这个东西就在这套房子里，估计你是老半天都找不着这个东西了。但现在我告诉你，这样东西就在卧室的床底下，你肯定很快找到这个东西。

在这个例子里面，我告诉你说这个东西在这套房子里，虽然这也是一个大大的框架，但是由于范围太大，你根本无从下手去找。但当我告诉在卧室的床底下，你的大脑意识里面就出现了一个框架。找到东西的可能性就大大增加了。

我们说这套房子总共有几个房间，进去是大厅，在大厅的左侧有有个卧室，两个卧室门口相对，两个卧室夹着的是一个洗手间。客厅前方是阳台，后方是厨房。当我描述这些的时候，就等于说我告诉了你这套房子的框架。你的意识就会非常清晰地出现这些空间结构。然后我再告诉你各个房间里有什么摆设和家具。这个在框架下面的细化，叫子框架。

同样在学习知识的时候，我们也可以借此原理来建立知识的框架。我们以初中物理来作例子。物理总共分为六大块知识点：1. 声学；2. 光学；3. 热力学；4. 电学；5. 电磁学；6. 力学。这样子，我们就建立了整个初中阶段物理学习的六大知识板块。然后我们再建立各个知识板块的子框架。比如声学部分：1. 声音的产生、传播、接受；2. 声音的三大特性；3. 噪音的产生和消灭等。

就这样子，每一个知识点，我们都可以细分成12345，来帮助我们建立各个知识点的框架。一个是可以加强我们对各个知识点的认知，一个可以让我们轻松地记忆住每个细小的知识点。一直细分下去，还可以帮助我们找到各个知识板块的重点部分。

一旦我们制定了这个知识板块图，我们的学习就开始有一个知识定位仪，我们可以轻松锁定任何一个知识点。需要加深认识的时候，我们可以把这个知识板块细分一些。不是重点部分的时候，就省略一些。拿捏自如，手到擒来。再怎么学，都逃不出你的法眼和五指山了。

——选自新浪微博（鬼谷伐谋原创）

2. 运用概念图进行知识框架的构建

在本案例中，陈昕怡运用概念图工具系统学习了会计学的专业知识。她想说的是：虽然网络上已经给了丰富的学习资源，让我们可以逐章逐句地进行学习，但是如果要想真正对会计学的知识有深入的掌握，就需要对有关会计学的内容和学习所得进行知识框架的建构。

在这里，我们可以运用概念图达到知识框架建构的目的。具体步骤如下：

(1) 运用概念图对一门学科的单个单元中的概念进行梳理，形成一个个小小的概念子集，每个概念子集基本能涵盖本单元所要学习的重要概念，所以这些概念子集是对每一单元的高度概括。

(2) 整合概念子集。在概念图中，有一个图表特征为交叉连接，在整合每一个单元的概念图，即概念子集时，可以利用交叉连接将每一个概念子集间的关系连接起来；同时，层级结构也能保证概念图中不同层次概念的区别。

(3) 对于不易归纳或者不易整合的概念子集来说，可以这样处理：单独列出或者以补充的形式加入到最终的概念图中。

(4) 同样的，对于重要的概念，可以通过改变其颜色或者增大相应的字体来强调，这样能帮助我们将更多的注意力集中到重要概念上。

(5) 最后的删减或增加。概念子集最终汇成了概念图，以全局的眼光来看待收入到概念图中的概念，将不必要的概念或者已经熟知同时不重要的概念删除，以简化概念图。

或者为了增强联系性，可以适当增加一部分概念，这个过程是需要具体问题具体分析的，学习者可以根据自己思维的便捷来对概念图进行最后的增删。

通过以上方式，我们可以得到一个通过概念而串联起来的学科大体支架，即概念图。概念本身就具有较高的概括性，得到的概念图对于本门学科就是一个高强度的概括，内容数量本身较小，这个不仅会减少记忆的负担，而且也能培养抽象思维能力的发展，对学习有很大帮助。

活动 5

利用网络学习中常用的组织与呈现工具对你感兴趣的一门学科进行资料的收集、整理，从而形成这门学科的知识框架。

学习小结

1. 网络学习中的组织与呈现工具，即指在网络学习中能将学习资源、学习既得以及学习反思、学习思路等内容系统性组织、表现、呈现出来，以清晰显现这些内容本身的相关性和与其他内容的联系性的工具。

2. 常用的组织与呈现工有思维导图、Wiki、概念图和网络学习平台。

3. 常用的组织与呈现工具的基本使用方法。

思考与练习

1. 向你身边的同学或朋友讲解什么是网络学习中的组织与呈现工具，并跟他们交流你的学习心得。

2. 选择本单元中介绍的一种组织与呈现工具，网上搜索下载安装使用，写出自己的体验报告，根据自己的学习特点分析其优缺点。

3. 想想看，你在工作或学习中哪些环节用到了思维导图、Wiki、概念图和网络学习平台？在你的电脑上装思维导图相关软件，试着用来提高学习效率。

单元六　网络学习中的管理与体验工具

学习导图

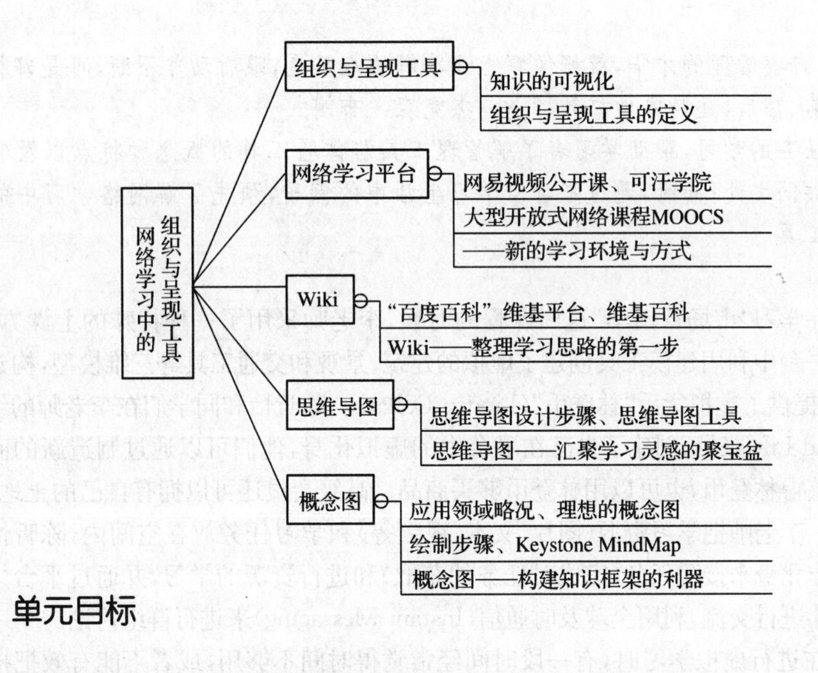

单元目标

通过这一单元的学习，我们希望你能够：

1. 了解网络学习中管理与体验工具的相关概念；

2. 了解常用的时间管理工具，并能够运用它们来合理管控自己的学习和生活；

3. 了解常用的云存储工具以及在网络学习中发挥的作用，并能够运用它们来管理和分享学习资源；

4. 体会教育游戏在网络学习中发挥的作用，并重点体会 Second Life 平台是如何开展体验式学习的。

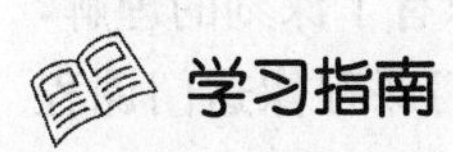

学习指南

本单元共包含“管理与体验工具”、“时间管理工具”、“云存储工具”以及“教育游戏”四个任务，学习者需要掌握相关工具的使用，并能体会其在学习中的作用，最终能够在学习过程中合理的运用管理与体验工具。

关键词

网络学习工具　时间管理工具　云存储工具　教育游戏

任务1　管理与体验工具

任务引擎

“缺少了自我管理的才华，就好像穿上溜冰鞋的八爪鱼，眼看动作不断，可是却搞不清楚到底是往前、往后，还是原地打转。”——杰克森·布朗

通过本任务的学习，帮助学习者了解管理工具与体验工具的概念和特点以及管理与体验工具的共同之处；同时，通过陈昕怡学习生活中的例子，预先了解网络学习中的某些管理与体验工具。

陈昕怡在学习“市场营销学”这门课程的时候，李老师采用了一种特殊的上课方式：在Second Life平台中利用建模工具创建了虚拟的建筑、景观和交通工具等三维模型，构建了虚拟的城市，并提供了虚拟货币“林登币”(Linden Dollar)。陈昕怡和同学们在李老师的组织下申请了Second Life账号，创建了自己在平台中的虚拟化身，他们可以通过制造新的商品或提供服务来获得林登币，也可以用林登币够买商品。高级会员还可以拥有自己的土地，并能够出售土地。李老师把学习资源(图片、文本、视频等)和学习任务放在空间内，陈昕怡和同学们通过操作化身来接受任务(完成对任务的获取)和进行资源的学习，并通过平台中的本地聊天与伙伴进行交流，利用全球及时通信(Instant Messaging)来进行群组讨论。

陈昕怡在进行虚拟学习时，有一段时间经常觉得时间不够用，或者不能有效把控住学习的要点。李老师建议她做一个时间管理计划，对自己每一阶段的学习目标、学习任务以及时间的分配进行管理。之后，她选择了Google日历来进行学习的管理，并通过手机和电脑同步更新任务，使她可以在任何地方管理任务，获得任务电子邮件、IM提醒，共享任务，离线管理等等。陈昕怡又使用了知识管理软件，对知识进行及时总结、归类和整理，并将其存储在金山快盘中进行知识的同步和备份，方便对学习资料进行温习，她还将学习资料通过云存储进行了共享，让她与同学们之间可以互相查看学习总结，以便进行查漏补缺。在经过一学期的学习之后，陈昕怡对企业如何识别、分析评价、选择和利用市场机会，将产品从生产者手中转向消费者手中，实现企业市场营销的目的等知识有了深刻的理解，而且思维更加活跃，有了更多的学习热情和创造力。她还表示没有哪门课程像这门课程一样学习得如此愉快，知识与实际结合得如此紧密，并掌握得如此牢靠。

在上述的案例中，陈昕怡使用了Google日历软件对学习进行了有效的管理，充分地利用了时间，把控住了学习的要点。而关于时间的充分利用自古就有警示，诗人屈原说过：“时间缤纷其变易兮，又何以淹流”，其寓意是人们没有办法让时间停留；明朝的李赞说："寸阴可惜，易敢从容"；东晋的陶侃说："大禹圣者，乃惜寸阴，至于众人，当惜分阴"。这些古人在面对时间的流逝时，体会并告诫后人要懂得珍惜时间。在当今的网络学习中，有诸多管理方面的工具，可以让我们充分利用时间，提高学习和工作效率，以便高效地完成任务，这类工具可以统称为管理工具。管理工具除了陈昕怡使用的时间管理工具之外，还包括人脉管理、书签管理和邮件管理等多种类型的工具。

而网络中还有一类工具可以利用那些可视、可听、可感的媒体设备让我们产生学习的渴望，使自己成为学习的主角，从而带来新的感受、新的刺激，加深记忆和理解，这类工具可以被称为体验工具，例如陈昕怡所使用的 Second Life 虚拟学习社区、教育游戏等。

网络学习中的管理工具和体验工具有个共同的特点，就是都提倡亲身参与到学习过程中，从而激发学习兴趣，解决在平时的学习中先知后行、学用分离、学习被动等问题。根据这个共同点，我们把这两类工具统称为管理与体验工具。那么，网络学习中的管理与体验工具是指在网络学习中，能够提高管理方面的效率或者带来新的学习体验，从而激发学习兴趣，以便进行主动学习的工具。

拓展阅读

网络书签的个人知识管理方案

书签是个人知识管理的重要工具，我们经常会使用书签来收集、整理和分享在互联网上看到的各种知识和信息，今天就介绍一下月光博客在书签管理上的一些经验和技巧。

社会化书签：什么时候需要使用社会化书签？我们在网络上看到一篇好文章，在收藏书签的同时，还想要将其分享给自己的好友，这时候最好将网页地址收藏到社会化书签而不是浏览器书签中。通常社会化书签具有较好的分享效果，Tags 和书签搜索功能完善，管理大量的书签不会有什么问题，Delicious 的书签可以通过 Twitter Feed 同步到 Twitter 上，而使用我的"Twitter 同步工具"可以自动将 Twitter 信息同步到新浪微博、Ping. fm 和其他社会化网络中。

本地书签：什么时候需要使用本地浏览器的书签呢？本地浏览器书签适用于那些临时性的网页、经常需要访问的网页、有用但没有太大分享价值的网页。这类常用的网址可以从本地书签中快速访问，通过 Delicious 访问反而会麻烦很多。然而本地浏览器书签与社会化书签相比最大的劣势就在于书签内容不好同步。因此，使用本地浏览器书签的时候最好要使用同步工具。

浏览器书签目录规划：浏览器本地书签同步工具装好了以后，就可以规划书签目录了，目录的定义和规划会直接影响之后的书签管理操作，因此一定要提前规划清楚。就如同《基于 Dropbox 的个人知识管理平台》里面所说的一样，糟糕的目录结构会让你的书签混乱不堪，极大地影响了个人的工作效率，如果有多台工作电脑（如公司的台式电脑、家里的台式电脑、笔记本电脑），则书签管理的混乱程度将翻倍增加。

我个人的书签目录是：个人、工作、资料、工具、其他。大家可以参考建立类似目录，目录结构不建议过于复杂，否则会给浏览使用带来一些问题。

书签整理：书签整理、合并在一个系统完成即可。我个人觉得 IE 书签通过资源管理器进行整理比较方便，合并、删除、移动等操作很简单，管理也容易，整理好的 IE 书签即可同步到 XMarks，之后再由 XMarks 同步到其他各个浏览器，然后用 iTunes 同步到 iPad 上，整个书签即可同步到各个网络平台上。

书签中不需要的网址尽量都删除，不想直接删除的就保存在网络书签（如 Delicious）上后再删除，否则如果本地书签数量太多，会造成管理上的困难，而网络书签因为有良好的 TAG 系统，管理的难度不会随着书签数量的增多而加大。

——选自《网络书签的个人知识管理方案》（“月光博客”）

活动 1

什么是网络学习中的管理与体验工具，能否根据自己的理解来表述出它的定义？

任务 2　时间管理工具

任务引擎

第一代管理理论注重利用便条和备忘录；第二代强调行事日历与日程表；第三代是目前正流行的，它讲求优先顺序的观念，也就是依据轻重缓急设定短期、中期、长期目标，再逐日制定实现目标的计划，将有限的时间和精力加以分配，争取最高的效率。

通过本任务的学习，应该了解时间管理工具的概念、特点和相关软件工具的使用，体会时间规划管理的重要性，并能够选择合适的工具来对自己的学习和生活进行管理。

时间管理的过程是通过事先规划并运用一定的技巧、方法与工具实现对时间的灵活有效运用，从而实现个人或组织的既定目标，其本质是管理个人，是自我的一种管理，简单来说就是对时间的利用和运筹。时间管理并不是要把所有事情做完，而是更有效地运用时间。时间管理的目的除了要决定该做些什么事情之外，还要决定什么事情不应该做；时间管理不是完全的掌控，而是降低变动性。时间管理最重要的功能是将事先的规划，作为一种提醒与指引。

有研究表明，时间管理与学习者的学业成绩、自尊、主观幸福感密切相关。例如，Macan 的研究表明，时间管理有助于个人获得控制感，会在积极的方向影响成绩和满意度，并降低紧张和压力反应。那么，我们究竟应该如何在日常的工作和学习中有效管理自己的时间呢？除了掌握一些管理技巧之外，借助时间管理工具来管理自己的时间也是一个不错的选择。

所谓时间管理工具指的是借助本地计算机、手机、在线应用或者是纸笔等工具来高效管理生活与学习中的事务的工具，是能够达到获得更加充沛的精力、让管理变得轻松自如、提高生活的质量和学习的效率等目的的工具。下面我们就跟随陈昕怡看一下她是如何使用 Google 日历来进行学习的。

一、Google 日历

根据李老师的建议，陈昕怡在搜索引擎中找到了 Google 日历，并了解到 Google 日历是 Google 公司提供的一款在线备忘日程日历管理工具，使用 Google 日历，可以添加活动和邀请，与其他同学共享(或仅供自己使用)，管理各种事项和活动。她准备尝试用 Google 日历来管理自己的日常事务。

1. 注册、登录

首先，陈昕怡登录 https://www.google.com/calendar/render 网页注册了一个 Google 日历的账号。通过单击"创建账户"，网页会自动转入注册页面，在相应的位置填写账户和密码，其中账户为邮箱地址。如果需要进行短信验证，可以在如下网页中填写手机号码。在这里，需要注意的是创建的密码不是邮箱密码，而是使用邮箱登录 Google 日历的密码；页面下方的验证码很长很容易出现错误，请耐心填写。登录和注册页面如图 6-1 所示。

图 6-1　Google 日历登录和注册页面

随后登录到注册邮箱，点击 Google 验证邮件中的激活链接，即可激活日历账户。返回 https://www.google.com/calendar/render 输入注册邮箱和密码，进行登录，Google 日历主界面如图 6-2 所示。

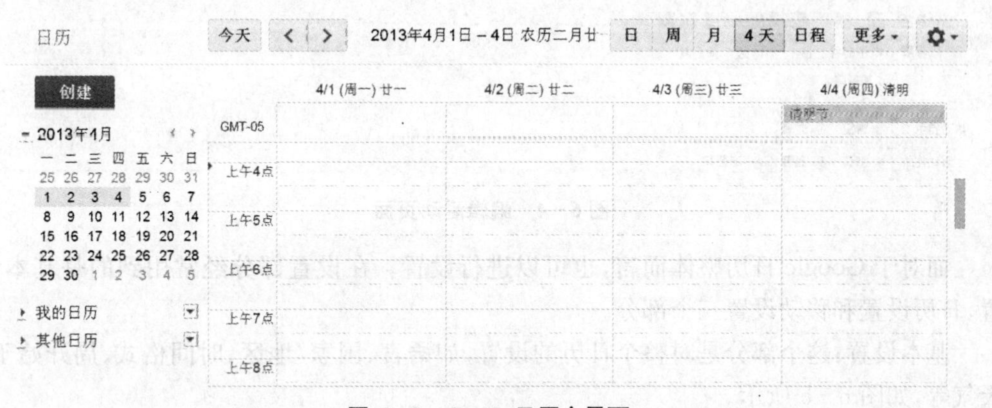

图 6-2　Google 日历主界面

2. Google 日历的使用

如果需要将近几天的学习安排输入到日历中，只需要在相应的日期和时间窗格内用鼠标左键单击，在弹出的创建活动窗口中输入活动的内容即可。例如，陈昕怡在 4 月 1 日，8 点—10 点窗格中，输入“图书馆借书、学习”的内容，如图 6-3 所示。

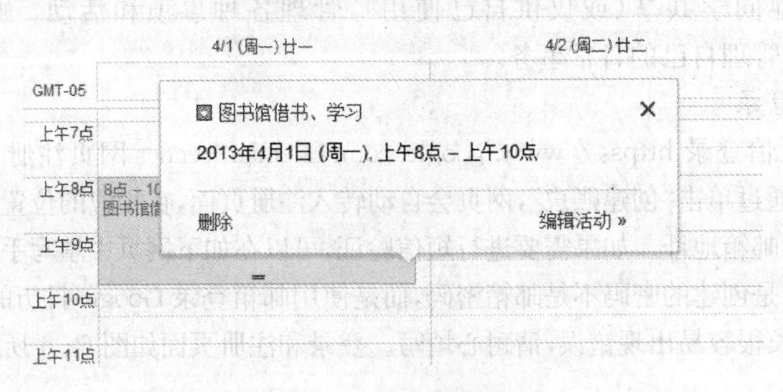

图 6-3　创建活动窗口

如果需要详细设置活动内容，点击弹出窗口的“编辑活动”按钮，便可以对活动的主题、地点、说明等参数进行设置，在“提醒”选项上可以选择“弹出式窗口”和“电子邮件”两种方式，也可以设置“提醒时间”。图 6-4 显示的是陈昕怡所做的设置。

保存　放弃修改　删除　更多操作
图书馆借书、学习
2013-04-01　上午8:00　到　2013-04-01　上午10:00　时区
全天　重复...
活动详情　安排时间
地点　学校图书馆
视频通话　添加视频通话
日历　陈昕怡
说明　下午就是经济学课程了，努力完成老师布置的作业
添加邀请对象
输入电子邮件地址　添加
邀请对象可以
修改活动
邀请他人
查看邀请对象列表
活动颜色
提醒　电子邮件　1　天　×
添加提醒
状态显示为　有空　忙碌
活动性质　默认　公开　不公开

图 6-4　编辑活动页面

而对于 Google 日历整体而言，也可以进行设置。在设置部分经常用到的是基本设置、日历设置和移动设置三个部分。

基本设置：这个部分是对整个日历的设置，如语言、国家/地区、时间格式、周开始于、天气等，如图 6-5 所示。

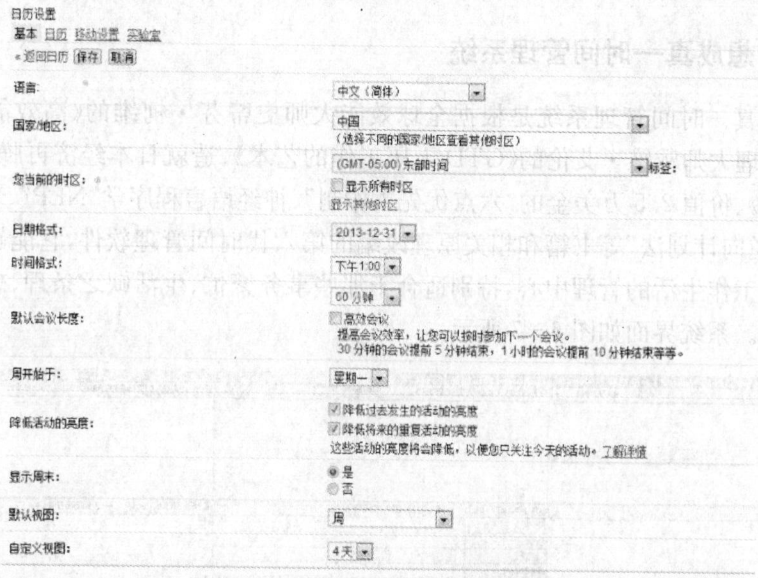

图 6－5　基本设置页面

日历设置：这个部分是对创建所有日历的一个设置管理，可以对已有日历进行修改、删除、导入、导出等操作。

移动设置：这个部分就是把 Google 日历上创建的日程安排与手机进行绑定，通过这个设置，就会收到 Google 日历的提前通知。

对于设置的相关提示：其中的部分功能会出现在日历上的新面板中。如果要节省空间，可以点击面板旁的小三角形来隐藏它们。

图 6－6 所示的是陈昕怡最近几天的学习生活安排，看着满满的时间安排，是不是觉得她的学习生活有条不紊，而且很充实呢？你是不是也有使用 Google 日历的冲动呢？不要犹豫了，挑选一个最适合你的时间管理工具从此让生活和学习的安排变得简单而合理吧！

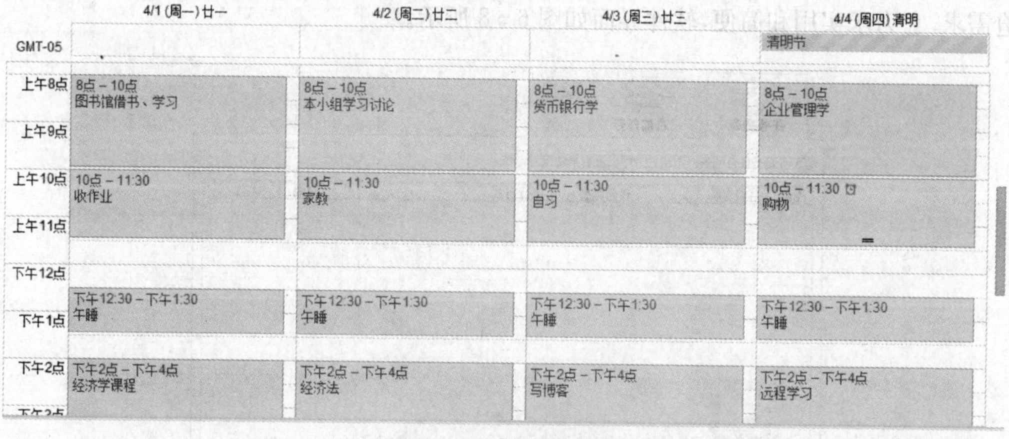

图 6－6　学习生活安排

当然除了 Google 日历以外，也有其他的适用于计算机终端的时间管理工具，它们各有优点，在学习过程中同样能够起到很好的作用。下面我们就来认识几款优秀的时间管理工具。

二、梦想成真—时间管理系统

梦想成真—时间管理系统是根据全球效能大师史蒂芬·柯维的《高效能的七个习惯》、时间管理大师戴维·艾伦的《GTD 无压工作的艺术》、造就日本经济再腾飞的《晨间日记的奇迹》、价值 2.5 万美金的“六点优先工作制”、神经语言程序学“NLP”、梦想成真实践体系的“逆向计划法”等书籍和相关原理改编的第六代时间管理软件，它能够帮助你建立一个关于工作生活的管理中心，特别适合于那些事务繁忙、生活缺乏条理、想养成好习惯的使用者。系统界面如图 6－7 所示。

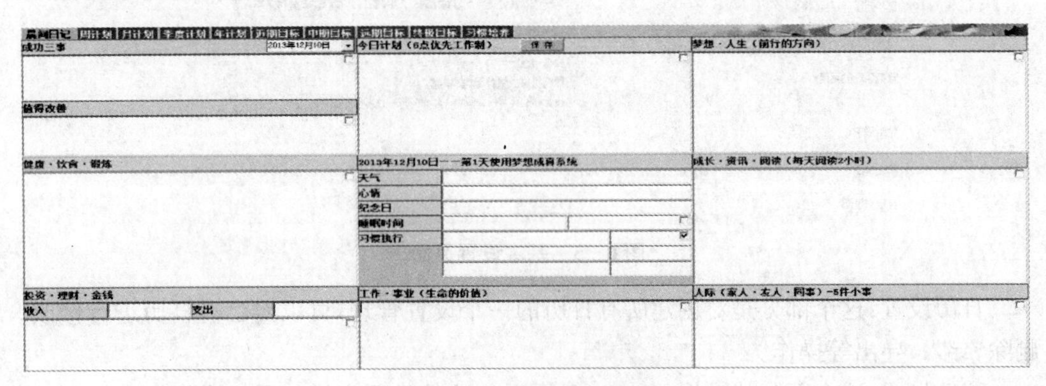

图 6－7 梦想成真界面

功能：该系统集目标管理、计划制定、晨间日记、习惯培养、时间管理等功能于一身，能平衡工作事业、家庭生活、学习成长、理财规划、人际关系、休闲健康人生六大领域的时间安排。

三、时间秘书

时间秘书可以有效改善工作管理流程，让使用者高效管理所有事务，使得管理变得轻松自如、事半功倍。该软件的设计理念来源于人们对繁忙工作和生活进行有序管理的急迫需求，它力求实用和简便，软件界面如图 6－8 所示。

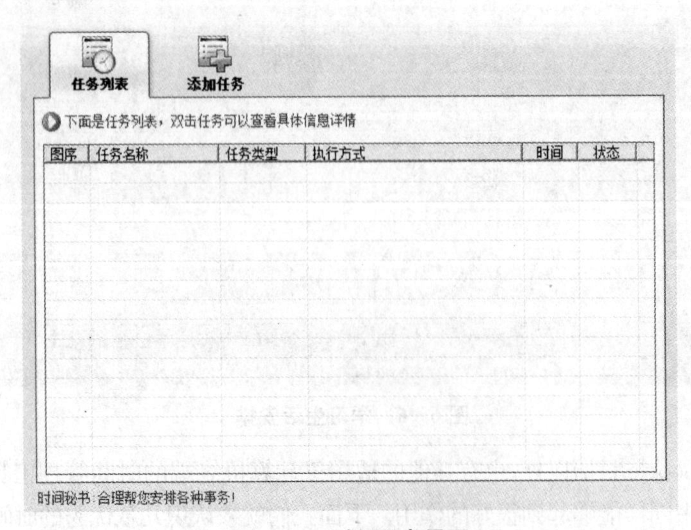

图 6－8 时间秘书界面

特点：支持各种工作事务的安排管理，包括工作事务、生活事务、学习事务等，并以不同的图标区分；支持临时事务的安排管理；支持电脑自动关机的定时处理；支持对未处理事务进行提醒，直到签收该事务；支持自定义提醒铃音。

四、备忘客

备忘客是一款由国人自主研发的时间管理软件，它能有效克服拖延症，软件界面如图6-9所示。

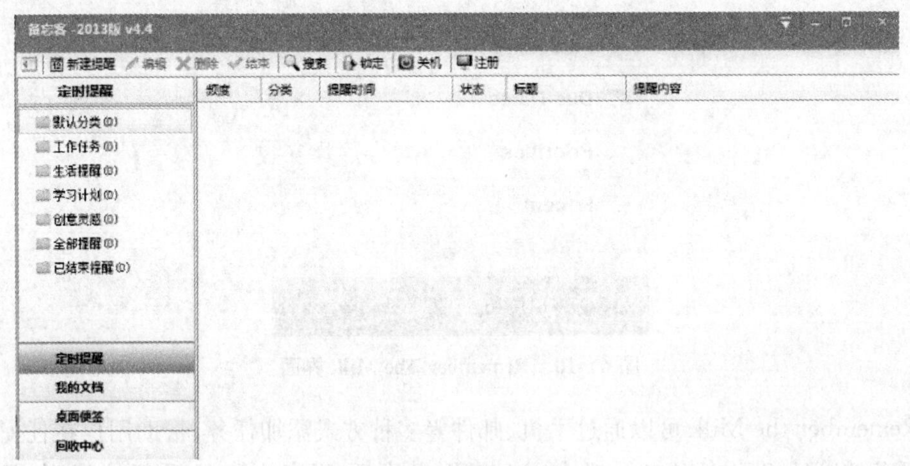

图6-9　备忘客界面

该软件借鉴古人结绳记事法的原理，以完成每项工作为目标，侧重于对时间点的管理，通过在精准的时间点上提供提醒帮助的方式，协助用户高效完成日常工作。软件由以下三大模块组成：

① 支持 Win 7 的桌面便笺；② 准确的一次、日、周、月、年、循环定时提醒，加入提醒铃音导入，个性化提醒；③ 简洁的文档管理模块。所有数据能够轻松云同步，在不同地点可以同步进行学习。

特点：支持各种工作事务的安排管理；有效克服拖延症；支持电脑自动关机的定时处理；支持准确的一次、日、周、月、年循环定时提醒；支持自定义提醒铃音，个性化提醒；支持桌面便笺的显示与隐藏，方便随笔记录待办事项；支持文档的收集、归纳与整理；支持数据云端同步。

五、手机终端时间管理软件

随着手机终端的普及，有许多企业注意到手机携带方便的特性，制作了适合手机终端使用的时间管理软件，这些软件体积较小，简洁实用。下面我们就来认识几款适用于手机终端的时间管理软件。

1. Remember the Milk

Remember the Milk(RTM)是一个老牌的任务时间管理工具，最初在2004年由一个只有两个人的澳大利亚公司发布。截至2011年4月，Remember the Milk 已拥有超过200万用户；2011年7月，这一数字已上升到250万；2012年3月，达到350万。工具界面如图 6－10 所示。

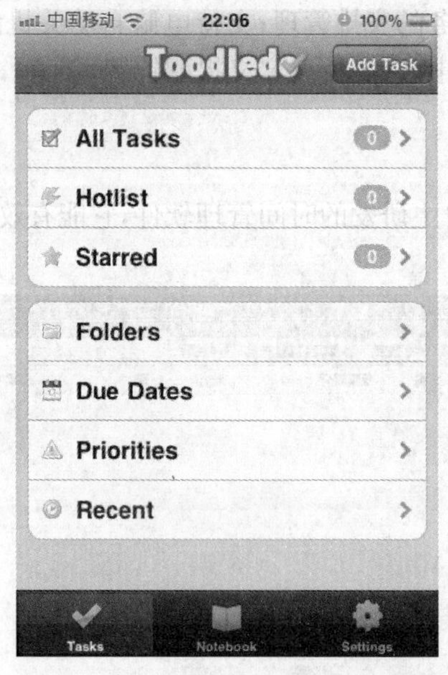

图 6－10 Remember The Milk 界面

Remember the Milk 可以通过手机、邮件等多种方式添加任务，帮助用户在任何地方进行任务的管理，获得任务电子邮件、IM 提醒，共享任务，离线管理，手机访问，在 Google Calendar 显示任务等等。总之，它拥有非常完善的功能以及强大的任务管理流程。

2. Wunderlist

Wunderlist 是一款免费的 todolist 应用程序，可以让用户记录、建立项目上交日期，并能够在其他平台上同步细节，支持 iOS、Windows 和 Linux 平台。界面如图 6－11 所示。

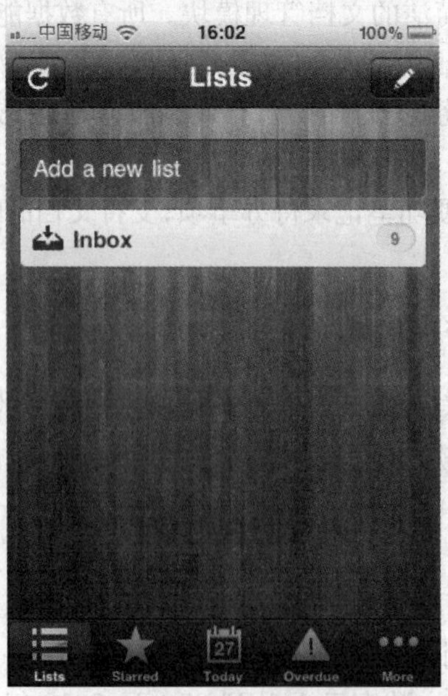

图 6－11 Wunderlist 界面

Wunderlist 能够实现云端同步，将用户的任务清单同步到平台上，让用户可以随时随地进行管理和分享资源。除此之外，还有发布推送通知、邮件提醒、邮件任务管理、任意添加任务、添加到期时间以及添加备注说明等功能，还可以为特别重要的任务添加星星符号。

3. Wunderkit

Wunderkit 是一个办公管理平台，可帮助用户处理个人和商业事务，它和 Wunderlist 是同一开发商制作的产品，工具界面如图 6-12 所示。

办公软件通常都不提供社交功能，办公社交功能允许使用者创建一个项目或任务，使用者可以邀请同事加入开发。Wunderkit 可以进行项目交流、执行任务管理。当我们在平台上开设一个新的工作区时，可以将其属性设置为私有或公开，iOS 开发者可以获得反馈信息，与使用者展开交流。通过这种方式，Wunderkit 提供 Twitter 式页面，我们可以关注更新以及发表评论。

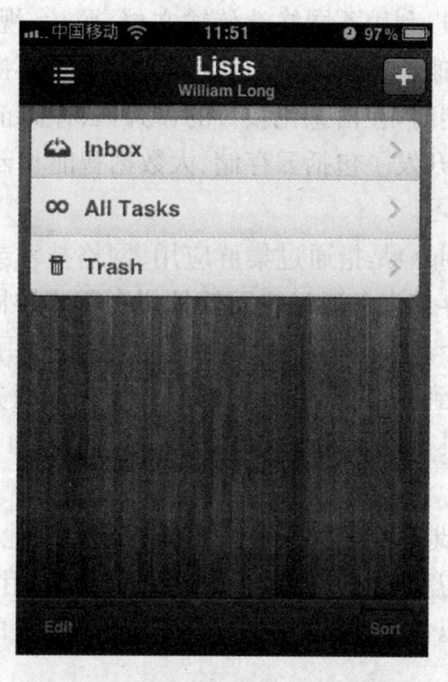

图 6-12　Wunderkit 界面

此外，Wunderkit 的任务管理功能非常出色，可以创建一系列任务列表，列表可附有标签、日期等。借助评论、收藏等社交功能，Wunderkit 的每个条目都能实现互动。

活动 2

分别选择一款应用于手机端和计算机端的时间管理工具来对自己近期的学习、生活进行规划，并和小伙伴们分享你的计划。

任务3 云存储工具

任务引擎

“在云时代,人类与云的距离,不再需要仰望天空,而只需鼠标轻点,指尖滑过;在云时代,云端之上不再是神明,而是充满奥义的0和1。”——摘自“企业网D1Net”

通过本任务的学习,帮助学习者了解云存储工具的概念、特点和相关的软件工具,并重点掌握金山快盘和百度云存储的使用方法;体会云存储工具在数据备份、更新、共享和查看等方面所具有的优势,能够运用这些工具来管理学习资源。

随着互联网的发展,用户利用不同终端传输文档、照片、视频等的行为逐渐增多。正因为如此,云存储技术在快速地发展,各种云存储产品也在不断涌现,这对我们的生活与学习产生了深刻的影响。同时,在信息化教育的今天,云存储正在逐渐渗透到教育教学的各个方面。目前,多家公司开发了包括云存储、大数据智能和云计算等功能在内的核心云能力,方便人们的生活和学习。

所谓云存储(cloudstorage)是指通过集群应用、网格技术或分布式文件系统等功能,将网络中大量不同类型的存储设备通过应用软件集合起来协同工作,共同对外提供数据存储和业务访问功能的一个系统。简单地说,云存储就是为用户提供了一个大的网络硬盘来保存数据,无论我们走到哪,只要设备可以连接到存储服务器,就可以方便快捷地使用其中的存储的数据。它具有以下几个优势:

1. 存储容量大

在平时,我们会因为本地存储空间不够,不得不删除其他数据来获得更多的存储空间,或者因为繁琐地增加硬盘容量而烦恼。而云存储能够给用户提供海量的存储空间,所有使用云存储的用户都可以便捷地从数据中心获得几乎无限的存储空间,无需担心本地资源的剧增。

2. 数据可靠安全

大部分云存储服务商为用户提供了安全可靠的数据存储保障,以及数据的自动更新同步功能,以避免由于自己的疏忽或者存储设备损坏等问题导致数据丢失。云存储服务商提供了严格的管理权限,并通过数字加密和传输加密等技术,来确保数据的安全。有些专业的服务商会实时检测用户云存储状况,大大减少数据丢失或损坏的可能性。

3. 使用成本低

当用户需要大量的存储空间时(例如学校建设数字资源库),不仅需要购买昂贵的服务器等基础设施,还需要花费大量的人力物力进行维护。如果使用云存储的话,只需要把数据存入“云”中,向服务商支付一定的费用即可,大大降低了成本。

4. 便于管理利用

云存储将分散在各地的资源集中起来存储,并与本地操作同步,使用者可以对数据进行查看、删除、修改等操作，从而实现资源的高效管理。云存储也可以实现定制，让用户在任何时间、任何地点随时取用。用户在享受服务的同时，也减少了管理的难度，可以把精力集中于自己的业务上。

5. 易于部署配置

开放性是云存储的一个重要特征，它融多种软件平台、多种计算模式和多种应用模式于一体，能够在多种平台之间进行数据共享，并支持多种协议、接口和灵活的存取控制。此外，还可以快速部署配置，随时扩展，具有更加灵活的操控性。

案例里的陈昕怡和同学们就是将学习中整理的文本、图形、图像、音视频等学习资料，通过云存储工具——"金山快盘"存储起来，从而使数据备份更安全，数据更新更便捷。此外，他们还将学习资料通过云存储进行了共享，让同学们可以互相查看学习总结，以便进行查漏补缺。云存储工具给他们的学习带来了新体验，使学习更加有效。我们来看一下陈昕怡是如何使用金山快盘的。

一、金山快盘

金山快盘是金山软件公司推出的云存储服务，首次注册赠送100G免费使用空间，覆盖Windows、Mac、Ubuntu、Android、iOS、Windows Phone、Web、微信等平台，具备文件同步、文件备份和文件共享等功能。只要安装金山快盘客户端，就能够实现电脑、网站、平板、手机之间的跨平台互通互联，随时随地轻松地访问个人文件。陈昕怡通过如下步骤实现对金山快盘的使用。

1. 安装注册

陈昕怡登录到http://www.kuaipan.cn/官方网址，下载最新的应用程序。安装之后，注册账号，填写注册邮箱和密码，并点击"注册并登录"完成注册，这样便进入到"金山快盘文件夹"位置(图6-13显示的快盘文件夹位于陈昕怡计算机的D盘根目录下)。本地计算机数据和云端数据的同步是在"金山快盘文件夹"里进行的(如图6-13所示)。

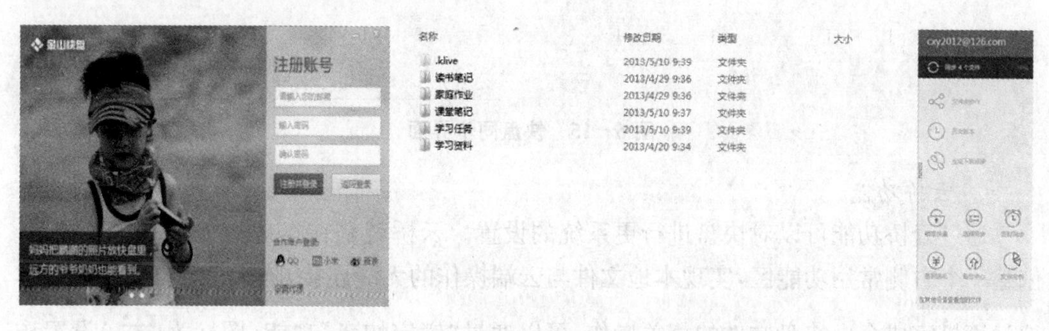

图6-13　金山快盘登录和文件夹界面

2. 快盘设置

陈昕怡在Win 7系统右下角运行程序中，找到了快盘的运行图标，通过右键点击"菜单"，选择"设置"选项，可以对快盘的基本和高级功能进行设置。在基本设置里面，包括常用、账户、传输和代理四个选项，其中常用选项中包括"开机后启动快盘"、"是否显现盘符"、"协作文件更新通知"等功能设置；在账户里，可以对"用户名绑定"、"同步位置"(金山快盘文件夹)进行设置,而高级设置包括对同步时间和格式的设置(如图 6－14 所示)。

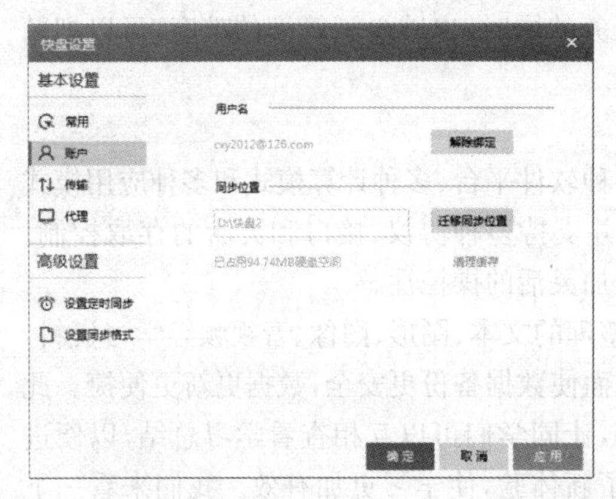

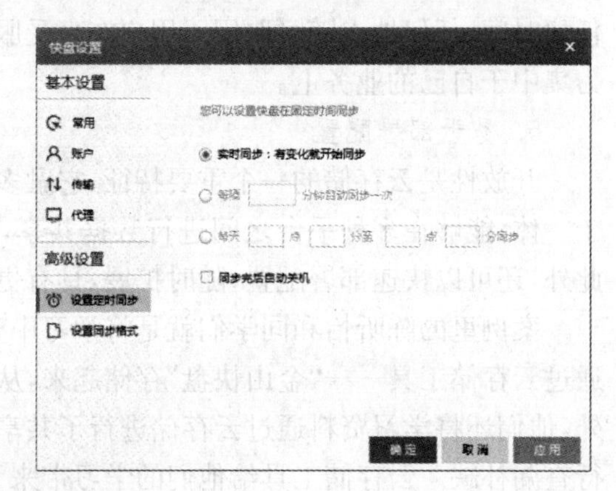

图 6－14　快盘设置界面

3. 快盘同步

陈昕怡把平时有需要保存的资料拖动到金山快盘文件夹里,实现保存和同步。在网络环境下,金山快盘文件夹里的资料会自动同步到金山快盘中,如果需要删除和修改数据,也只需要在本地磁盘上进行修改。经过一段时间的使用,陈昕怡认为金山快盘十分好用,因为它跟普通文件夹的使用是一样的,拖动、删除都很方便(如图 6－15 所示)。

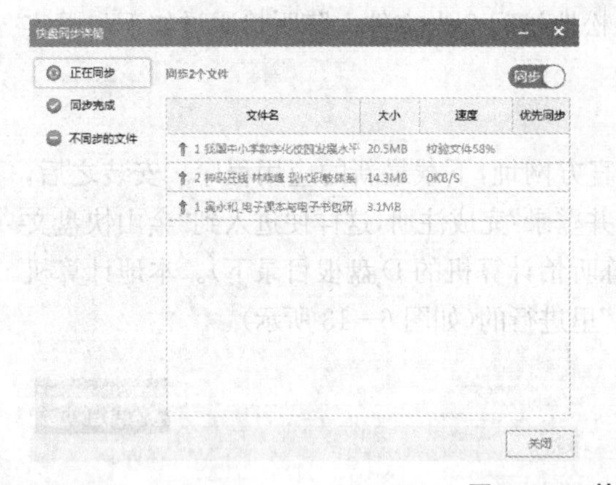

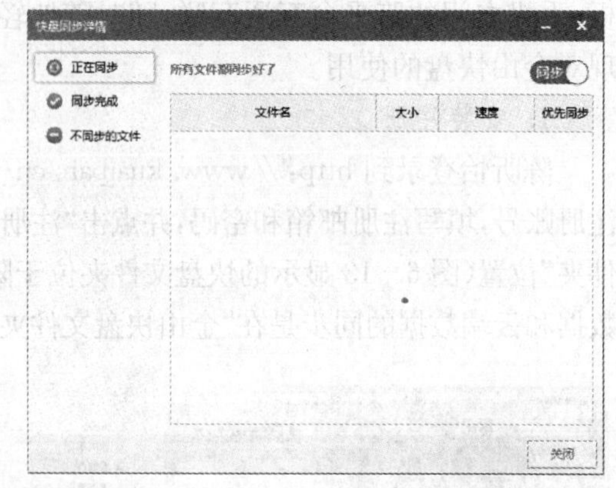

图 6－15　快盘同步界面

4. 云桥功能

通过云桥功能可以对快盘进行更系统的设置。云桥就是在本地的金山快盘目录下,创建一个右侧常用功能区,实现本地文件与云端操作的无缝连接,陈昕怡可以方便地在本地计算机完成金山快盘文件的相关操作:可以通过“锁定快盘”功能(图标为)设置访问本地快盘时的密码(如果不设置则默认访问时不需要密码);通过“选择同步”功能(图标为)来筛选不需要同步的文件;通过“备份中心”功能(图标为)将电脑里的 Office 文档进行同步;也可以将手机或者照相机通过数据线连接在计算机上,对其中的照片进行备份;此外还可以用“定时同步”功能(图标为)和“文件分析”功能(图标为)对文件同步的时间、网盘中的文件类型、大文件和重复文件进行分析。云桥功能界面如图6－16所示。

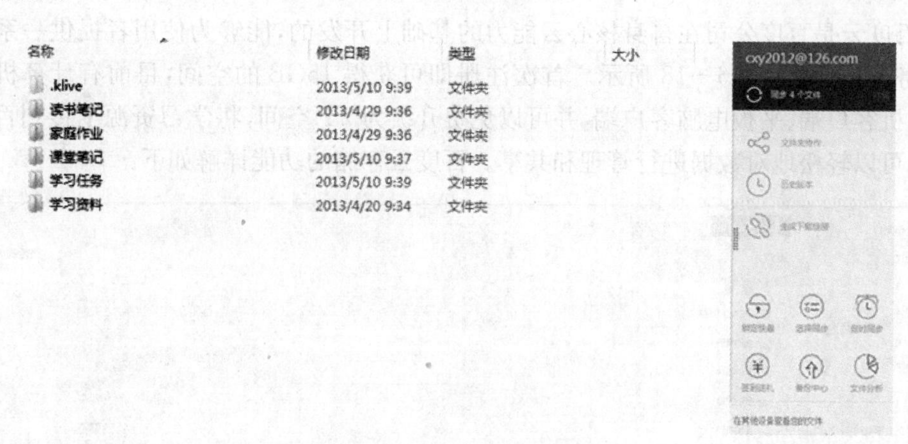

图6－16　快盘云桥功能界面

5. 云端功能

陈昕怡在零碎时间利用快盘的云端功能，可以通过手机、iPad来查看保存的课堂笔记，以便及时复习功课；当她的计算机本地数据丢失或者损坏时，可以利用云端功能来对数据进行恢复；还可以进行文件的共享，邀请好友进行文件的协作；另外，可以查看和备份手机终端里的通讯录、短信和通话记录。云端界面如图6－17所示。

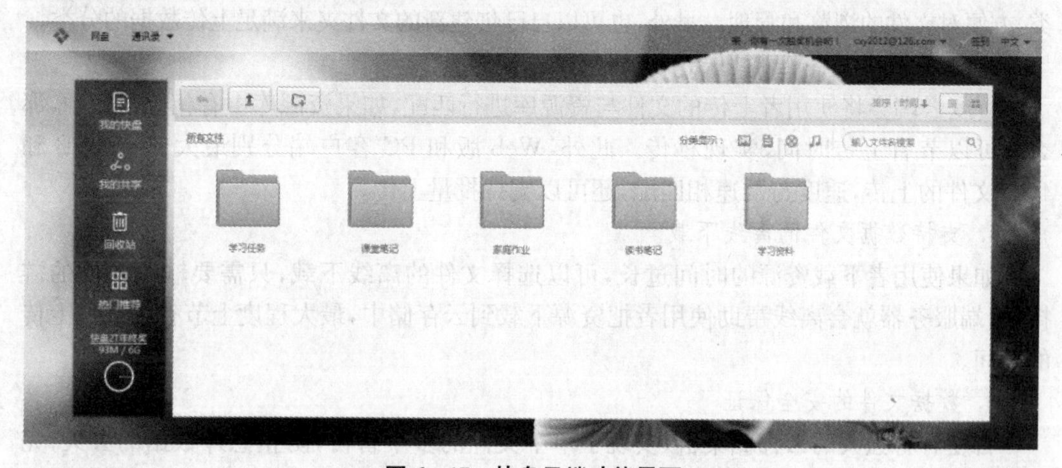

图6－17　快盘云端功能界面

除了陈昕怡使用的金山快盘之外，还有其他具有相似功能的云存储工具。由于开发公司背景和使用平台的不同，这些工具软件也各有特点。例如如果喜欢百度应用，可以选用百度云存储；如果习惯Windows界面操作，则比较适合使用SkyDrive云存储；如果使用苹果终端，则可以采用苹果公司产的iCloud云存储等等。以下我们就详细讲解下这几款软件的特点以及在学习中如何来使用。

二、百度云存储

百度云是百度公司在自身核心云能力的基础上开发的，能够为使用者提供一系列的云服务，其界面如图 6－18 所示。首次注册即可获得 15GB 的空间，目前有计算机客户端、手机客户端、平板电脑客户端，并可以免费升级为 2T 空间，将学习资源上传到百度网盘中，可以轻松地对数据进行管理和共享。百度云存储的功能详解如下：

图 6－18 百度云存储界面

1. 多平台数据共享

只要将数据上传到百度云存储中，无论在哪个平台登录都能够访问云端中的文件，它支持跨平台、跨终端的数据共享，在 Web、PC 和手机客户端能够随时便捷地访问和修改数据。

2. 文件分类浏览

上传学习资源时，可以选择云端默认的分类方式，并且平台可以对文件进行自动的分类，方便对文件的浏览和管理。另外，也可以自己创建新的文件夹来满足上传数据的分类。

3. 支持超大文件匹配上传

百度云端会将使用者上传的文件与资源库进行匹配，如果资源库中有相应的资源，那么就可以节省上传时间，实现秒传。此外，Web 版和 PC 客户端分别最大支持 1GB 和 4GB 文件的上传，速度与网速相匹配，还可以支持批量上传。

4. 支持数据文件的离线下载

如果使用者下载资源的时间过长，可以选择文件的离线下载，只需要输入文件的链接，云端服务器就会离线帮助使用者把资源下载到云存储中，最大程度上节省了文件上传的时间。

5. 数据文件的安全保证

百度有着强大的云存储集群，实现了单个文件的多个备份，防止意外数据的丢失；完善的文件访问控制机制也为数据安全提供了可靠屏障；此外，数据传输时也采用了加密设置，有效防止数据被窃取。

6. 师生之间的轻松分享

百度云存储在学习资源的共享上，支持短信和邮件两种方式，实现师生之间的轻松共享。在共享时，会提醒教师设置相应的提取码，当学生输入正确的提取码时，才能够访问共享的文件，保证了数据的隐私安全。学生之间也可以采用这种方法进行学习资源的共享。

三、SkyDrive 云存储

SkyDrive 是由微软公司推出的一项云存储服务，采用的是 Windows 8 内核。你可以通过自己的 Windows Live 账户进行登录，上传图片、文档等到云端中进行存储。首次注册，SkyDrive 只会赠送 7GB 的免费空间，也可以支付 156 元、311 元或者 622 元分别获得 57GB、107GB 和 207GB 的年使用空间，虽然费用有点高，但是对于习惯于 Windows 操作的学生来说也许是一个不错的选择。SkyDrive 云存储的特色功能详解如下：

1. 最近使用文档

在 SkyDrive 中拥有与 Windows 相似的“最近访问位置”功能，以便让使用者可以快速寻找最近访问的文档。同时在移动客户端也有此功能，各个客户端界面如图 6－19、图 6－20 以及图 6－21 所示。

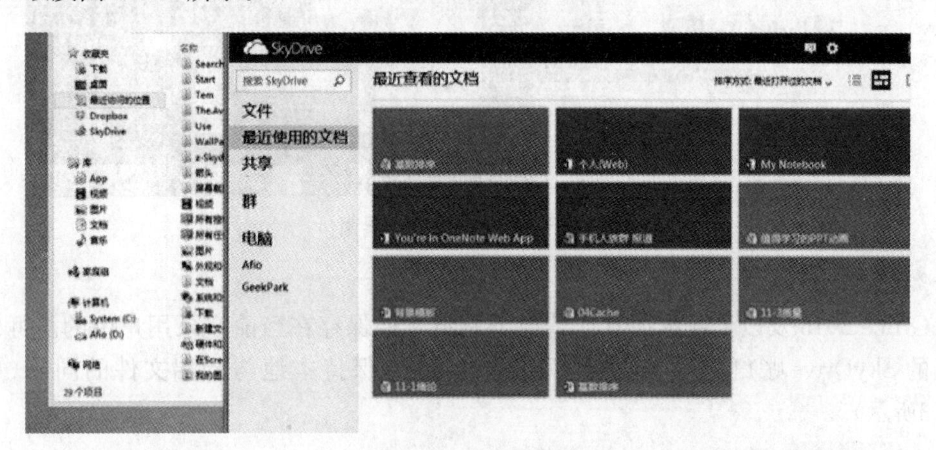

图 6－19　PC 客户端

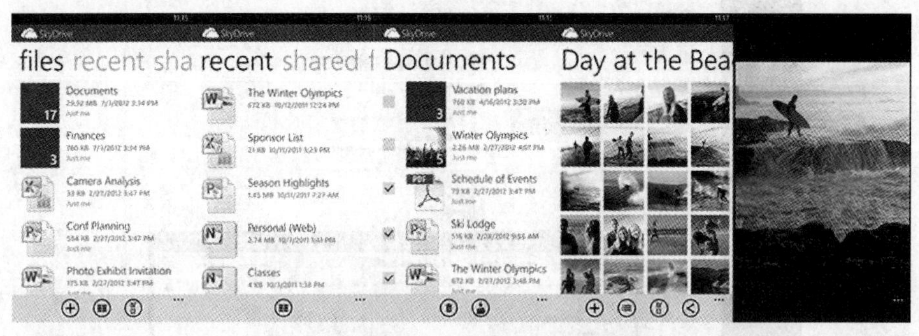

图 6－20　Windows Phone 客户端

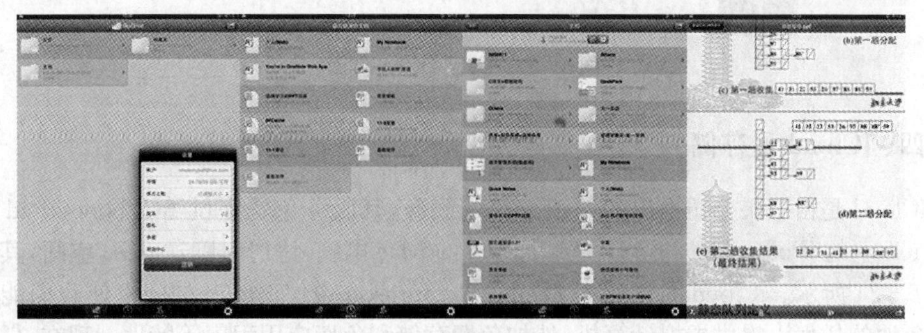

图 6－21　iOS 客户端

2. “Fetch”远程获取

“Fetch”远程获取是 SkyDrive 中非常有特色的一项功能。如果本地计算机处于运行状态且设置允许其他设备访问(默认同意),则可以使用提取文件功能通过转到 SkyDrive.com,从另一台电脑访问这台电脑上的文件和文件夹,也可以进行批量处理;还支持流式传输视频和以幻灯片方式查看照片(如图 6 - 22 所示)。

图 6 - 22　Fetch 功能界面

3. 关联 Office

Office 2013 及以上版本在默认情况下是将文档保存在当前登录用户中的。可以在自己的 SkyDrive 账户中,直接打开 Office 程序,并保持本地与云端文件的同步(如图 6 - 23所示)。

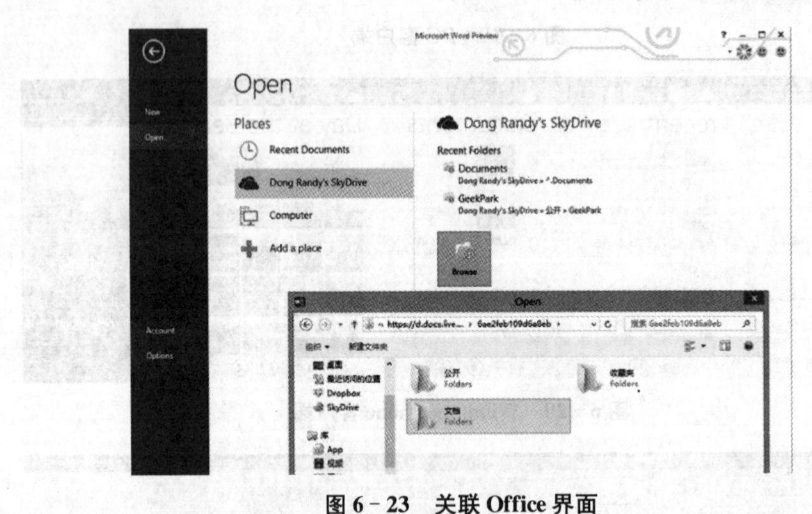

图 6 - 23　关联 Office 界面

四、iCloud 云存储

iCloud 是由苹果公司推出的一项云存储服务,其服务免费提供给 iPhone、iPad 或者运行 iOS 5 的 iPod touch 和运行 OS X Lion 的 Mac 电脑,注册时赠送 5GB 空间,其界面如图 6 - 24 所示。iCloud 的创始人 Daniel Arthursson 说:“iCloud 的问世使我们能够为世界各地的任何人提供虚拟计算机,外加免费存储和免费应用程序等特性。现在,任何人都可从任何一台计算机上访问和共享文档、照片、音乐和他们全面的数字生活。”iCloud 云存储的主要功能详解如下:

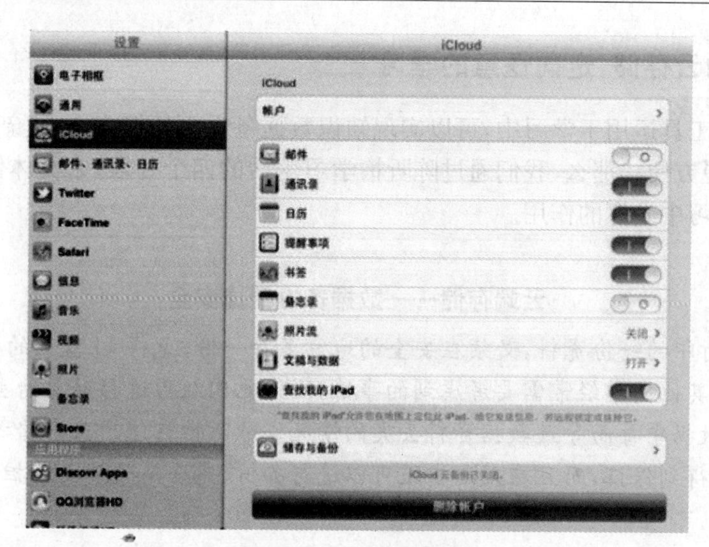

图 6-24　iCloud 界面

1. 电子邮件方面

只需要拥有一个苹果邮箱的账号，无论在哪个苹果设备上登录，邮箱里的信息都会自动同步到相应的设备上。起初电子邮件的功能是集成在 Mobile Me 上的，自 2012 年暂停服务之后，其功能免费集成在 iCloud 云存储上。

2. 软件与电子书方面

在某一个苹果设备下载或安装了一款应用软件，它会通过 iCloud 云存储自动出现在用户其他的苹果设备上。另外，iCloud 可以让使用者查看过去下载的应用程序，因此无须支付额外费用便可将其再次安装在新的苹果设备上。此外，电子书和软件的下载类似，iCloud 也会在不同设备上进行同步，并免费使用。

3. 数据备份方面

设备通电的情况下，iCloud 云存储每天会将使用者在苹果设备上存储的重要数据，通过 WLAN(Wireless Local Area Networks 无线局域网络)进行自动备份。当系统崩溃时，使用者可以通过 iCloud 对学习资源进行恢复；如果换了新设备，那么只需要在 iCloud 云端上输入原有的 AppleID 和密码，所有数据就会更新到新设备上。

4. 文件编辑方面

实现文件同步编辑的是“Documents in the Cloud”功能，它可以帮助使用者在不同的设备上进行同样的文本编辑操作。如果在 iPhone 上建立一个文档，这个文档会自动同步到云端，这样在其它设备上也可以找到之前建好的这个文档。这一服务不仅可以在 iOS 设备中使用，在其他苹果设备也可以使用。

5. 照片共享方面

PhotoStream 是 iCloud 云存储的特色，通过这个功能把 iPhone 拍摄的照片自动推送至服务器，然后服务器会将这些内容再推送到之前使用个人 ID 登录过的每个苹果设备上，有点类似 Android 的 Picasa 相册。在 Mac 上面，也可以找到 iOS 设备上拍摄的照片，不过需要借助 iPhoto。

五、借助云存储，走向惬意的学习

将云存储工具运用于学习中，可以实现知识数据备份更便捷安全、更新更省心、共享更快捷、查看更方便。那么，我们通过陈昕怡学习生活的四个片段，来具体体会下云存储工具在网络学习中发挥的作用。

案例一：　　云端存储——数据备份便捷安全

"这是要打印的一份资料，必须在安全的地方多存一份，免得U盘里的打不开。"这是曾经陈昕怡和其他同学经常需要考虑到的事情，因为他们经历过移动存储丢失或损坏、电脑硬盘故障、数据中毒而导致数据资料丢失的情况。陈昕怡在使用云存储之后，数据的安全性不仅可以得到保证，而且在网络中还可以进行备份，完全消除了之前担心数据资料丢失的烦恼。

对于很多同学来说，经常需要将某些重要文件进行备份，以免数据丢失造成麻烦，那么移动硬盘和U盘就成为了大家的首选，但是随身携带硬盘和U盘不仅不便捷，而且这些载体不能够丢失。而通过云存储就完全不同了，只需要将文件拖动到云存储里，数据的备份工作就自动完成，备份工作简单到只需要复制粘贴，也彻底免除了文档丢失或者打不开的问题。通过云存储，可以轻松实现数据"云端"备份。

在安全方面，U盘等存储设备容易损坏而且容易遭受病毒干扰，常常导致学习资料的丢失，从而造成损失。而云平台特有的操作系统还原安全防护功能使服务器感染病毒的几率大幅度减小；用户的重要数据集中保存在服务器上，而一些服务器端采用了定期数据冷备份，实时双机热备份等手段来保证数据的安全；有些云存储的前端设计了分布式密钥系统，它可以给加密文件生成动态的密钥，大大增强了数据存储的安全性。

案例二：　　自动同步——数据更新更省心

"我要写一个关于学习心得的报告材料，需要根据老师和同学的建议进行多次修改，一般情况下会在U盘或邮箱里进行备份。那么，文件备份要不停地进行，而且时间长了会分不清楚哪个资料是最新最全的。"后来，陈昕怡在利用金山快盘来存储文件时发现，快盘的同步功能可以自动保存修改后的文件，让她可以集中精力编写文档而不必担心文档的保存问题。

大多数同学可能会产生这样的疑问，如果我们对本地的文件进行了修改，都需要在云存储平台上再手动保存一次么？有些云存储平台解决了资源同步方面的问题。例如，陈昕怡使用的金山快盘云存储，就可以实现此功能，快盘服务一旦检测到用户对文档进行了修改就会自动进行更新同步，所以尽管是在本地操作，但是网络上的文档永远会保持最新。

案例三：　　你中有我——数据共享更快捷

在学习讨论活动中，老师要求所有学生回去学习文件《如何进行生涯规划》，以便下次交流。作为学习委员的陈昕怡每次都要把材料分发给每个同学,费时又费力。使用了金山快盘之后,无论是文本文档还是视频录像,都可以通过共享功能将文件他人进行共享。当然,也可以直接看到别人共享给自己的文件,这一切就如同在一台电脑上操作一样。此外,金山快盘可将文件生成下载链接供大家下载。

学习讨论时,小组内的成员对问题会有不同的看法,此外,相互之间思想的碰撞也常常会超出教师主观预设范围,因此探究活动中对资源的共享、协作和探讨是重要的学习方式。无论是文档、照片还是音视频文件,只要申请到了云存储的空间,就可以存储到云存储中,如果其他学习者也拥有相同平台的账号,那么右键单击需要共享的文件,输入阅读者或者编辑者的账号,那么共享就可以完成了,做到"你中有我,我中有你";也可以将文件"生成下载链接",把链接地址告诉对方下载即可,同时可以设置下载密码,进行授权下载,十分方便。

案例四:　　　　　　随时随地——多终端查看更方便

陈昕怡曾有一段时间由于家庭的原因,基本上很少上自习,但是学习成绩并没有下降。在分享成功经验时,陈昕怡表示将学习材料存储于云存储平台中,每当有零碎的时间,就可以利用手机或者 iPad 等设备进行学习,这样坚持下去就能够取得成功。

哈佛大学的学者们认为,现在的社会发展已经进入了第六个阶段——全球化和知识化阶段。在这个阶段,社会将变为一个新的形态——学习型组织。在这个组织中,无论是分配你完成一个应急任务,还是反复要求你在短时间内成为某个新项目的行家,善于学习都能使你在变化无常的环境中应付自如,那么利用多终端设备随时随地进行学习,就显得特别重要。如今,云存储平台支持在智能手机、平板电脑等智能终端上的使用,而且随着 WiFi 和移动网络覆盖的提高,只要有网络的地方,就可以查看云服务器上的文件,实现随时随地学习。

现代学习尤其是网络学习,正需要云存储来提供技术保障。有了云储存设备,学校之间以及学习者之间的学习资源就能够实现统一的接入和统一的管理,提升设备的利用率,减少重复投资造成的浪费。同时,云存储的重点已经不再仅是容量大小的问题,而是如何能够实现自我管理和自动调节的问题。云存储还可以把学习者从繁重的学习负担中解脱出来,因为在没有云存储之前,学习者需要把大量的学习资源放在 U 盘等存储设备中,还要担心这些资料的遗失和损坏,而有了云存储,就可以把课件、视频、笔记等资料存放于云盘中,以便于集中管理,这样就不用背着笔记本或者 U 盘东奔西走了,可以说不管在哪个终端设备,只要有网络,都可以轻松同步的使用学习资源。另外,学校的通知、资源的推送、教研员的网上校验、教师间的协同备课和课件共享都可以在云盘中实现。

活动 3

选择一款喜欢的云存储工具来管理和备份学习资料,之后写下使用心得,并与小伙伴们进行分享。

任务4　教育游戏

任务引擎

我国学者石中英教授指出:"以人的培养为己任的教育就应该充分展现其游戏性,使教师和同学们的整个身心经常处于一种游戏状态:自由、自愿、自足、平等、合作、投入和忘乎所以。""从一定意义上来说,教育活动中游戏状态的缺乏是造成教师厌教和学生厌学的一个主要原因。"

通过本任务的学习,帮助学习者了解教育游戏的概念、特点和相关软件工具的使用,理解运用教育游戏来辅助学习的意义,重点体会 Second Life 平台在开展体验式学习中的所发挥的作用,建立起"寓学于乐"的思想,让学习变成自愿和快乐的事情。

韩愈《进学解》有云:"业精于勤,荒于嬉。"这个古训告诫人们游戏是无意义的,玩物丧志。而如今电脑游戏被称为是当今最有希望的朝阳产业之一,游戏中的一些积极因素已经引起了有关教育人士的注意,他们正在借助游戏来改革传统的学习。用信息化的教学手段,将教育游戏引入到学习过程中,实现"寓学于乐"的教育思想,让学习变成自愿、快乐的事情,这既有实现的可能性,也是教学的理想状态。

所谓教育游戏是指在现代教育理论和学习理论的指导下,能够培养学习者认知风格、认知策略、情感道德的具有意义的计算机模拟程序,促进学习者学习科学文化知识,从而最终达到教育目的。优秀的教育游戏具有以下几方面的特点:

1. 教育性

教育性是教育游戏的首要特征,也是区别于一般游戏的关键特点。对于一个教育游戏来说,游戏内容为学习目标服务,而且内容的设计符合教育教学规律,顾及学习者的心理和年龄特征,所表达的知识内容和结构体系也具有科学性。

2. 挑战性

挑战性是游戏中最具吸引力的因素,也是教育游戏的主要特点之一。使用者面对挑战并获得胜利,这不仅可以增加学习兴趣,使其持续投入到学习中,而且可以深化概念,萌发新意。因此,优秀的教育游戏有较好的挑战性,使使用者在挑战中进行学习。

3. 交互性

教育游戏是一种富于表现力的媒体,使用者的行为与媒体呈现的东西存在着因果关系,这就需要依靠游戏里丰富的交互。丰富的交互不仅可以让使用者全身心地投入到游戏中,达到忘我的境界,而且可以让他们及时了解自己的学习状态,适时调节自己的学习方式并可以对自己的学习效果进行评价。

4. 安全性

教育游戏可以通过安全的方式来呈现危险的境遇。例如,同学们在游戏中体验危险的化学实验。当在游戏虚拟世界中感受和体验到危险，然而这仅仅局限于心理上的体验，避免了身体上的受伤。因此，从一定意义上说它是一种安全的体验现实的方式。

教育游戏的产品有很多，包括游戏网页和游戏软件两大类型，不仅有覆盖从小学到大学各个年级语文、数学、物理、英语等科目的教育游戏，也有能够支持体验式学习的虚拟现实游戏。本书就以 Second Life 平台为重点，并结合另外几款有特色的教育游戏产品，来详细地分析下管理与体验工具是如何应用于学习中的。

一、Second Life 平台

Second Life 是一个基于互联网的三维虚拟世界，学习者可以通过客户端程序创建自己的“虚拟化身”，来参与虚拟世界中的各种探索和社交活动。IBM、Intel、Yahoo 等公司都在 Second Life 上拥有自己的小岛，用于实现贸易、培训等目的；哈佛大学也开始在 Second Life 中开设课程，让学生在这个与现实世界相似的环境中进行商业教育实践。随着 Second Life 的继续推广，其教育、经济等方面的潜能将逐渐得到重视。目前，基于 Second Life 的教学实践形式呈现多元化的特点，例如用作虚拟课堂、远程教学、教学实验和技能训练等形式。

1. Second Life 平台的基础操作

(1) 账户注册

打开官网注册地址 https://join. Second Life. com/，进入注册页面。首页为“形象选择”页面，用户可以从 11 个备用的形象中选择其中一个，选好后点击“Choose This Avatar”，进入下一步。虽然这里只有 11 个选择，但是进入游戏后可以再对形象进行更改，形象选择界面如图 6－25 所示。

图 6－25　形象选择界面

然后需要用户输入用户名，写好后可以运用“Check Availability”看是否已被注册，点击

“Next Step”接着就进入了个人信息注册页面,注册页面中需要依次填写Email、出生年月、密码、安全提问等选项(如图6-26所示)。然后点击“Create Account”进入下个注册页面。

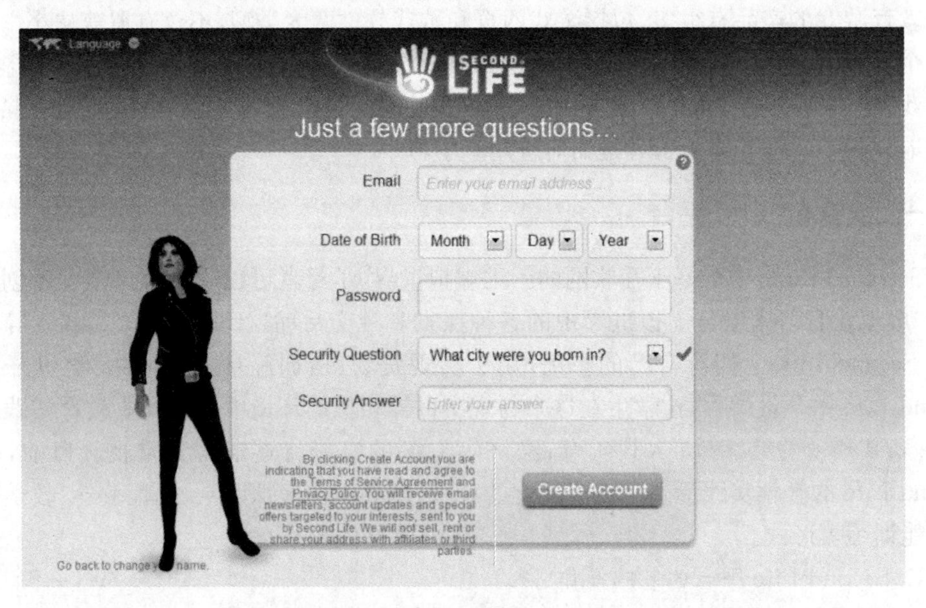

图6-26　个人信息注册页面

在这个注册页面中,我们如果只是想体验一下的话,可以选择“Free”,只不过不拥有“Home”和“Exclusive Extras”(如图6-27所示)。

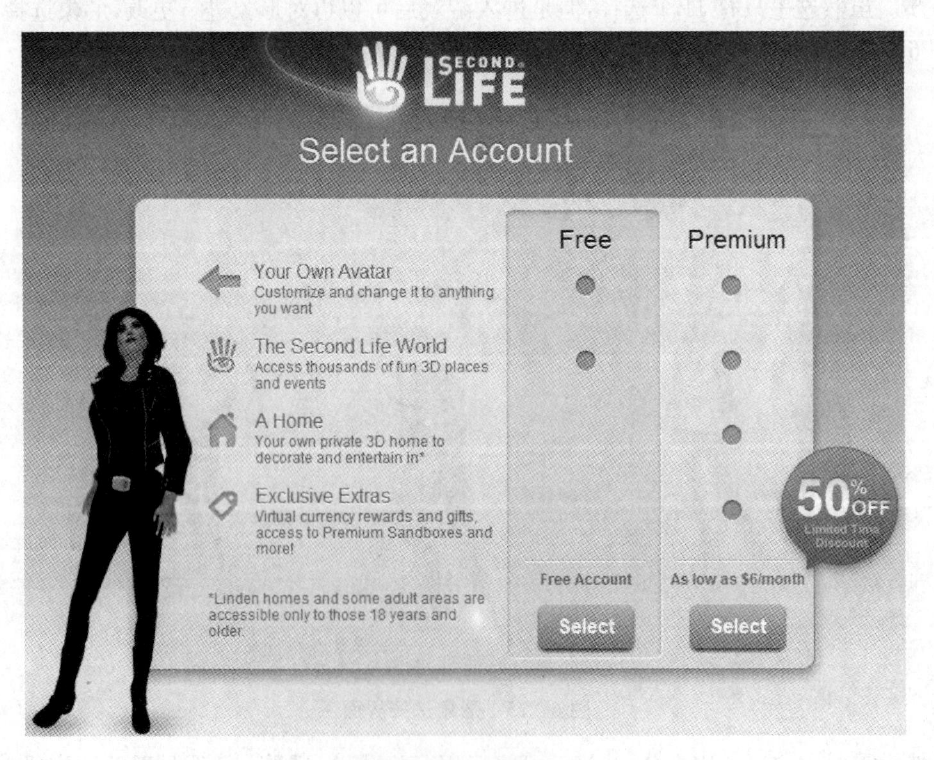

图6-27　注册页面

最后，选择“Download&Install Second Life”，下载安装程序，之后通过客户端即可进入社区，如图 6－28 所示。

图 6－28　进入社区

(2) 登录游戏

学习者第一次登录游戏的时候会发现“化身”出生在新人岛上，有几个小岛是专门作为新人的出生地的。等再次登录的时候会出现在下线的地方，或者可以设定为出现在你的 home 所在地。

(3) 交通方式

在虚拟现实中，用户的交通可以包括走路、跑步和飞翔等多种方式。在游戏界面中，使用键盘上的方向键可以操控化身行走的方向，通过“ctrl｜r”来切换行走和跑步。另外，也可以按 F 键或者选择菜单上的“Fly”让化身飞起来(如图 6－29 所示)。再次按 F 键或者点击“stop fly”就会降落到地上。

图 6-29 化身飞行画面

(4) 人物装扮

每个新人在游戏里的化身基本上是一模一样的，通过人物的装扮，可以让用户与众不同。点击画面左侧编辑外观按钮 可以点开"我的装扮"和"目前穿着"进行装扮。如果想穿一件衣服，右键点击那件衣服选择"dress"就可以了(如图 6-30 所示)。

图 6-30 人物装扮画面

(5) 创造物

创造物是本游戏最大的特色，游戏官方只提供土地和一些最基本的服务，其他东西都是由用户来创造的。官方保护用户的私人财产，并鼓励这些创造物之间的交易。创造物是通过一个内嵌的三维造型工具和脚本工具来创建的，它可以是汽车、飞机、城堡等物品，所有权归私人，无需向官方缴纳费用，而官方的收入主要来自于出售土地。

(6) 地图

可以通过游戏里的地图功能，对世界有一个大致的了解。点击地图菜单就可以调出地图，单击地图上任何地方，通过"瞬间传送"按钮就可以传送过去了(如图 6-31 所示)。

此外，在游戏屏幕的左上方还有“迷你地图”，可以实时观察周围的环境和自己的位置。

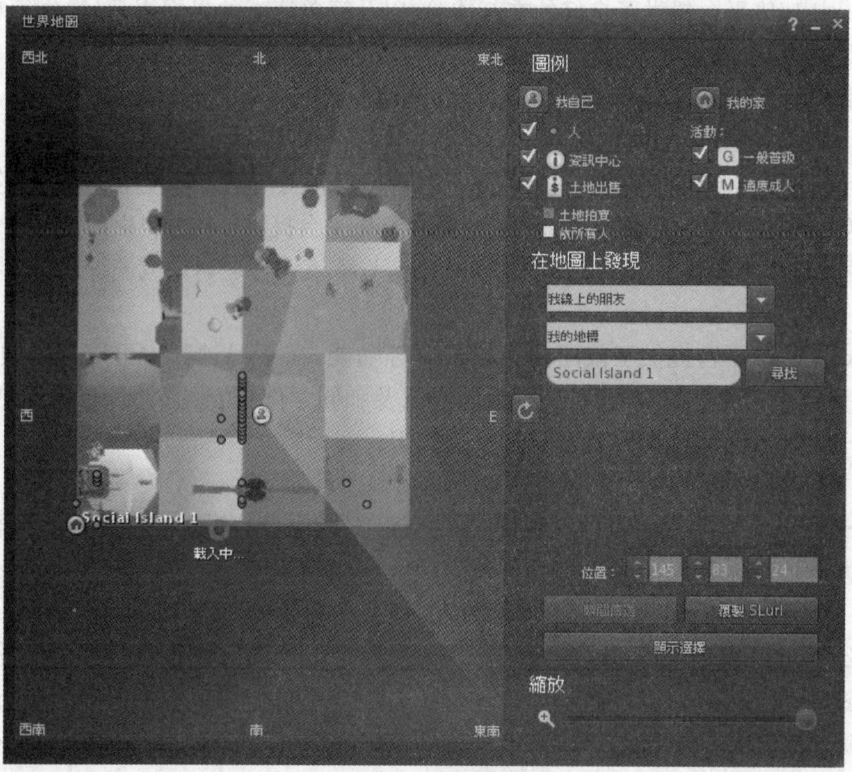

图6-31　地图画面

(7) 求助岛

求助岛是官方为了让新人了解这个游戏专门建立的功能。在地图里寻找求助岛，然后选择“瞬间传送”或者飞过去。在这里用户可以练习行走、飞行和熟悉游戏环境，如果遇到困难，小岛上也有工作人员(Linden)，或者帮助者(mentor)来为新人提供咨询服务。但是如果用户离开了求助岛之后，就不能够再回到这里了。

2. 借助Second Life来体验学习的乐趣

案例里的陈昕怡和同学们通过在虚拟现实中的实践来认识周围事物，他们完完全全地参与了学习过程，成为课堂的主角，这种学习活动的形式可以称之为体验式学习。体验式学习可以发生在虚拟环境中，也可以发生在真实的情境中，总之它强调的是学生主动参与，通过实践和反思来获取知识的学习方式。

本案例和一些研究均表明，借助三维虚拟平台开展体验式学习，不但能够给学习者创造体验式学习的机会，还能够有效提升学习效果。就Second Life而言，运用它开展体验式学习的具体优势如下：

(1) 学习资源立体显示

在案例中，李老师利用Second Life平台给同学们提供学习资源和布置学习任务，表现形式可以由图片、视频、音频、动画等构成。除此之外，也可以自主设计三维实体对象，如实验器材、几何立体模型、实物模型、分子结构等，这样学习者可以直观地与学习对象进行交互，有利于知识的理解和内化。

(2) 良好的交互体验

Second Life 平台提供了良好的交互体验，以及简单清晰的界面视觉，操作简单易用，并且提供了同步或异步的文本、语音、有趣的表情等丰富的交互手段，支持一对一聊天和群聊模式，以及喊话和低语等交互形式，能够让使用者完美享受虚拟学习的乐趣。

(3) 自由学习环境的构建

曾有心理学实验证明：在宽松自由，并且有着一定张力的学习环境中，学习者的思维会异常活跃，容易激发学习热情和创造力。Second Life 平台提供了充分自由的学习环境，化身能够自由地进出虚拟教室、图书馆或操场，慢行或飞奔，参与专题讨论或进行在线学习。

(4) 学习过程的可见性

Second Life 平台提供了截图和视频录制等功能，在学习过程中可以记录自己的行为，通过研究自己化身的学习轨迹、行为动作以及和同学间交互的情况，有效反思学习中的不足，通过调整学习策略从而更好的掌握知识。

(5) 自身体验感的增强

在 Second Life 平台中，可以根据自己的喜好选择或者编辑存在的化身；平台也提供了一套功能强大的建模系统，并结合材质的赋予，应用于创建适合的空间场景；此外，平台还自有一套编程语言，可根据需要对场景中的模型进行编辑，以实现特定的动作。

那么，在运用 Second Life 进行体验式学习的时候，具体应该怎么做才能保证学习效果呢？图 6－32 是学者设计的“基于 Second Life 的体验式学习活动框架”[①]，实践证明，学习者借助这个框架进行体验式学习，能够达到较好的学习。该活动框架由三个部分组成：教师活动、学生活动以及虚拟学习环境。

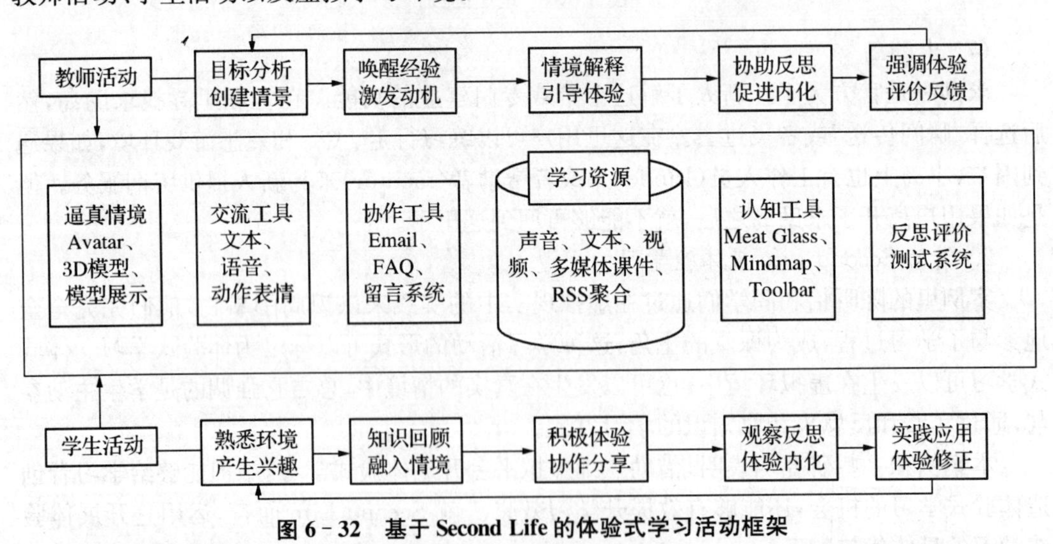

图 6－32　基于 Second Life 的体验式学习活动框架

① 教师的活动

教师是学习环境创建以及学习活动组织的负责者，这就要求教师能够根据学习目标构建支持体验式学习的学习环境，并且能够根据学情来调整环境中的各要素，借助学习者

① 李学孺、刘革平：《基于 Second Life 的体验式学习活动设计》，载于《现代教育技术》2011 年第 10 期。

原有的学习经验，来激发学习动机；教师在学习活动中引导学习者进行学习体验时，要及时解决学习者产生的迷惑和问题；教师需要对学习者的阶段性学习成果进行评测，要及时找出不足，进行完善，并不断强化学习者的学习体验。

② Second Life 虚拟学习环境

建构主义学习理论认为，学习者在真实的环境中去感受、去体验才能很好地完成对所学知识的意义建构，即通过直接经验来学习，而不是仅仅去聆听别人（教师等）关于这种经验的介绍和讲解。Second Life 是由虚拟情境构建的一系列场景，能够体现出“真实”的学习情境并提供足够的学习支持。教师在创设学习环境时，应以学习目标为指导，构建逼真的问题情境。教师可以利用 Second Life 的仿真、模拟、参与等功能，构建虚拟的实验环境，以弥补传统实验的不足；借助 3D 建模工具，构造试验环境、实验仪器和实验材料；通过 LSL 语言脚本设置不同实验的运行逻辑。此外，Second Life 平台为学习者之间提供用于协作和认知的工具，例如，在 Second Life 中借助 Meta Gloss 工具查询存储在 Moodle 中的词汇表；在平台上，学习者可以通过文本、语音、图片、视频等丰富的信息资源来进行学习体验；另外，系统也为学习者提供了能够促进学习者反思的评价工具，例如，在平台中创建测试系统，检阅学习效果，也可以通过配置与开源平台 Moodle 的整合，在三维世界中通过 Sloodle 的 Web-Intercom、SloodleChoice 等工具实现对学习的反思和效果的检测。

③ 学习者的活动

基于 Second Life 的体验式学习活动是以学习者为中心的学习方式，学习者应该参与活动，并融入到学习情境中。首先，学习者需要熟悉 Second Life 的使用技巧以及特性。之后，学习者要融入到情境中，进行积极的学习体验。学习者进入到学习情境之后要积极观察、表达和行动，结合时间管理工具对学习进度和内容进行规划，通过云存储工具以及知识管理软件对知识进行管理，并利用平台的创造性功能完成体验活动。学习者在学习过程中，要积极进行反思，这样能够检查错误、巩固知识。此外，学习者在学习过程中也要协作分享，利用平台中提供的学习工具主动与他人进行交流、分享知识。例如，通过 Sloodle Toolbar 工具条的 Blog 工具向 Moodle 中书写博客，以反映出自己的真实体验，并和其他学习者进行共享。最后，学习者还要努力内化自己学到的知识，在不断总结体验中获得新知识。接着将这些知识应用到工作和生活中，才能够内化为自己的知识。

二、蜡笔物理学

蜡笔物理学（Crayon Physics DLX）是一款基于 2D 卡通风格的物理解谜游戏，支持手机终端、平板终端和电脑终端。这款游戏的开发起初是针对教师教学的，现在发展到给广大学习者普及物理知识。它严格遵循牛顿定律，通过一支蜡笔可以绘制各种方块、线条等图形，随后这些图形会变成实际物体，利用真实的物理原理让游戏中的苹果运动起来，碰到小星星。问题的解决过程不仅能够让学习者学习到相关物理知识，而且会触发他们的艺术性和创造性思维。其界面如图 6 - 33 所示。

游戏的画面风格十分特别，背景为昏黄的草纸，搭配五颜六色的蜡笔线条，游戏动画流畅，并配合了真实的物理模拟引擎。游戏的背景音乐旋律舒缓优美，在紧张的游戏中让玩家的精神得到放松。而且游戏有很好的可玩性，包括了 8 个岛屿，70 多个可解锁的关卡，以及编辑器功能，能够让学习者沉浸在无尽的挑战中。

图 6－33　蜡笔物理学界面

三、91 英语

91 英语是一款集游戏与英语为一体的免费学习软件，里面有着丰厚风趣的英语学习游戏，会让学习者对英语学习充满兴趣，并实现了客户端、Web 端、手机端三大平台的学习数据同步。此外，这款英语学习软件是根据艾宾浩斯的记忆曲线理论来进行设置的，符合记忆的科学性。另外，还有强大的功能技术作为支撑，如自制词库、方便实用的同步功能、丰富有趣的小游戏、星型词典等多种功能，其界面如图 6－34 所示。

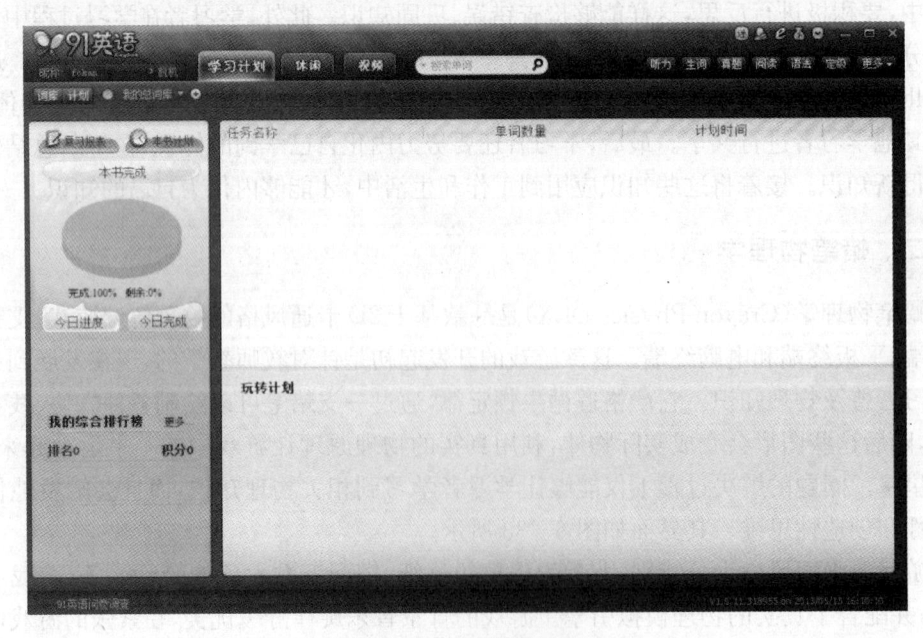

图 6－34　91 英语界面

1. 多种登录方式

91游戏支持PC端、Web端和手机端三种登录方式，并且学习进度可以在线保存和同步。在PC端，有完整版和迷你版两种方式，前者有着完整的功能，而后者保留着精华特性，占用内存小；在Web端，只要学习者在线就可以开始学习计划，并使用了全网页化的操作界面，更符合上网用户的操作习惯；手机终端保留了大部分功能，便于学习者的携带，实现英语随身学。91英语手机和PC客户端登录界面如图6－35所示。

图6－35　91英语手机和PC客户端登录界面

2. 学习计划功能

学习者可以选择一本课本来创建学习计划，课本囊括少儿、小学、中学、本科、研究生等多个年级的听力、生词、真题、阅读、语法等多个门类的相关教材。当选择好教材，填写好相关选项之后，软件会根据艾宾浩斯遗忘曲线智能地生成学习计划，并会在“玩转计划”里推荐相应的学习内容和游戏，其界面如图6－36所示。

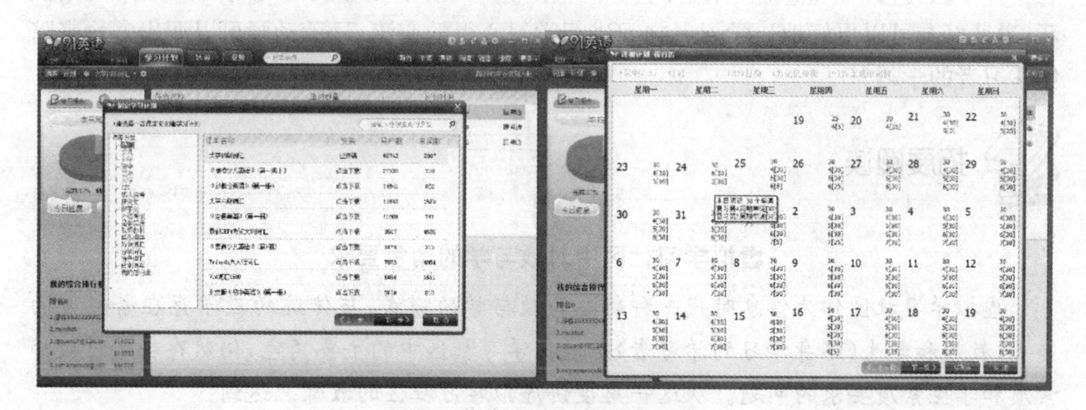

图6－36　学习计划功能界面

3. 休闲学习

休闲里面集成了16款丰富有趣的小游戏，寓学于乐，让学习者快乐地记住单词。其中包括：头脑竞速，在初步熟悉单词后，可以通过头脑竞速提高大脑对单词的反应速度；对对碰游戏，通过将所有学习过的单词和相应的中文解释进行匹配，巩固单词初记成果；打气球游戏，打气球背单词，打到气球背下单词；强化记忆测试，通过词义、例句以及拼写全面加深单词理解；填字游戏，采用 cross word puzzle（英文纵横字谜游戏）形式来进行填词；猜词救生游戏，看中文拼英文，最快速度救彩蛋。游戏界面如 6－37 所示。

图 6－37　休闲学习界面

4. 视频学习

视频学习也是该软件的特色之一，在视频库里有着大量的经典英语学习资料，例如《走遍美国》、《老友记》、《棉球方块历险记》和《成长的烦恼》等；而且学习者只要输入待查单词，即可播视频中包含该单词的视频片段，可以让学习者置身于英语社会，快速掌握单词的用法以及不同情景中的表达方式和纯正腔调。

5. 其他功能

除了以上功能之外，软件还有个人词汇管理、生词库管理、每日一帖、邀请好友和显示动画等功能。个人词汇管理主要是自动记录学习过的所有单词信息，学习者可以根据软件记录对新词库进行个性化修改；生词库管理可以让学习者生成自己的生词库，并可以通过多种方式将词汇添加入生词库中；每日一帖可以帮助学习者更好地了解软件的使用技巧；邀请好友可以更好地让学习者之间进行学习心得的交流；显示动画可以调出宠物来陪伴学习者的学习。

拓展阅读

虚拟学习社区中对教与学的角色要求

虚拟学习社区作为信息时代一种新型的教与学的模式，与传统的教学存在着极大的差异，教师和学生（终身学习的学习者）是虚拟学习社区中的主要角色，仍然存在着对教师素质和学生素质要求的问题。从这一角度讲虚拟学习社区的教师应达到：

（1）转变教育观念和更新知识结构。在虚拟学习社区中的教师应以学生为中心，掌握学科扎实可靠的基本知识，理解和掌握教材内容，为学生提供精确的虚拟信息，还要具有丰富的网络虚拟教育学和心理学知识，运用现代教育技术开发网络虚拟课件和学习内容。

（2）准确设计教学情境和交互方式。虚拟学习社区的教师应对虚拟教学情境能进行准确的分析，经常利用学习者积极的反馈来调整自己的教学设计、教学过程和问题设置，使之更能吸引学生、激发学生的学习主动性。

(3) 独特的问题解决风格。虚拟学习社区中的教师应根据对问题的深入理解提出几种不同的解决方法以供学习者探讨，让学生在探究、解决问题的过程中培养发现问题、分析问题、独立解决问题的能力。

(4) 良好的教师协作。在虚拟学习社区中，由于信息的共享性，不同教学模式之间，不同学科的教师之间包括学科教师、计算机教师、多媒体教师、课程研究专家、心理学家，应该进行协作，才能设计出更高水平的虚拟教学环境。

由于虚拟学习社区中的学习行为是学习者自主、自治地学习、对学习者的基本素质要求与现实学习环境中的要求也不一样，要求学习者要具备在虚拟学习社区中的学习策略和方法。

首先，学习者应适应虚拟学习社区的学习行为和模式，运用多种虚拟学习类型获得知识。其次，学习者应具备学与教行为的参与能力和愿望。这是强调学生的主动性，面对学习环境的改变，学习者应适应自己的角色，积极主动地与网络教师和其他学习者进行交流，发现并解决问题，构建知识体系，主动提供信息和反馈，成为学习的主人。再次，学习者应具有良好的虚拟学习心理。学习者在虚拟学习社区中应根据自己的兴趣爱好，选择知识并具有良好的学习动机和学习风格，排除其他信息干扰，排除过分焦虑，虚心接受虚拟环境下的学习方式。最后，学习者应掌握元认知及其策略，也就是对认知的认知及策略的掌握。学习者在认知过程中和知识的调节过程中应具备一定的认知策略，如计划策略、监控策略和调节策略，从而更好地参与学习，处理和优化信息，促进新信息的精细加工和整合。

——选自《关于虚拟学习社区的几个问题探讨》(胡钦太)

活动 4

请从上面选择或者寻找一款教育游戏来辅助自己当前的学习，并采用 PPT 汇报的形式来与小伙伴们分享下自己的学习体验。

学习小结

1. 网络学习中的管理与体验工具是在网络学习中，能够提高学习者管理方面的效率或者给他们带来新的学习体验，从而激发学习者的学习兴趣，让他们进行主动学习的工具。

2. 时间管理工具指的是借助本地计算机、手机、在线应用或者是纸笔等媒介来高效管理生活与学习中的事务，以获得更加充沛的精力，让管理变得轻松自如，提高生活的质量和学习的效率的工具。

3. 常见的时间管理工具有 Remember the Milk、Wunderlist、Wunderkit、梦想成真—时间管理系统、时间秘书和 Google 日历等。

4. 云存储是指通过集群应用、网格技术或分布式文件系统等功能，将网络中大量各种不同类型的存储设备通过应用软件集合起来协同工作，共同对外提供数据存储和业务访问功能的系统。

5. 常见的云储存工具有百度云存储、SkyDrive 云存储、iCloud 云存储和金山快盘等。

6. 教育游戏是指在现代教育理论和学习理论的指导下，能够培养学习者认知风格、认知策略、情感道德的具有意义的计算机模拟程序，它能促进学习者学习科学文化知识，从而最终达到教育目的。

7. 常用管理与体验工具的基本使用方法，以及在网络学习中的灵活运用。

思考与练习

1. 你过去和现在分别对时间管理有什么认识？你现在都使用哪些时间管理工具？
2. 阅读有关学习材料，下载金山快盘，安装并使用，建立一个自己重要资料的备份。
3. 你曾经使用过教育游戏么？对教育游戏有什么样的看法？

单元七　网络学习工具的发展趋势

学习导图

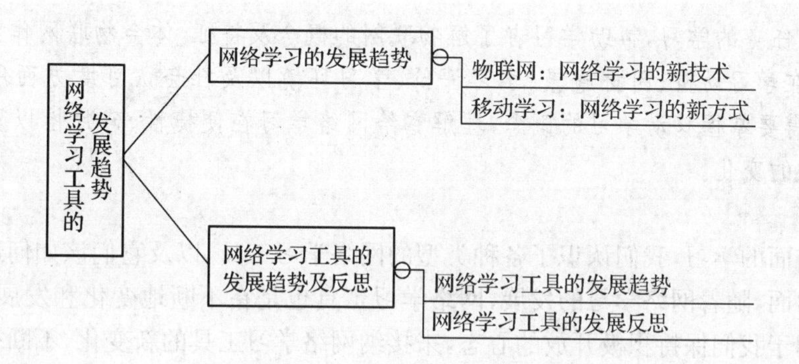

单元目标

通过这一单元的学习，我们希望你能够：

1. 了解物联网的概念和特征，并理解它在网络学习中的应用优势；
2. 掌握移动学习的概念，并了解它在网络学习中所发挥的作用；
3. 理解网络学习工具的发展趋势；
4. 体会工具的发展给网络学习带来的优势和弊端。

学习指南

本单元共包含“网络学习的发展趋势”和“网络学习工具发展趋势及反思”两个任务，学习完这一单元之后需要了解网络学习和网络学习工具的发展趋势，并体会网络学习工具的发展对于学习来说有着什么样的优势和弊端。

关键词

网络学习　网络学习工具　物联网　移动学习　反思

任务1 网络学习的发展趋势

任务引擎

“在网络时代,我们不得不面临两种选择:或对信息网络这样的巨大变化无动于衷,固守于我们已经习以为常的学习概念和学习方式,最终被快速进步的社会淘汰;或认真思考网络所带来的深远影响,从而调整自己的观念与行动,使自己居于时代的前列。”——陈建翔

通过本任务的学习,帮助学习者了解物联网的概念及特征,体会物联网作为网络学习的新技术,在学习动机、因材施教、学习评价、学习环境以及社会认可度方面所发挥的作用。同时,需要掌握移动学习的概念,理解它给网络学习在便捷性、碎片性以及个性化等方面所带来的变化。

通过前面的学习,我们认识了各种类型的网络学习工具,以及它们该如何运用在网络学习中。然而,随着网络学习的发展,网络学习工具也是在不断地变化和发展的,明白这一点将有利于我们保持积极开放的心态,来接纳网络学习工具的新变化,不断探索其在网络学习中的应用,进一步提升我们的学习效果。

网络学习工具是学习者应用于网络学习过程中的手段,它们之间有着一致的内在品性,因此,要理解网络学习工具的发展趋势,必须首先着眼于网络学习的发展。学者们对网络学习的未来发展趋势有着很多的预测,根据这些预测,编者认为物联网和移动学习会分别成为未来网络学习中所依附的新技术和重要的学习方式。

一、物联网:网络学习的新技术

物联网主要解决物品到物品(Thing to Thing,T2T)、人到物品(Human to Thing,H2T)、人到人(Human to Human,H2H)之间的互联。即把所有物品通过射频识别(RFID)、红外感应器、全球定位系统、激光扫描器等信息传感设备与互联网连接起来,进行信息交换和通讯,实现智能化识别、定位、跟踪、监控和管理。物联网除了能实现一般意义上的物体之间、物件与计算机之间、计算机之间等的连接外,还可以通过技术手段实现对物件之间、人与物件之间、人机之间、人人之间的联结。

1. 物联网的特征

(1) 感知性

物联网连接的数据采集端涉及范围非常广泛,集成多种类型的传感器,包含射频识别(RFID)、红外感应器、全球定位系统、激光扫描器等各类传感设备,能够实时采集任何需要监控、连接、互动的物体或者过程的信息。

(2) 互联性

物联网是一个多种网络、接口、应用技术的集成,也是一个让人与自然界、人与物、物与物之间进行交流的平台，实现任意物体(anything connection)在任意时间(anytime connection)、任意地点(anyplace connection)的连通。

(3) 智能性

物联网可以实现不同类型、不同格式数据的交换和通信；也可以对客观事物进行合理分析，判断其有目的地行为，以有效地处理周围环境事宜。此外，它也可以实现智能化的网络服务，实现人与物体之间的"对话"，物体与物体之间的"交流"。

2. 物联网应用于网络学习中的优势

虽然当前让物联网普遍应用于网络学习中存在着一定的困难，但是它的大规模应用是大势所趋，这是由物联网本身的特点和网络学习的特征所决定的。物联网未来可以应用于网络学习中的学习者评价、学习管理、学习环境以及学习实验等方面，势必会对网络学习产生革命性的影响，主要体现在以下几方面：

(1) 纠正网络学习者的学习动机

网络学习者中不排除有一部分人只是为了拿到文凭，浪费了宝贵的学习机会，他们利用师生无法面对面的特点，在学习时表现出自由、散漫甚至挂机的现象。如果把物联网引入到网络学习中，可以有效地分辨学生学习状况，对不认真学习的学生可以进行警告和处理，这样就可以有效的端正学生的学习态度，而这也是把物联网引入到网络学习中的最根本的目的。

(2) 有利于教师因材施教

目前在网络学习中，教师是绝对的主体，他们只能凭借自身的教学经验进行教学，很难判断学生的学习状况。引入物联网之后，教师可以根据计算机处理的学生数据，判断他们的学习状况，从而相应的调整教学进度和教学方法，以保证教学效果。

(3) 有利于提高学习评价的效率与质量

现阶段的对学生的评价都是通过人工方法进行的，不但工作量很大，而且评价质量也不高，特别是那些需要对学生多方面指标进行评价的远程教育学院。引用物联网对网络学习进行评价，可以将学生在课堂上和课余时间的学习信息进行收集，通过计算机对这些信息自动进行处理，大幅减少人力的投入，而且教师最后能获得计算机反馈的相对比较准确的学生学习评价信息。

(4) 有利于建立公平公正的学习环境

在网络学习中，经常出现这种状况：对学生的学习评价与其付出的努力不成正比。除了学生自身原因以外，考试的偶然性也是重要的原因，从而容易影响学生的学习信心。引入物联网有利于建立公平公正的学习环境，这样才会激励学生更加积极的学习。学习态度端正了，网络学习的学习氛围才会健康。

(5) 有利于提高社会的认可度

据调查显示，人们对于通过不同学习方式取得的文凭的认可程度由高到低排列为：统招、自考、成人教育、网络学习。网络学习之所排在最末，很大程度上是因为网络学习者不受有效的监督，学习质量得不到保证，含金量很低，社会才会对其产生偏见。网络教育学院要想改变这种尴尬的局面，必须要对学生进行有效的监督，在网络学习评价方面进行变革。而监督是物联网技术本身重要的特征，它可以从各个方面对网络学习进行监督，净化学习环境,改变人们对网络教育的固有偏见。

二、移动学习:网络学习的新方式

所谓移动学习(Mobile Learning)指的是一种在移动计算设备帮助下的能够在任何时间、任何地点发生的学习,移动学习所使用的移动计算设备必须能够有效地呈现学习内容并且能够提供教师与学习者之间的双向交流(Alexzander Dye)。由于其倡导和支持在一定的社会学习情境中实现知识学习的便捷性、移动性以及超媒性,强调以情境化的、交流共享的学习方式来支持知识建构,被认为是在课程改革中实现学习社会化、个性化的一种新型学习范式。随着移动设备的发展,尤其是平板电脑和手机的普及,如何运用移动学习改进网络学习的方式已成为被关注的热点之一。移动学习在教育中的应用有着多方面的优势,具体如下:

第一,学习的便捷性。移动学习是基于移动网络而使用移动设备进行的学习,由于移动设备的轻巧易携带性,学生可以在任何场合利用零碎的时间进行学习。例如,坐车的途中可以用移动设备观看课程视频、访问网络教育资源。学生不必受传统教学中固定时间固定地点的限制,任何时间任何地点,只要能将手中的移动设备接入到网络中就可以进行实时学习(如果手中的移动设备存储有需要的学习资源,一样可以进行学习)。同样,教师也可以在任何时间和地点进行教学,可以将教学资料传到网络平台上,也可以随时对资源库进行修改。简而言之,学习场所、学习工具、学习资源、学习支持者、学生甚至教师都是可以移动的,从而让学生摆脱时间空间的限制,学习过程更便捷。

第二,学习的碎片性。学生通过移动学习的方式进行学习时,往往处于相对于传统教室来说更为复杂的社会环境中,或者学生是在零碎的时间进行不连续的学习。在这些情境中,学生注意力容易分散,这就要求移动学习的学习内容是小的信息单元,并且能够独立表达出一个完整的学习主题。在零碎的时间通过学习"微型学习内容"进行网上学习的特性,这就是移动学习的碎片性。移动学习的碎片性使得学生的学习更加灵活高效:一方面,学生可以利用移动设备在自身"移动"中灵活地进行各种学习信息的交流,充分利用时间的零碎片段;另一方面,"微型学习内容"的设置也使得学生能够在一个较短的时间里,掌握一个相对完整的知识组块,大大提高了网络学习的效率。

第三,学习方式的混合性。混合性的学习方式是移动学习的重要特征之一。移动学习模式提倡的是一种"混合性学习",即将 E-Learning 和教师主导培训结合起来的学习方式,它是对传统教学改革和 E-learning 两者反思后而进行的融合,并且它具备丰富的网络学习资源,改变了传统网络教学中的师生关系,充分实现了学生的个性化学习,让自主学习成为现实。

第四,学习内容的个性化。移动设备的普及使移动学习者的数量大规模增长,只要有移动终端的人员都能成为潜在的移动学习者,这使得移动学习具有广泛性的特点。然而,移动学习的内容却是个性化的,开发人员在设计和选用移动学习内容时可以从不同角度,满足学生的各种需求,实现学习的个性化。学生可以向远程专家或者服务器发送自己的学习需求,并且会得到比较及时的反馈,学习终端收到应答后将其呈现出来,供学生参考使用。

第五,移动学习能够满足终身学习的要求。随着科技的发展,人们需要随时随地学习来提升自己的能力以便来适应社会。例如，有些人用电子书来阅读书籍；有些人用手机来查阅学习资料；还有些人采用平板电脑观看学习视频等等。移动学习符合终身教育的要求，学习者不再受限于时间、地点以及自身年龄等条件的束缚；教师也可以在自身教学经验的基础上借鉴其他教师的优点，这些都可以通过网络共享的方式来达成。此外，学习者可以利用通信设备便捷地与老师或者其他学习伙伴探讨问题。总之，未来的教育要求师生不断地学习来适应快速发展的社会，而移动学习则恰恰可以满足人们终身学习的要求。

拓展阅读

移动学习——掀起学习的新革命

今天，当你拥有一部智能手机、一个平板电脑或一台笔记本电脑时，只要存有学习资源，无论你是在步行、泡吧，还是乘坐公交、地铁、出租车、火车、轮船、飞机，还是躺在床上、猫在沙发上，甚至是坐在马桶上，只要你愿意学习，你都可以自由自在、随时随地因为不同学习目的、以不同的方式进行学习。

对于许多忙碌的上班族来说，上下班的路途中、出差的旅程中、购物排队结账的等待中，以及其他可以忙里偷闲的时间，都是进行移动学习的好时机。比如，某位销售经理说："在手机上学习成为我每天上下班途中的必修课。看看新闻，看看单位群里发布的一些通知、动态等，下载些英语给自己充电……"这样的移动学习让他每天上班必须经历的漫长而拥挤的地铁时间变得充实起来。在今天这个时代，像他这样利用业余时间进行碎片化的学习，已经成为一种席卷全球的新的学习方式。

移动学习方式在电子化学习的基础上，通过有效结合移动手持计算技术设备，带给学习者随时随地学习的全新感受。因此我们说，新兴的移动学习是在数字化学习的基础上发展起来的，是数字化学习的扩展。它被认为是一种未来的学习模式，或者说是未来学习不可缺少的一种模式。今天，移动学习正在悄然改变我们的日常学习生活，并印证了信息时代的"学无止境"。

移动学习给学校教育带来的挑战可谓是颠覆性的。例如，在新加坡，高中生可以在公交车上拿出手机，飞快地按动键盘，创作抒情诗，作为写作练习的作业。他们会把短诗发送给老师，老师收到班上许多学生的短信诗歌之后，会将写得好的挑出来加上自己的评语，通过短信群发给全体学生。采用这种教学手段的老师认为，短信诗歌写作的好处之一就是可以吸引年轻人，而且方便简单，只要灵感闪现，在路上也可以写作。这种另类的教学方式颇受学生们的欢迎。

据此可以想象，在不久的将来，学生可以在地铁里用手机短信与老师交换一篇新作的看法，可以在校园的长椅上登录无线网络查阅课本的相关资料，可以在春游的路途中收看电信运营商提供的彩信学习节目："掌上学业"、"移动课堂"……一所随时随地随身而行的"学校"就这样出现在我们面前。

总而言之，面对移动学习模式的汹涌来袭，我们有必要尽早顺应这股浪潮，并尽早做好相关准备。

——选自《光明日报》

活动 1

请先查阅有关物联网和移动学习的材料,以小组汇报的形式来谈谈它们在网络学习中发挥的作用。

任务 2　网络学习工具的发展趋势及反思

任务引擎

工具太多,我们不能疲惫地奔跑于工具之间,应该努力找到属于自己的工具。我们要很好地驾驭这些工具,要清楚何时何地使用何种工具能够更好地学习何种知识,我们要成为工具的主人,不要成为工具的奴隶。

通过本任务的学习,帮助学习者了解网络学习工具未来将向哪些方向发展,并理解为什么网络学习工具会以这些方向为发展趋势;同时结合历史上人类所使用工具的发展历程,体会网络学习工具的发展给我们学习带来的优势和弊端。

一、网络学习工具的发展趋势

网络学习的未来发展,需要相应发展的网络学习工具与之相对应。从未来网络学习将依附的技术和采用的学习形式,并结合当前学习工具的现状来看,网络学习工具发展将向个性化、智能化的方向迈进,将更加注重学习工具的情感性和互动性,更为重视实现工具的平台无关性。

1. 网络学习工具的个性化

随着信息技术的发展,网络学习工具将会注重使用者的个性化需求,即网络学习工具面对不同类型的使用者时要根据他们的学习需求体现出差异化的功能,它追求的是让所有使用者应用技术实现高效的学习。

要满足个性化的发展需求,网络学习工具起码要具备学习分析技术。所谓学习分析技术是指围绕与学生学习信息相关的数据,运用不同的分析方法和数据模型来解释这些数据,并根据解释的结果来研究学生的学习过程与情境的技术,它包括四个要素:数据的采集、应用、反馈和干预。目前,学习分析技术还处于初级阶段,网络学习工具将其应用于个性化学习方面还有漫长的探索之路。

2. 网络学习工具的智能化

智能化是网络学习工具发展的又一趋势,除了应具备获取和应用知识的能力、思维与推理的能力、问题求解的能力和学习能力之外,还应该具有现场感应的能力,这样网络学习工具就可以与所处的现实世界进行交互,并适应其所处的现场,这就是通常所说的自组织性与自适应性。实现网络学习工具的智能化将改变传统教育的“人灌”或“机灌”模式,激发学生的创新能力，使他们积极参与到学习过程中，并向学生提供一个预习、复习、交流和应考的平台。同时，实现网络学习工具的智能化将给教师提供一个自身进修、教学资源开发和进行课内外教学活动的平台。此外，这也将能够给科技工作者提供一个研究工作和学术交流的平台。

3. 网络学习工具的情感性

网络学习工具的情感性要求学习工具不仅能够知道你在做什么，更能对你的情绪和心理状态做出判断。首先，情感性是学习本身对软件的内在要求：情感对于学生认知活动的重要性毋庸置疑，在学习过程中，学生需要带着情感去学习，这对于学生的人格和心灵的健康成长是至关重要的，教师也需要带着积极的情感进行教学。其次，网络学习的发展趋势也要求网络学习工具要具有情感性。例如，在移动学习中学习工具要能够及时判断学生的情感，以便在合适的时间提供合适的学习资源。最后，学习工具具备情感性更是物联网技术的内在要求，否则它将难以识别学生的学习状况。虽然目前网络学习工具的情感性要求还无法完全达到，但我们坚信随着技术的发展，网络学习工具的情感时代将会很快到来。

4. 网络学习工具的互动性

随着信息化教育的深入发展，网络学习工具不再局限于师生之间简单的文本和音视频的互动，而将会涉及多点触摸、全息幻象、电子翻书、增强现实等多种互动模式。其中，多点触摸是一种自然且方便的人机交互模式，它基于先进的计算机视觉技术，能够获取人手指在投影区域上的运动，从而实现图像缩放、旋转和拖拽等操作；全息幻象是采用声光电控制技术和多媒体制作技术，投映出动感逼真的立体悬空影像，可以实现对大的场景、复杂的生产流水线、大型产品的逼真展示；电子翻书针对的是模拟纸质书本使用方式的虚拟电子书，里面记载了各种形式的学习资料（包括图片、音视频等），使用者通过挥动手臂来选择章节，快速找到翻阅的内容，能够给阅读带来极大的乐趣；增强现实也称之为混合现实，通过电脑技术，将虚拟的信息应用到真实世界，不仅展现了真实世界的信息，而且将虚拟的信息同时显示出来，两种信息相互补充、叠加，提供了不同于人类日常感知的信息。

5. 网络学习工具的平台无关性

在一个种群化和工业化的计算机世界里，平台相关和平台无关的技术都会得到持续的发展，但可以预见的是，为适应网络化和自动化的需求，平台无关和构件重用的技术会得到更长足的发展，而高内聚低耦合这一伟大的思想也会贯穿始终。目前，一种网络学习工具可能会有好几个平台版本，例如安卓版、PC版、Web版和Mac版等等，不仅加大了软件提供者的开发难度，而且给使用这些工具进行学习的学生带来了诸多不便，平台无关性也是网络学习工具的发展趋势之一。

二、网络学习工具的发展反思

反思网络学习工具的发展可以从历史上人类使用工具的演变借鉴经验和教训。人类文明的进步实际上就是人类使用工具的进步，在远古时期人类使用树枝和石块来获取食物，从而让臂和手更加灵活，又经过几万年，人类可以制作更为复杂的工具，并且可以使用火；在这之后，人类又尝试制作陶器、铜器，由此进入青铜器时代；蒸汽机的发明，带领人们进入了蒸汽时代，也成了第一次工业革命的开端；19世纪70年代，电力的广泛应用，让人类进入了电器时代；20世纪50年代末到现在，计算机的出现和逐步普及，整个社会的信息量、信息传播与处理速度以及应用信息的程度等都以几何级数的方式增长，人类又进入了信息时代。

工具的发展极大地推动了人类的进步，而人类的进步反过来又进一步推动了工具的发展。如今，我们可以看到"劳动工具使人手延伸，汽车轮子使人腿延伸，电脑使人脑延伸"。然而，我们需要警惕的是：当科技进一步发展时，有可能这些工具会代替人类器官的功能，让人类无需动手、动脚和动脑就能够完成事情。在这里我们需要反思的是：科技的进步起初使人类得到了进化，那么科技的进一步发展会不会压制人性，反而让人类退化呢(如图7-1所示)？现在已有研究表明在过去的3.5万年来人脑的重量从1 450克减少到了现在的1 300克，在文化快速发展的这段时间里，人脑重量没有增加，反而变小了。

图7-1

反观网络学习工具的智能化发展，其发展确实对提高学生的学习效果有着巨大的作用，但是学生往往会形成做任何事情都对电脑具有依赖性：不用出家门就可以得到自己想要的学习资料，与朋友会面也可以通过学习工具来解决，大至工业机组模型设计、飞行器建造，或是艺术方面服装设计、美术创作，小到日常生活中的家庭配菜，无一不是利用电脑辅助。那么网络学习工具这些方便学习工作的智能化发展对学生最终的影响是好还是坏呢？或许像电影《终结者》里所述一样：计算机认为人类已经没有存活在这个世界的价值，它们互相制造和修理，来破坏人类的家园，将人类灭亡！虽然后果可能没有这么严重，但是确实给我们敲响了警钟，需要反思的是，如何在利用网络学习工具进行高效学习的同时，也能够保证自身的全面发展？网络学习工具的发展究竟何去何从，发展的度究竟在哪里？

拓展阅读

科技正使人类天赋能力退化

在很多领域，电脑正代替人脑，操控着人类的生活，人们依赖电脑来操纵飞机、诊断病症、设计建筑、交易资金……这不禁让人担心：万一电脑故障，我们的生活将陷入混乱。有迹象表明，由于过度依赖电脑，人类从前掌握的各种知识、技术甚至某些天赋能力已悄然退化。

首先,弱化了的环境感知力。人类越来越依赖各种自动化装备和技术,使工作和生活方便、高效和舒适,却忽略可能为此付出的代价。

加拿大北部伊格卢利克岛,冬天平均气温零下20度左右,阳光稀缺,周围海水结成厚厚冰层。因纽特人在这个岛上生活了4 000多年,无需地图和指南针,凭借风向、雪堆、动物习性、星辰和潮汐等迹象就能辨别方向、追寻猎物,令探险家和科学家好奇不已。

如今,新一代因纽特猎人喜欢用GPS导航工具找路,打猎时出现的严重事故日渐增多。没有掌握先辈找路技巧的年轻猎人很容易在茫茫雪地中迷路,特别是GPS失灵的时候。即使有精准的导航指示前行,也容易忽略观察周边环境潜藏的危险,如薄冰层等。渥太华加利顿大学的人类学家克劳迪奥·阿波塔说,卫星导航使因纽特人的找路本领退化,并且弱化了他们对环境的感知能力,因纽特人特有的天赋可能在一代人之后消磨殆尽。

其次,阻滞人脑的"生成效应"。20世纪70年代晚期开始,心理学家注意到一种"生成效应"现象:积极思考并动手完成一项任务,使人们更容易掌握相关知识和技能,而不断重复这一过程,人脑中便能积累起一个丰富而有条理的信息库,便于人们不时从中汲取信息。如今各种自动化设备却正在阻挡人们通过"生成效应"开发潜能。

伦敦大学学院工程心理学家利桑娜·班布里奇在《自动化》期刊撰文指出,由于认为人脑比电脑"低效、不可靠",不少自动化设计力求减少人力操控,操作员沦为"电脑屏幕监测员",而这恰恰是人类最容易搞砸的工作。

针对警戒性的研究发现,让一个人盯着数据显示屏,保持专注的时间很难超过半小时。"这意味着,就人类天性而言,根本不可能承担监测不寻常征兆这种基础工作";另一方面,操作员即使经验丰富,如果长期只负责监测,技艺也难免日益生疏,发生故障或意外时难以做出正确反应。

世上没有完美无缺的机器。即使最先进的技术系统,早晚也会出现失误或崩溃,或可能因设计者从未预想过的突发情形而无法做出反应的情况。即使有"完美机器"存在,它也必须在一个不完美的世界运行。

——选自《经济参考报》

活动2

学习完本任务之后,请根据自己的理解谈谈工具的发展给网络学习所带来的优势和弊端。

学习小结

1. 物联网主要解决物品到物品,人到物品,人到人之间的互联,具有感知性、互联性和智能性等特征。

2. 物联网应用于网络学习中,具有以下优势:纠正网络学习者的学习动机;有利于教师因材施教;有利于提高学习评价的效率与质量;有利于建立公平公正的学习环境;有利于提高社会的认可度。

3. 移动学习指的是一种在移动计算设备帮助下的能够在任何时间、任何地点发生的学习，移动学习所使用的移动计算设备必须能够有效地呈现学习内容并且提供教师与学习者之间的双向交流。

4. 移动学习作为网络学习的新方式具有以下优势：学习的便捷性；学习的碎片性；学习方式的混合性；学习内容的个性化；能够满足终身学习的需求。

5. 网络学习工具发展将向个性化、智能化的方向迈进，并更加注重学习工具的情感性和互动性，更为重视实现工具的平台无关性。

思考与练习

1. 你了解物联网和移动学习吗？请结合教材并查阅相关资料，来谈谈它们在网络学习中发挥的作用。

2. 网络学习工具有着什么样的发展趋势，谈谈你自己的观点。

3. 通过阅读材料，说一说你认为网络学习工具的发展会给学习带来哪些优势和弊端。